我们程序员:从代码诞生到AI兴起

[美]罗伯特·C.马丁(Robert C.Martin) 著

茹炳晟 柳 飞 译

清华大学出版社
北 京

北京市版权局著作权合同登记号 图字：01-2025-0623

Authorized translation from the English language edition, entitled We, Programmers: A Chronicle of Coders from Ada to AI, 978-0-13-534426-2 by Robert C. Martin, published by Pearson Education, Inc, publishing as Addison Wesley, Copyright. 2025. This edition is authorized for sale and distribution in the People's Republic of China(excluding Hong Kong SAR, Macao SAR and Taiwan).

All rights reserved. No part of this book may be reproduced or transmitted in any form or by any means, electronic or mechanical, including photocopying, recording or by any information storage retrieval system, without permission from Pearson Education, Inc.

CHINESE SIMPLIFIED language edition published by TSINGHUA UNIVERSITY PRESS, Copyright ©2025.

本书中文简体字版由培生集团授权清华大学出版社出版。未经出版者书面许可，不得以任何方式复制或抄袭本书内容。本书经授权在中华人民共和国境内（不包括香港特别行政区、澳门特别行政区和台湾地区）销售和发行。

本书封面贴有 Pearson Education 激光防伪标签，无标签者不得销售。
版权所有，侵权必究。举报：010-62782989，beiqinquan@tup.tsinghua.edu.cn。

图书在版编目(CIP)数据

我们程序员：从代码诞生到 AI 兴起 /（美）罗伯特·C. 马丁 (Robert C. Martin) 著；茹炳晟，柳飞译. -- 北京：清华大学出版社，2025.6. -- ISBN 978-7-302-69497-7

Ⅰ．TP311.1

中国国家版本馆 CIP 数据核字第 2025FT7997 号

责任编辑：王　军
封面设计：高娟妮
版式设计：思创景点
责任校对：成凤进
责任印制：杨　艳

出版发行：清华大学出版社
　　　　网　　　址：https://www.tup.com.cn，https://www.wqxuetang.com
　　　　地　　　址：北京清华大学学研大厦 A 座　　邮　编：100084
　　　　社　总　机：010-83470000　　　　　　　　邮　购：010-62786544
　　　　投稿与读者服务：010-62776969，c-service@tup.tsinghua.edu.cn
　　　　质　量　反　馈：010-62772015，zhiliang@tup.tsinghua.edu.cn
印 装 者：北京联兴盛业印刷股份有限公司
经　　销：全国新华书店
开　　本：168mm×240mm　　　印　张：20　　　字　数：415 千字
版　　次：2025 年 7 月第 1 版　　印　次：2025 年 7 月第 1 次印刷
定　　价：102.40 元

产品编号：110236-01

技术领袖力荐

Uncle Bob所著的这本书的内容暗合了这两年我脑海中一直在思考的几个问题。在AI爆发式发展的当下，各种言论甚嚣尘上、纷纷扰扰。要在迷雾中看清方向，需要回顾历史、重读经典，同时要抓住事物的第一性原理。本书就像一本软件技术发展的编年史，从计算机和软件的诞生谈到软件开发方法和技术发展的一波波浪潮，直到AI时代的软件开发及未来展望。阅读本书，可以让我们更清晰地理解和把握软件技术发展的脉络，在喧嚣之中坚守内心的信念，明确前行的方向。

——彭鑫

复旦大学计算与智能创新学院副院长、教授

中国计算机学会软件工程专委会副主任

《我们程序员：从代码诞生到AI兴起》不是冰冷的技术手册，而是一部记录程序员群体发展的技术纪实。Uncle Bob以深刻的洞察力，带我们穿越一行行代码，看清支撑数字世界运行的是怎样一群人。他们的智慧与执着、协作与分歧、传承与革新，共同推动了技术的前行。在键盘敲击声背后，是程序员与复杂系统长期搏斗的痕迹。这本书邀你一起回望这段技术史，也理解在AI时代，程序员为何依然不可替代。

——陶建辉

涛思数据创始人&CEO

程序员会不会被AI替代？所有热爱编程、从事软件开发的同学可能都会关心这个问题。由茹炳晟、柳飞老师翻译的Uncle Bob的新作《我们程序员：从代码诞生到AI兴起》，看起来是在讲述软件编程半个多世纪的历史，实则在探讨程序员的核心价值是什么，程序员不可被替代的地方是什么。透过这些故事，你可能会同意作者的观点，又或者像我一样形成自己的看法：人们关于美、价值、幸福的定义永远不会交给AI去完成，而软件编程的过程和结果恰恰是关于美、价值和幸福的定义。

——李智慧

同程旅行公司资深架构师

在历史的回响中，洞见 AI 变革软件开发

众所周知，AI 正以摧枯拉朽之势重塑软件开发格局，这场变革不是简单的技术迭代，而是对整个计算机软件生态的深度重构。此时，若想穿透 AI 变革软件开发的表象，抓住核心本质，回溯历史、从计算机、软件与编程发展的长河中探寻规律，便成为一条必由之路。这正是我对 Uncle Bob 最新出版的《我们程序员：从代码诞生到 AI 兴起》一书的兴趣所在。本书不只是罗列史实，而是深入挖掘技术迭代背后的动因，这些历史轨迹，本质是人类需求、技术创新与人类智慧相互作用的缩影，也是我们深入理解这场 AI 变革软件开发的底层脉络。

本书以宏大的历史视野，为读者勾勒出计算机与人工智能从萌芽到繁荣的完整脉络。从巴贝奇等先驱，到图灵、冯·诺伊曼奠定第一代计算机，再到编程语言从机器码演进至高级语言、面向对象、敏捷开发、互联网、神经网络……，这是一部人类认知如何驾驭计算复杂性的奋斗史。每一步都承载着技术突破与范式革新，都是人类思维在更高层次上对计算本质的"抽象"。

AI 的"非编程"革命，是抽象层次的终极跃升。本书敏锐捕捉到这场变革的核心特质：大语言模型的构建本质，已迥异于传统意义上的"编程"。冯·诺伊曼架构下的传统编程，是程序员将人类意图精确分解为机器可执行的确定性指令，是迪杰斯特拉结构化编程严谨逻辑的体现。而 AI 则通过海量数据驱动下的神经网络，让机器"学习"并"涌现"出完成任务的能力。这标志着人机交互接口的根本性反转：开发者从指令的"编织者"，转变为目标的"定义者"、数据的"策展者"和模型行为的"引导者"。开发者的核心能力，从"如何写代码"转向"如何定义问题、评估方案与确保价值"。这比从汇编到高级语言、从过程式到面向对象的抽象跃迁更为激进，也打开了人类智慧与机器协同创新的大门。

对广大开发者而言，本书更是一场思维启蒙。在 AI 重塑一切的当下，本书为我们搭建了一座连接历史与未来的桥梁，每一次技术变革都不是孤立的"颠覆"，而是历史逻辑的延续。AI 时代的程序员，既要掌握新技术工具，更要理解技术演进的底层规律。回溯过往，编程语言从晦涩的机器码到易用的高级语言，是"让编程更贴近人类思维"的持续探索；而今，AI 辅助编程、自动生成代码，实则延续这一脉络，进一步缩短"人机交互边界"。AI 变革软件开发的核心，是对计算范式、编程逻辑与开发者角色的重构。

理解了编程语言百年进化的规律，才能深刻理解软件如何设计、抽象、演进的历史逻辑，才能真正洞察AI所带来的范式转变之剧烈与深远，**才能更好地推动"人、代码、机器"交互协同的迭代创新**，才能在变革中把握机遇，激发人类在数字世界永不枯竭的创造力。我向所有关心AI时代软件未来走向的朋友们推荐《我们程序员：从代码诞生到 AI 兴起》一书，它不仅是历史的记录，更是通往未来的罗盘。

——李建忠

CSDN高级副总裁

全球机器学习技术大会主席

ISO-C++国际标准委员会委员

在时代浪潮中，写下属于程序员的注脚

在这个 AI 正重塑一切的时代，程序员这个角色，似乎也正在从幕后走向台前。从为业务写逻辑，到为人类设计智能，我们正在经历一场技术职业身份的重构。而《我们程序员：从代码诞生到AI兴起》正是在这个关键的转折点上，为所有代码工作者写下了一部兼具温度与深度的编年史。

作为极客邦科技有限公司的创始人，我很荣幸向中文读者推荐这本书。极客邦长期致力于推动技术知识的传播与工程文化的建设，无论是InfoQ这座技术社区的灯塔，还是"极客时间"这个为开发者提供持续成长的学习平台，以及"TGO鲲鹏会"这个链接全球科技领导者的组织，我们始终关注一个核心命题：**技术如何塑造人，技术人又如何影响这个世界。**

而这本书的作者，Robert C. Martin——程序员们亲切称他为Uncle Bob，正是将这个命题写成故事的人。他从阿达·洛芙莱斯的计算幻想谈起，跨越 COBOL、UNIX、开源、Web，到今天的 AI 编程，每一段历史不仅映射着计算技术的发展轨迹，更折射着程序员这个群体不断进化的价值观、工具观和世界观。

这本书不只是历史，也是一面镜子。我们在其中看到自己当年写下第一行代码的初心，也看到曾经热血沸腾投身某个技术浪潮的执念；我们看到软件工程从"工匠精神"到"自动化智能"的演变，也看到如今面对 AI 编程、Agent 生态的焦虑与希望并存。

在极客邦，我们今年把"AI 应用落地"设为公司的年度主题。原因很简单：AI已不再是技术先锋的玩具，而是每个程序员都必须理解并使用的新型"工具箱"。但在这一轮工具变革中，我们更需要的是一种对编程本质的重新理解：**写代码的终极目标，不是追赶潮流，而是创造价值。**

Uncle Bob写这本书，显然也不是为了"回顾历史"，而是提醒我们："我们是谁"比"我们做了什么"更重要。我们是程序员，是系统的架构师，是工具的缔造者，更是价值的搬运工和文明的记录者。AI 可以写代码，但只有人类程序员知道代码为什么存在。

今天，中国的程序员群体正处在全球视野、AI范式与社会价值的三重夹角中。越是在这样的时代，我们越需要这样一本书，来帮我们厘清职业的过去、当下与未来。这是一本写给"技术人"的精神读本，也是每一个写过代码、热爱过系统、为世界构建规则的人值得阅读和传承的故事集。

感谢清华大学出版社引进这本作品，也很开心看到好友茹炳晟领衔翻译，让它的内容质量得以保证。它不是一本关于"怎么写好代码"的书，而是一本关于"为什么要当程序员"的书。**在AI时代，它值得每一个思考未来的技术人认真读完。**

——霍太稳

极客邦科技创始人 & CEO

凡人英雄史：
一部程序员的五十年跋涉与时代镜像

我是从《敏捷软件开发：原则、模式与实践》开始认识Uncle Bob的，这是一本为我打开新世界的书，可你是否知道，这是Uncle Bob的公司业务因为9·11事件发展受阻之后利用闲暇时间完成的。《代码整洁之道》是后来很多程序员的编程必读书，可你是否知道，这本书写完之后，Uncle Bob的公司因为2008年金融危机就彻底倒闭了。

Uncle Bob是很多人心目中的代码英雄，但他也有凡人的一面。《我们程序员：从代码诞生到AI兴起》是Uncle Bob写就的一本代码英雄的编年史。这本书前一半写了Uncle Bob自己心中的代码英雄：从巴贝奇、图灵、冯·诺伊曼，到肯·汤普森、丹尼斯·里奇、布莱恩·克尼汉。

如果从一部编年史的角度看，后面还有很多值得记录的人，但站在Uncle Bob的角度，这之后就是自己的故事了。

他从20世纪60年代开始接触编程，1969年开始了自己的第一份程序员工作，然后，就是他和计算机行业一起发展的故事了。相对于那些影响了计算发展历史的人，Uncle Bob在这本书里更像一个普通程序员，他有学到新知的兴奋，也有丢掉工作的落寞。从他的身上，我们依稀可看到自己的影子。

Uncle Bob其他的书更多的是传道授业，而《我们程序员：从代码诞生到AI兴起》更像一部以编年史名义写就的个人传记。这本书让我们看到了热爱的力量，看到了计算机的变迁，看到了各个时代的机遇。Uncle Bob的职业生涯足够长，让我们看到一个人坚守在一个领域遇到的诸多变迁。这也是这本书对我来说最大的价值，给予我在程序员的道路上继续前行的力量。

如果说本书有什么遗憾，那就是这本书的写作稍微早了一点，大模型驱动的AI编程工具在这本书出版之后得到了极大的发展，这就让这本书关于未来的部分显得有些单薄。不过，反过来想，我们总是羡慕前行者有着各种机会，但实际上，新机会总是在涌现，现在的我们何尝不是站在AI时代的风口上。

——郑晔

开源项目Moco的作者

从潦草笔记到通天塔：
程序员穿越 AI 危机的生存智慧

第一次翻开这本书时，我惊讶地发现：那些塑造我们行业的方法论——敏捷开发、代码整洁之道——竟以如此"草根"的形式诞生。

Uncle Bob在书中坦言，当年写《代码整洁之道》时，自己也怀疑"凭什么由我定规则？"但正是"如果不是我，那还有谁呢？"的念头，最终催生了这本经典。更震撼的是，我第一次从亲历者视角看到"敏捷宣言"的诞生——它并非精心设计的理论，起初不过是想在五花八门的"轻量级"开发流程里梳理出共同点。本书揭开了改变软件开发史的思想，是如何从实践中淬炼出来的。

如今AI浪潮席卷，总有人说"程序员要失业"。但读完这部编年史，我反而定了心：过去五十年，软件行业从打孔卡走到云计算，穿越了大型机时代的落幕、互联网泡沫的破灭、开源革命的浪潮，甚至经济危机的战壕——每一次灾难都像淬火的铁，越锤打越迸出火花。正如Uncle Bob在公司倒闭后的低谷里，反而沉淀出影响千万人的原则。AI或许能生成代码，但它永远学不会程序员骨子里的能耐：把混沌的需求变成清晰的逻辑，在试错中迸发出创造的火花。

如果你也在深夜盯着屏幕问"这行还能干多久？"，本书就像一剂解药。与其焦虑自己被取代，不如学学前辈们的生存智慧：把时代砸来的新问题，当成催生敏捷宣言的契机——用代码直面矛盾，在混乱中提炼答案。毕竟你看，那些定义行业的经典，最初也不过是几张为解决眼前麻烦而写的潦草笔记。而整部程序员史，正是由无数个这样的"眼前麻烦"垒成的通天塔。

那些改变世界的灵感，或许就藏在你我刚修改好的bug里。而这座通天塔，正等着你我添砖加瓦。

——谢昌明
前喜马拉雅电商中台负责人

数字文明的创世纪与牧羊人

当你在清晨的薄雾中窥见屏幕像素的真相时，人类文明的某个隐秘维度正在被悄然揭示。这不是关于未来的寓言，而是一部献给数字创世者的史诗——那些在0与1的荒原上开垦文明绿洲的现代游吟诗人，正是本书所书写的"我们程序员"。

这部横跨两个世纪的技术史诗，以战争催生的机电火花为序章，在晶体管与光纤的矩阵中铺展开来。作者Uncle Bob以亲历者的饱含热诚的手掌，触摸着从ENIAC到ChatGPT的每一道年轮。当我们凝视书中图4-2的那条发黄的穿孔纸带时，看到的不仅是二进制代码的原始胎动，更是一个新兴文明物种的进化图谱。从霍珀的编译器之梦，到汤普森的UNIX圣殿，从迪杰斯特拉的结构化启示，到敏捷宣言的群体觉醒，程序员群体完成了从"机器祭司"到"数字先知"的身份嬗变。

在数字文明的三重门扉前，我们看到了惊人的历史韵律：冯·诺伊曼架构与神经网络竟共享着相似的拓扑结构，巴贝奇的差分机遗稿里闪烁着区块链的原始基因。当Uncle Bob带领我们重走这条布满电子荆棘的朝圣之路，每个转折处都暗藏着对当下的启示——人工智能的崛起不是程序的终结，恰是"人原生"编程的进化；量子计算的曙光不是硅基的黄昏，而是计算本质的再探索与再发现。

书中那些被岁月尘封的细节，在今天折射出惊人的现实意义：图灵测试的原始提案预言了人机协作的伦理困境，Lisp语言的"括号森林"里生长着函数式编程的翠绿幼苗。当我们惊觉ChatGPT的"思考"轨迹与早期编译器有着惊人的同构性，方才理解Uncle Bob将程序员称为"细节管理者"的深意——我们不仅是代码的书写者，更是数字世界底层逻辑的构建者，是维系现实与虚拟的卡巴拉祭司。

在这个被算法重构的星球上，程序员群体的存在本身已成为文明的新器官。从《终结者》的系统叛变到《机械姬》的机械女仆，好莱坞的叙事嬗变恰是程序员地位升维的镜像：当新时代的年轻人像追星一样找Uncle Bob索要签名，意味着编程已从技术工种升华为文化基因。正如Uncle Bob暗示的，现代程序员正在书写新的创世神话——在数字世界的像素沙盒里，在GitHub的协作星空中，在开源社区的分布式智慧里。

但本书的深刻之处，在于始终保持着技术乐观主义者的清醒。当Uncle Bob指出"对程序员的需求随着机器能力的提升而增长"时，他揭示的不仅是职业发展的悖论，更是人类认知边界的永恒命题。人工智能不是程序员的掘墓人，而是认知增强的外骨骼；量子计算不是古典算法的丧钟，而是高层次算力的新跃迁。正如编译器挣脱了汇编语言的桎梏，GPT类工具正在创造人机协作的新范式——这非但不是程序员的黄昏，恰是"自然语言编程"时代的黎明。

译罢掩卷，窗外的城市正被数据洪流冲刷重塑。那些在咖啡厅敲击键盘的身影，那些在深夜调试算法的开发者的瞳孔，那些在开源社区碰撞思想的灵魂，正在编织数字文明的新经纬。本书的价值，不仅在于记录了我们如何走到今天，更在于启发我们如何走向未来——当AI开始编写代码，程序员的真正使命才刚刚显现：从代码工匠进化为数字生态的架构师，从功能实现者蜕变为技术伦理的守门人，在数字比特的海洋中守护真善美的灯塔。

这或许就是数字文明给予"我们程序员"的终极命题：当机器学会思考，人类要如何为自己的未来"编程"？答案，或许就藏在这部代码史诗的字里行间，等待每个数字时代的创世者，也就是我们程序员，去续写新的篇章。

——茹炳晟

世上为什么要有程序员？

AI编程

最近编程领域最热门的话题肯定是"AI编程"了。我使用 AI 编程工具大概有两年。起初，由于公司资源有限，项目无法安排到开发排期，我只好自己动手，结果极其迅速地完成整个项目。后来编程工作就彻底离不开AI了。

以前见客户时，要么在PPT上画饼，要么基于现有系统配置数据演示，很难在一开始就用贴合客户需求的方式演示。然而现在完全变了，我用AI，在两天内从头搭建好一个搜索、转写视频的脚本。完备的流程，加上一整套成熟的用户界面，令客户备感满意。

这一切看起来像魔法，就像巴贝奇在维多利亚沙龙上展现差分机时，给人们带来的震撼一样，那时一定有人面对叮叮当当运行的机械巨兽惊呼："机器能思考！"（巴贝奇的故事详细见本书第 2 章）。

兴趣

兴趣是引领我们前行的巨大动力。10 岁时，艾伦·图灵被《每个孩子都应该知道的自然奇观》(Natural Wonders Every Child Should Know)这本书所吸引，从此对科学有了新的认识。

在翻译过程中，我在B站发现了一位Up主，他喜欢在视频中分享机械计算机运行原理。原以为他是一名机械专业的大学生，后来发现他发布第一条原理视频时，还只是一名初中生，而大部分视频是在他读高中时发布的。在AI时代，很多专长会被无情地替代，大概只有好奇心和兴趣，才能指引我们。

Uncle Bob说，他在12岁时就立志成为程序员，起因就是妈妈送给他的一份生日礼物。他已经保存了60多年的这个玩具，现在看来很简单，就是用一些金属棒和机械装置搭建起来的装置，可以计数，还可执行加法运算等。那时候的他非常痴迷，完成了很多程序。他说："那种拥有无限能力的纯粹喜悦感让我确定了自己的人生方向。我是一名程序员，而且我将永远是一名程序员。"（有关Uncle Bob是如何走上程序员道路的，详见第11章）。

希望这本书中某些故事，也能在某个时刻激起大家的兴趣。

细节

曾经给客户开发过一套Oracle考试模拟环境的软件。项目负责人是一位大学数学系教授，其中有项工作是要整理每个Oracle语句的状态转换数组。他带领几位数学系的研究生，在纸上画DFA，再提取状态值，最终形成数组。算下来处理一条语句需要几天时间，要完成整个Oracle语句集的构建需要几个月，还不能确保正确无误。我写了个程序，从bison的输出文本中自动提炼这些数据生成数组，整个过程不需要人工干预，准确率达100%，可快速测试正确性。写这个程序要处理很多细节，因为bison的输出文本并没有规范的语法，需要自己一点点依据字符个数和字符位置进行推演，有时差一个字符就跑不起来。

处理细节的重要性，在计算机发展的早期就已经体现出来。本书中讲到格蕾丝·霍珀时，她和同事们曾经要在布满数千个发热真空管和104°F水银罐的房间里操作UNIVAC计算机。这台计算机每次加法运算的结果都比实际值大3，因此必须设计电路在每次操作后自动减去3。对于操作指令，有时纯粹为了对齐，就必须引入一些特殊的跳过操作(霍珀如何应对那么多恼人的细节，详见本书第4章)。这些看似没道理的细节，都必须做对，才能有正确结果。

世上为什么要有程序员？

Uncle Bob对此的回答是："因为程序员是细节掌控者"。

我认为，虽然有了AI编程后，许多产品经理也能开发程序，但在复杂场景下(如架构设计、错误调试等)，有非常多的细节，仍然离不开真正懂程序运行原理和软件工程的人。

只有充满好奇，掌控足够多的细节，才能开拓新领域，达到足够高的成就。

翻译的几点说明

我很荣幸参与Uncle Bob这本新书的翻译工作。这本书回顾了编程发展史，讲述了许多重要的人物和事件，还包括了作者自身的很多经历。阅读本书，能让我们更好地理解编程的发展脉络，汲取先驱们的智慧与力量，在新的时代浪潮中找准自己的方向。

除了原脚注外，对于不易理解之处我添加了译者注，以帮助大家了解背景，大约有3000多字。原书脚注或参考文献有很多视频，但大都没有给链接，为方便读者，已将链接补充在电子脚注中。

——柳飞

对本书的赞誉

"我像Uncle Bob一样,职业生涯的大部分时间都在从事咨询、教学和参加计算机会议中度过。重要的是,本书中提及的许多人物我都遇到过,也曾和他们共进晚餐。所以这本书写的其实就是我职业生涯中的那些朋友,我可以告诉你,这些都是真实的故事。事实上,本书的文字表达非常精妙,研究得也很深入。"

——摘自Tom Gilb为本书撰写的"后记"[1]

"纵观各类相关书籍,除本书之外,我难以想象还有哪本书能如此全面、清晰地讲述计算机编程的早期发展历史。"

——Mark Seeman[2]

"这是一部引人入胜的计算机与编程历史书。精彩呈现众多伟大人物的生活片段,也生动描绘了Uncle Bob作为程序员的职业生涯历程。"

——Jon Kern,《敏捷宣言》的合著者[3]

"在本书中,Bob成功地将多位程序大师的工作经历编织成一个个引人入胜的故事,为我们提供了丰富的历史背景、人性化的事迹以及行业开创者们令人耳目一新的灵感之光,披露了诸多细节。身为这段波澜壮阔的历史的亲历者,Bob巧妙地将自己新颖的观察和见解融入其中。这一次,我们不仅完整欣赏Bob的故事,还了解了他对未来的思考。这是一本饶有趣味的书,读来如春风拂面,轻松惬意。"

——Jeff Langr[4]

1　Tom Gilb,软件工程方法学先驱,软件度量领域权威,"进化项目管理(又称Evo)"方法的提出者。他首次系统阐述迭代式开发理念,被视作敏捷方法的先驱。国际系统工程协会(INCOSE)终身成就奖得主。——译者注

2　Mark Seemann,软件架构师、技术作家,合著有多本技术书籍。精通函数式编程(尤其F#)、测试驱动开发(TDD)和领域驱动设计(DDD)。其博客ploeh blog是软件设计领域的知名技术资源。——译者注

3　Jon Kern,实时系统专家,敏捷联盟创始成员。自适应软件开发(Adaptive Software Development)方法的共同创立者。——译者注

4　Jeff Langr,软件工程顾问。专注于测试驱动开发(TDD)实践,维护着开源测试框架Hamcrest。——译者注

谨将本书献给蒂莫西·迈克尔·康拉德 (Timothy Michael Conrad)

序　言

简单敲入五个字符"vim ."，就能启动我最喜欢的编辑器。这可不是普通的编辑器，而是NeoVim。如今的NeoVim具备键绑定、语言服务器协议(LSP)、语法高亮、内置错误诊断等多种功能。经过全面定制后，NeoVim仅需数毫秒即可启动，实现近乎即时的文件编辑。即使项目有数千个文件，LSP也能迅速反馈项目的状态，将错误信息即时加载到快速修复菜单中，以便快速定位。只需要几个按键，我就能构建、启动、运行或测试项目。我的计算机甚至能通过AI将自然语言直接转换为代码！更神奇的是，这个AI还能在我编码时实时协作，瞬间生成大量(虽然质量存疑的)代码。这一切听起来令人惊叹。NeoVim的体验堪称美妙流畅、疾如闪电。然而，NeoVim却被某些开发者视为古董。"老顽固！"[1]他们用这样的称呼嘲讽使用NeoVim并花时间配置的人。毕竟，像IntelliJ那样全功能的集成环境唾手可得，甚至它所支持的功能之丰富已经远超我这个NeoVim用户的想象边界！

我之所以讲述这些，是因为我们正身处技术奇迹之中而不自知。遭此非议，不是因为我坚守"过时"的工具，也不是因为开发者间的理念之争——这些早已司空见惯。真正震撼的是：文本编辑这项人类智慧的结晶，当前在我们眼中竟如此稀松平常。自动补全、语法高亮、动态文档，这些曾经是具有石破天惊效果的功能，如今却成了开发者的空气与水。回溯历史，人类用了30年才从机器码跃升至高级编程语言，又等待半个世纪迎来语法高亮，直到20世纪70年代后期才出现跨语言的智能支持。编辑器的进化史，本就是一部浓缩的人类计算文明史。

比起使用古董编辑器，我更痴迷于聆听往昔的故事。那些"真正的程序员"能根据磁鼓存储器的旋转节奏来优化代码，以达到最佳的读取速度。多希望能亲眼见证大师们在打孔卡片上施展魔法！或许这只是一种浪漫的怀旧，但那个时代的每个突破都重塑了世界。在本书中，我有机会与计算历史中那些缔造过重大飞跃的创造者们并肩走过那段时光。我看到查尔斯·巴贝奇(Charles Babbage)用差分机震撼了维多利亚时代的沙龙，机械巨兽发出的叮叮当当的运转声，所产生的东西在当时看来一定是魔法。那种感受恰似今天我们初见大语言模型或Copilot自动生成代码时的震撼。我敢打赌，在那个时候你一定会在晚宴上听到客人惊呼："机器真的能思考？"我感受到那时的

---

[1] 原文是"Luddite!"。Luddite，即卢德主义者，是19世纪英国的一个激进主义团体，反对工业革命，主张手工劳动和传统手工艺。——译者注

团队昼夜不停工作的压力，以及在二战关键计算中对更强计算能力的迫切需求，这些计算使得原子弹成为可能。他们没有Herman Miller人体工程办公椅，也没有时尚的站立式办公桌；见鬼，他们甚至都没有显示器或键盘！然而，他们取得了不可思议的成果，改变了人类发展的进程。本书是这段计算历史表述中最引人入胜的讲述之一。

如果一个程序员没听说过Uncle Bob的名号，我会非常惊讶。他在我们行业中绝对是多产的。多年来，我只是通过Twitter以及他在整洁代码和敏捷开发方面的重要贡献才知道Uncle Bob。在我心中，他一直是一种抽象的存在[1]，直到某天在Twitter上我与他互动后我的心态才发生了变化。通过电子邮件、电话，甚至播客的交流，我看到一个远比教科书更立体的罗伯特·C.马丁：他务实，在需要时愿意做出让步。在播客节目中，最一致的评论是"他温文尔雅，笑容满面！"这反映了他豁达的性格和丰富充实的生活经历。他是一个真正的软件工程师，也是我们学习的榜样。

我个人已经厌倦了无数关于空格键、编辑器以及面向对象编程与函数式编程的争论，这些争论在X上激烈地展开着。我感兴趣的是，到底是谁创造了这些引发争论的技术。本书连接起过去的岁月和未来的希望，将更有意义的东西呈现给我们，而Uncle Bob就是讲述这个故事的完美人选。

——ThePrimeagen[2]

---

1 原文是"Avatar of AbstractBuilderFactory"。这个表述是对Uncle Bob的幽默化隐喻，结合了软件工程中的两个经典设计模式：Abstract Factory(抽象工厂模式)和Builder(建造者模式)。前者是创建相关对象家族的接口，隐藏具体实现。后者是分步骤构建复杂对象的模式。将两者合成为"AbstractBuilderFactory"这个虚构概念，其隐喻意义在于：强调Uncle Bob作为软件架构大师的形象，暗示其著作中强调抽象设计和模式应用的特点。——译者注

2 ThePrimeagen是YouTube频道号，主持人Michael Paulson是科技界颇具影响力的人物，以快速使用vim编辑器、编程直播、技术视频等内容而在Twitch和YouTube上闻名。——译者注

自 序

我即将为你讲述这一切是如何开始的。这是一个曲折的故事，讲述了那些非凡人物的生活与挑战，他们所处的非凡时代，以及他们所掌握的非凡机器。

但在我们深入探索这些曲折的历程之前，或许先来一个小小的预览是合适的——只是为了激发你的兴趣。

需要可能是发明之母，但没有什么比战争更能激发需求。我们这个行业的推动力正是由战争的剧变——尤其是第二次世界大战——所创造的。

在20世纪40年代，战争技术已经超越了我们的计算能力。仅靠人类操作的台式计算器根本无法满足来自战争各领域的计算需求。

问题在于，为了近似计算从火炮发射的炮弹到目标的路径，需要进行大量的加减乘除运算。这类问题并不能通过$d=rt$或$s=\frac{1}{2}at^2$这样的简单公式来解决。这些问题要求将时间和距离分解成成千上万个小段，并逐段模拟和近似弹道。这种模拟需要大量计算。

在过去几个世纪里，所有这些计算都是由成群的人用笔和纸完成的。直到20世纪，他们才得到了加法机来协助这项任务。完成这些计算以及组织执行计算的团队是一项艰巨的任务。[1] 计算本身可能需要这些团队花费数周甚至数月的时间。

在19世纪，人们曾梦想过得到能够完成这些壮举的机器。甚至创造过一些功能比较简单的原型机。但它们只是玩具和奇观，是精英们在晚宴上展示的花哨装置。很少有人认为它们是值得使用的工具；考虑到它们不菲的成本使一切变得更遥远。

但第二次世界大战改变了这一切。需求迫切，成本变得无关紧要。于是，那些早期的梦想变成了现实，庞大的计算机器被建造出来。

那些编写代码和操作机器的人是计算领域的先驱。起初，他们被迫在最原始的条件下工作。编程指令实际上是通过在长长的纸带上逐一打孔来完成的，机器会读取并执行这些纸带。这种编程方式极其烦琐，且完全不容错。此外，这种程序的执行可能需要数周时间，其间需要详细监控和持续干预。例如，执行程序中的循环时，需要通过手动重新定位纸带以进行每次迭代，并手动检查机器状态以确定循环是否应终止。

---

[1] 要亲眼目睹这样的任务是如何进行的，推荐参加2024年圆周率日庆祝活动。在一周内，一个由数百人组成的非常协调的团队手工计算了100多位数字。"一个世纪以来最大的手工计算！[圆周率日2024]"由Stand-up Maths于2024年3月13日发布在YouTube上。

随着时间的推移，机电机器被电子真空管机器所取代，后者将数据存储在通过长长的水银管传播的声波中。打孔卡片最终被存储程序取代。这些新技术由早期的先驱们推动，并促进了进一步的创新。

20世纪50年代初的第一个编译器不过是带有特殊关键字的汇编器，用于加载和调用预先编写的子程序——有时来自纸带或磁带。后来的编译器尝试了表达式和数据类型，但仍然原始且缓慢。到了20世纪50年代末，约翰·巴克斯(John Backus)的FORTRAN和格蕾丝·霍珀(Grace Hopper)的COBOL引入一种全新的思维方式。程序员之前手工编写的二进制代码从此可由能够读取和解析抽象文本的计算机程序生成。

在20世纪60年代初，迪杰斯特拉(Dijkstra)的ALGOL提升了抽象层次。几年后，达尔(Dahl)和尼加德(Nygaard)的SIMULA 67再次将抽象层次提升到新高度。

结构化编程和面向对象编程就是从这些起点中诞生的。

同时，约翰·凯梅尼(John Kemeny)和他的团队在1964年通过创建BASIC和分时系统将计算带给了普通人。BASIC是一种几乎任何人都能理解和使用的语言。分时系统允许许多人方便地同时使用一台昂贵的计算机。

此后，肯·汤普森(Ken Thompson)和丹尼斯·里奇(Dennis Ritchie)在60年代末和70年代初，通过创建C语言和UNIX，开辟了软件开发的世界。从那以后，软件开发领域开始了飞速发展。

20世纪60年代的大型机革命之后是70年代的小型机革命和80年代的微型计算机革命。个人电脑在80年代席卷了整个行业，随后迅速迎来了面向对象革命、互联网革命和敏捷革命。软件开始主导一切。

9·11事件和互联网泡沫破裂使我们停滞了几年，但随后迎来了Ruby/Rails革命和移动革命。然后，互联网变得无处不在。社交网络蓬勃发展，然后衰落，而人工智能则崛起，雷霆万钧般涌来。

这让我们来到了现在，思考未来。所有这些，以及更多，都将在本书的页面上进行讨论。所以，如果你准备好了，那就系好安全带——因为这将是一次穿梭于时空的绮丽又狂野的旅程。

故事时间线

　　本书故事所描述的人物和事件都展示在这条时间线上。当你阅读故事中的相关事件时，可从这里定位，了解它们发生的背景。例如，你可能会发现一件有趣的事，如FORTRAN[1]和Sputnik[2]在时间上是巧合的，两者在无意中邂逅；或者肯·汤普森(Ken Thompson)在迪杰斯特拉(Dijkstra)提出GOTO语句有害之前就加入了贝尔实验室(Bell Labs)。

1　世界上第一门高级编程语言，IBM首次发布于1957年。详见书中章节。——译者注
2　世界上第一颗人造卫星，于1957年10月4日成功发射。详见书中章节。——译者注

时间轴

时间刻度：1930年 — 1940年 — 1950年 — 1960年 — 1970年

第二次世界大战（1940年前后）

重要事件
- 珍珠港事件
- 三位一体核试验
- 曼切斯特小宝贝计算机发布
- 第一颗人造卫星Sputnik成功发射
- IBM 701发布
- IBM 704发布
- IBM 7090发布
- 第一台商用计算机UNIVAC 1107发布
- UNIVAC 1108发布
- PDP7发布
- PDP8发布
- PDP11发布
- ECP-18发布
- DN303&35
- H200发布
- VAX计算机系统发布
- CP/M发布
- Apple II发布
- 8080处理器发布

希尔伯特 (Hilbert)
- 希尔伯特发表《数学的基础问题》
- 希尔伯特去世
- 哥德尔不完备定理发布
- 希尔伯特：哥廷根没有数学
- 图灵发表《论可计算数及其在判定问题中的应用》
- 图灵去世
- 冯·诺伊曼与图灵相识
- 冯·诺伊曼去世
- 图灵在布莱切利公园破解密码
- 冯·诺伊曼见到NCR会计机器，对计算技术产生浓厚兴趣
- 冯·诺伊曼去洛斯阿拉莫斯参加曼哈顿计划
- 冯·诺伊曼参观Mark I和ENIAC，撰写EDVAC报告草案

霍珀 (Hopper)
- 霍珀加入Mark I
- 第一个编译器：贝蒂·斯奈德的归并排序
- Mark I研讨会
- 霍珀加入UNIVAC
- 霍珀：自动编程
- 编译器A-O发布
- 研讨会：自动编程
- B-O编程语言(Flowmatic)发布
- 第一次数据系统与语言会议(CODASYL)举行
- COBOL发布

巴克斯 (Backus)
- 见到SSEC
- 编写Speedcoding
- 发明Fortran
- 首次在ALGOL中实现BNF

迪杰斯特拉 (Dijkstra)
- 参与的FERTA计算机建造完成
- 在剑桥参加EDSAC计算机编程
- 在荷兰数学中心参与ARRA项目
- 成为荷兰第一位程序员
- 参与的ARMAC计算机面世
- 设计出最短路径算法
- 参与建造X1计算机
- 为X1编写首个ALGOL编译器
- 发布THE多道程序系统
- 在加特林堡发表反对GOTO语句的演讲
- 在论文中发表对当时技术水平相当悲观的看法

尼加德 (Nygaard)
- 尼加德加入挪威国防研究所(NDRE)
- 达尔加入NDRE
- 发表蒙特卡罗编译器
- 发表Simula语言规范
- 推销UNIVAC
- 交付UNIVAC 1107
- Simula I首个原型问世
- Simula 67首个商业化版本发布
- 斯特劳斯特鲁普在丹麦奥胡斯大学使用Simula 67
- Stroustrup从奥尔胡斯大学毕业

凯梅尼 (Kemeny)
- 凯梅尼听到冯·诺伊曼关于EDVAC的演讲
- 被达特茅斯学院聘用
- 购买LGP-30
- 购买DN-30 & DN-235
- 发布BASIC与达特茅斯分时系统

里奇 (Ritchie)
- 肯·汤普森加入贝尔实验室
- 丹尼斯·里奇加入贝尔实验室
- 丹尼斯·里奇没有博士论文
- 布莱恩·克尼汉加入贝尔实验室
- MULTICS项目终止
- 发布UNIX PDP-7
- 发布UNIX PDP-11
- 发布C语言
- 克尼汉和里奇出版《C程序设计语言》

故事时间线

```
                              ←——— 阿富汗战争 ———→
                 ←→           ←— 伊拉克战争 —→
              海湾战争
  1980年      1990年        2000年          2010年        2020年       2030年

                    • OODB      • 网景公司成立  • 敏捷运动兴起 • CLOJURE发布
     • 新闻组(Usenet)诞生   • 格雷迪·布奇出版《面向对象设计及其应用》  • Swift发布
                    • Sparc工作站发布  • 极限编程兴起  • SCALA发布
          • MP/M发布              • Scrum兴起 • Sparc工作站发布  • Go发布    • Rust发布
          • IBM PC发布     • Web兴起   • Java发布    • C#发布    • F#发布   • Dart发布
  • 8086    • Mac发布                                           • Elm发布
  处理器发布     • C++发布          • Ruby发布         • Rails发布
          • OBJ-C发布      • Python发布 • UML/RUP发布
                          • JavaScript发布
```

• 启发了带有类的C语言的诞生

XXI

前　言

在开始之前，我想先介绍一些关于本书及作者的信息，以便你更好地理解接下来的内容。

(1) 在撰写本书时，我做程序员已经60年了。虽然从12岁到18岁那段时间或许不应完全计入其中，但不管怎样，从1964年至今，我几乎全程参与了"计算机时代"的发展，亲身经历了这个领域中许多重要的(甚至是奠基性的)事件。因此，你即将阅读的这本书，实际上出自一位计算机领域早期探索者之手——如今这个群体的人越来越少了。尽管我们算不上是最早的开拓者，但确实从先行者手中接过了接力棒，继续前行。

(2) 本书所述内容的时间跨度长达两个世纪。许多人会发现，故事中提到的一些名字和思想有些陌生——仿佛被时间所遗忘。为此，在本书的结尾，我特意准备了术语表和其他重要人物名录，以帮助你更好地理解相关内容。

(3) 术语表中包含了本书中提到的大多数硬件设备的描述。如果你在阅读过程中遇到不熟悉的计算机或设备名称，可以查阅术语表，或许能找到相关信息。

(4) 其他重要人物名录列出了本书提及的其他重要人物。这份名单很长，但还远远不够。它仅仅列举了一些对计算机编程行业产生直接或间接影响的人物。书中提到的一些人物已经消逝在笼罩历史长河的时间迷雾中，在互联网搜索引擎里也难觅其踪影。当你浏览这些名字时，会惊讶于你在其中发现的人物。再仔细看看，你会意识到这份名单只是浮光掠影。再进一步看看这些人的离世时间，你会发现他们中的大多数都是最近才离开我们的。

电子脚注

本书提供脚注的电子版本。读者可扫描封底二维码，下载"电子脚注"文件。与纸质书中的脚注相比，"电子脚注"文件中增加了大量的参考网址。读者可直接单击网址浏览相关内容。

致　谢

再次感谢培生(Pearson)团队为本书出版所付出的辛勤努力，特别是Julie Phifer、Harry Misthos、Julie Nahil、Menka Mehta和Sandra Schroeder。同时，感谢制作团队对内容的深度淬炼与完善，包括Maureen Forys、Audrey Doyle、Chris Cleveland等成员。与他们合作总是令人愉快。

感谢Andy Koenig和Brian Kernighan帮助我建立了联系渠道。

特别感谢Bill和John Ritchie，他们为我提供了许多关于他们兄弟"Dear old DMR"[1]的宝贵资料。

感谢Michael Paulson(即ThePrimeagen)撰写了精彩的序言。

感谢Tom Gilb的盛情款待，感谢他的真知灼见，以及他写的后记，那是我读过的最有趣的后记之一。

感谢Grady Booch、Martin Fowler、Tim Ottinger、Jeff Langr、Tracy Brown、John Kern、Mark Seeman和Heather Kanser在书稿还非常粗糙的时候审阅了书稿，他们的帮助让书稿变得好多了。

一如既往，我要感谢我美丽可爱的妻子——我一生的挚爱——以及我四个出色的孩子和十个同样出色的孙子孙女。他们是我生活的全部。写软件只是为了好玩。

最后，我必须感谢上苍，我的生活如此完美——我生活在天堂。

---

[1] DMR是指Dennis MacAlistair Ritchie，美国计算机科学家，在黑客圈子中通常被称为DMR。他是C语言的创造者，对计算机科学领域做出了重大贡献。详见第10章。——译者注

关 于 作 者

罗伯特·C. 马丁(在业内被尊称为Uncle Bob，即Bob大叔)自1970年起就开始从事程序员工作。他是Uncle Bob咨询公司的创始人，并与他的儿子Micah Martin共同创立了Clean Coders公司。马丁在各种行业期刊上发表了数十篇文章，并且经常在国际会议和行业展览上发表演讲。他撰写和编辑了多部书籍，包括《使用Booch方法设计面向对象的C++应用程序》(*Designing Object-Oriented C++ Applications Using the Booch Method*)、《程序设计模式语言3》(*Pattern Languages of Program Design 3*)、《更多C++精华》(*More C++ Gems*)、《极限编程实践》(*Extreme Programming in Practice*)、《敏捷软件开发：原则、模式和实践》(*Agile Software Development: Principles, Patterns, and Practices*)、《UML：Java程序员指南》(*UML for Java Programmers*)、《代码整洁之道》(*Clean Code*)、《程序员的职业素养》(*The Clean Coder*)及《函数式设计：原则、模式和实践》(*Functional Design: Principles, Patterns, and Practices*)。作为软件开发行业的领导人物，马丁曾担任《C++报告》(*C++ Report*)的总编辑三年，并担任敏捷联盟(Agile Alliance)的首任主席。

译者简介

茹炳晟，腾讯Tech Lead，腾讯研究院特约研究员，腾讯集团技术委员会委员，腾讯云架构师技术同盟入会主席，中国计算机学会(CCF)TF研发效能SIG主席，"软件研发效能度量规范"团体标准核心编写专家，中国商业联合会互联网应用技术委员会智库专家，中国通信标准化协会TC608云计算标准和开源推进委员会云上软件工程工作组副组长，国内外各大技术峰会的联席主席，出品人和Keynote演讲嘉宾，公众号"茹炳晟聊软件研发"主理人。著有技术畅销书《测试工程师全栈技术进阶与实践》《现代软件测试技术之美》《软件研发效能权威指南》《现代软件测试技术权威指南》《软件研发效能提升之美》《软件研发效能提升实践》《多模态大模型技术原理与实战》《高质效交付：软件集成、测试与发布精进之道》等，译有《软件设计的哲学(第2版)》《整洁架构之道》《现代软件工程》和《DevOps实践指南(第2版)》《精益DevOps》《持续架构实践：敏捷和DevOps时代下的软件架构》等。

柳飞，自在哪吒智能科技(nezha-ai.cn)创始人、首席服务官，程序员。《Java 性能优化权威指南》《Java 性能优化指南》和《整洁架构之道》等书籍的译者之一，疏于打理的公众号——"进化中的程序员"的主理人。马拉松业余凑热闹选手。

目 录

第 I 部分　开端

第1章　我们是谁? ·········· 3

第 II 部分　技术巨擘

第2章　巴贝奇：第一位计算机工程师 ·········· 11
2.1　生平 ·········· 11
2.2　数学用表 ·········· 12
 2.2.1　制表之道 ·········· 12
 2.2.2　有限差分法 ·········· 14
2.3　巴贝奇的远见 ·········· 17
2.4　差分机 ·········· 18
2.5　机械的符号系统 ·········· 19
2.6　派对魔术 ·········· 20
2.7　差分机的终结 ·········· 20
2.8　分析机 ·········· 22
2.9　阿达：洛芙莱斯伯爵夫人 ·········· 23
2.10　第一位程序员? ·········· 26
2.11　未竟之宏愿 ·········· 27
2.12　结论 ·········· 29
参考文献 ·········· 29

第3章　希尔伯特、图灵与冯·诺伊曼：第一代计算机架构师 ·········· 31
3.1　大卫·希尔伯特 ·········· 31
 3.1.1　哥德尔 ·········· 33
 3.1.2　反犹主义风暴 ·········· 35
3.2　约翰·冯·诺伊曼 ·········· 36
3.3　艾伦·图灵 ·········· 38
3.4　图灵-冯·诺伊曼架构 ·········· 40
 3.4.1　图灵的机器 ·········· 40
 3.4.2　冯·诺伊曼的历程 ·········· 44
参考文献 ·········· 49

第4章　格蕾丝·霍珀：第一位软件工程师 ·········· 51
4.1　军旅生涯：1944年夏天 ·········· 52
4.2　规范：1944—1945年 ·········· 55
4.3　子程序：1944—1946年 ·········· 58
4.4　研讨会：1947年 ·········· 59
4.5　UNIVAC：1949—1951年 ·········· 60
4.6　排序与编译器的起源 ·········· 64
4.7　酗酒：大约1949年 ·········· 64
4.8　编译器：1951—1952年 ·········· 65
4.9　A类编译器 ·········· 66
4.10　编程语言：1953—1956年 ·········· 68
4.11　COBOL：1955—1960年 ·········· 69
4.12　我对COBOL的吐槽 ·········· 72
4.13　无可争议的成功 ·········· 72
参考文献 ·········· 73

第5章　约翰·巴克斯：第一种高级语言 ·········· 75
5.1　生平 ·········· 75
5.2　令人着迷的彩色灯光 ·········· 76
5.3　快速编码与701计算机 ·········· 78
5.4　对速度的需求 ·········· 80
 5.4.1　分工 ·········· 84
 5.4.2　我对FORTRAN的吐槽 ·········· 85
5.5　算法语言(Algol)及其他 ·········· 85
参考文献 ·········· 87

第6章　艾兹格·迪杰斯特拉：第一位计算机科学家……89
- 6.1　生平……89
- 6.2　ARRA计算机：1952—1955年……91
- 6.3　ARMAC计算机：1955—1958年……94
- 6.4　ALGOL语言与X1计算机：1958—1962年……95
- 6.5　阴霾如墨渐漫：1962年……98
- 6.6　计算机科学的崛起：1963—1967年……99
  - 6.6.1　科学性……100
  - 6.6.2　信号量……100
  - 6.6.3　结构化编程……101
  - 6.6.4　数学证明的迷思……101
- 6.7　数学：1968年……102
- 6.8　结构化编程：1968年……104
- 参考文献……107

第7章　尼加德与达尔：第一种面向对象编程语言……109
- 7.1　克里斯滕·尼加德……109
- 7.2　奥莱-约翰·达尔……110
- 7.3　Simula语言与面向对象编程……111
- 参考文献……119

第8章　约翰·凯梅尼：第一种"大众化"编程语言——BASIC……121
- 8.1　约翰·凯梅尼的生平……121
- 8.2　托马斯·库尔茨的生平……123
- 8.3　革命性的想法……123
- 8.4　看似不可能的任务……124
- 8.5　BASIC语言……125
- 8.6　分时系统……126
- 8.7　操作计算机的青少年……127
- 8.8　转型……127
- 8.9　盲目先知……128
  - 8.9.1　共生关系？……128
  - 8.9.2　预言……129
- 8.10　雾里看花……132
- 参考文献……132

第9章　朱迪思·艾伦……133
- 9.1　ECP-18计算机……133
- 9.2　朱迪思的经历……134
- 9.3　辉煌的职业生涯……137
- 参考文献……138

第10章　汤普森、里奇与克尼汉……139
- 10.1　肯·汤普森……139
- 10.2　丹尼斯·里奇……141
- 10.3　布莱恩·克尼汉……144
  - 10.3.1　Multics系统……145
  - 10.3.2　PDP-7与《太空旅行》游戏……147
- 10.4　UNIX操作系统……149
- 10.5　PDP-11计算机……151
- 10.6　C语言……153
- 10.7　克尼汉和里奇……155
  - 10.7.1　说服与合作……157
  - 10.7.2　软件工具……157
- 10.8　结论……158
- 参考文献……158

第Ⅲ部分　技术拐点

第11章　20世纪60年代……163
- 11.1　ECP-18……166
- 11.2　父亲的支持和鼓励……168

第12章　20世纪70年代……169
- 12.1　1969年……169
- 12.2　1970年……172
- 12.3　1973年……174

XXVII

- 12.4 1974年 …………………… 176
- 12.5 1976年 …………………… 179
- 12.6 1978年 …………………… 182
- 12.7 1979年 …………………… 183
- 参考文献 ……………………… 184

第13章 20世纪80年代 ………… 185
- 13.1 1980年 …………………… 185
  - 13.1.1 系统管理员 ………… 186
  - 13.1.2 pCCU ……………… 187
- 13.2 1981年 …………………… 188
  - 13.2.1 DLU/DRU ………… 188
  - 13.2.2 苹果Ⅱ ……………… 189
  - 13.2.3 新产品 ……………… 190
- 13.3 1982年 …………………… 190
- 13.4 1983年 …………………… 192
  - 13.4.1 麦金塔内部剖析 …… 192
  - 13.4.2 电子公告板系统(BBS) ……………… 193
  - 13.4.3 泰瑞达公司的C语言 … 193
- 13.5 1984—1986年：语音响应系统(VRS) ……………… 193
- 13.6 1986年 …………………… 194
  - 13.6.1 技工派遣系统(CDS) … 195
  - 13.6.2 字段标记数据(FLD) … 195
  - 13.6.3 有限状态机 ………… 196
  - 13.6.4 面向对象编程(OOP) … 196
- 13.7 1987—1988年：英国 …… 197
- 参考文献 ……………………… 198

第14章 20世纪90年代 ………… 199
- 14.1 1989—1992年：克利尔通信公司 ………………… 199
  - 14.1.1 Usenet ……………… 200
  - 14.1.2 Uncle Bob ………… 200
- 14.2 1992年：C++ Report …… 201
- 14.3 1993年：Rational公司 …… 201
- 14.4 1994年：教育考试服务中心(ETS) ……………… 203
  - 14.4.1 C++ Report专栏 …… 204
  - 14.4.2 模式 ………………… 204
- 14.5 1995—1996年：第一本书、会议、课程及OM公司 … 205
- 14.6 1997—1999年：C++ Report、统一建模语言(UML)和互联网泡沫 …………………… 206
- 14.7 1999—2000年：极限编程 … 207
- 参考文献 ……………………… 209

第15章 千禧年 ………………… 211
- 15.1 2000年：极限编程(XP)领导力 …………………… 211
- 15.2 2001年：敏捷开发的兴起和互联网泡沫的破裂 ……… 212
- 15.3 2002—2008年：在困境中彷徨 …………………… 213
- 15.4 2009年：《计算机程序的构造和解释》与色度键 …… 214
  - 15.4.1 视频 ………………… 215
  - 15.4.2 cleancoders.com …… 215
- 15.5 2010—2023年：视频、技艺与专业精神 …………… 216
  - 15.5.1 敏捷开发偏离正轨 … 216
  - 15.5.2 更多书籍 …………… 217
  - 15.5.3 疫情期间 …………… 217
- 15.6 2023年：发展停滞期 …… 217
- 参考文献 ……………………… 218

第Ⅳ部分 未来

第16章 编程语言 ……………… 223
- 16.1 数据类型 ………………… 224
- 16.2 Lisp ……………………… 225

第17章 人工智能 ·············· 227
17.1 人类大脑 ················· 227
17.2 神经网络 ················· 229
17.3 构建神经网络并非编程 ····· 230
17.4 大语言模型 ··············· 230
17.5 大型X模型的影响 ········· 235

第18章 硬件 ··················· 237
18.1 摩尔定律 ················· 238
  18.1.1 多核 ················ 238
  18.1.2 云计算 ·············· 238
  18.1.3 平台期 ·············· 238
18.2 量子计算机 ··············· 239

第19章 万维网 ················· 241

第20章 未来的编程 ············· 245
20.1 航空类比 ················· 245
20.2 设计原则 ················· 246
20.3 方法 ····················· 246
20.4 规范 ····················· 246
20.5 职业道德 ················· 247

参考文献 ······················· 247

后记 ··························· 249

术语表 ························· 257

其他重要人物名录 ··············· 273

第 I 部分

开 端

我们程序员,究竟是怎样一群人?世上为什么会有我们?我们竭力想要掌控的这些机器,又是什么?

第 1 章

我们是谁？

我们，程序员，是那些与机器对话并让它们运转起来的人。我们为机器注入灵魂，为经济和社会注入活力。没有我们，世界将停滞不前。我们——掌控这个世界！

有些人总以为自己是世界的主宰者，而他们制定的规则最终会传递到我们手上，由我们编写出在机器中执行的代码，正是这些代码支配着万物运转。

但这种举足轻重的地位并非与生俱来。在编程历史的早期，程序员是隐形的。所有目光都聚焦在计算机及它们所要解决的重要问题上。那些机器和它们的建造者才是时代的宠儿。没有人关注那些让机器运转起来的程序员。我们不过是时代的背景噪声。

关于那个原始年代，迪杰斯特拉(Dijkstra)曾说过：[1]

> "因为[每台计算机]都独一无二，[程序员]非常清楚地知道，他们的程序只在某台机器上才有意义。更显而易见的是，这些机器的寿命注定短暂，[程序员]深知自己的劳动成果几乎难以产生长远的价值。"

甚至，我们当时所做的几乎都不能被称为一种职业、一门学科，甚至连明确的工作都算不上。无论从哪个角度看，我们都像一群妖怪——用最笨拙也最令人抓狂的方式，硬生生地让那些不可靠、脾气暴躁、造价惊人的庞然大物(处理速度缓慢，存储小得可怜)偶尔能派上点用场。正如迪杰斯特拉所言：[2]

> "在那个年代，许多聪明的程序员用各种技巧，将不可能的任务塞进受各种限制的机器之中，从而在智力层面获得极大的满足感。"

程序员的这种形象维持了很长时间。事实上，20世纪整个60年代到70年代，程序员的形象更糟了。我们从穿着白大褂的幕后人员，变成了藏在格子间里的蓝领书呆

1　Dijkstra, Edsger W. The Humble Programmer[C]//ACM Turing Lecture. New York: ACM, 1972. [2025-03-20]. 可参考"电子脚注"中列出的网页。

2　同上。

子。直到近年，程序员才重新获得白领地位。即便如此，我们的社会仍未完全意识到对程序员的依赖，而我们也没有完全理解自己所掌握的力量。

多年来，我们一直被视作摆脱不了的麻烦。高管和产品经理们憧憬着不再需要程序员的那一天。他们的期待并非空想，因为机器的能力在不断增强。这种提升不是渐进式的改良，而是数十个量级的跨越式发展。

然而，不需要程序员的时代始终没有到来。事实上，对程序员的需求从未减少，反而随着机器能力的提升而增长。程序员不仅没有变得可有可无，反而愈发重要，愈发需要更高超的技能。如今的程序员就像医生一样专业化，你必须雇用正确类型的程序员。

尽管高管竭力削减对程序员的需求，但这种需求却与日俱增且趋多元。现在，他们认为AI会是解决方案。但请相信我，历史终将重演。随着技术能力的提升，程序员的需求量与专业地位只会水涨船高。

程序员从隐形人到不可或缺经历了一系列转变，这在当时流行的电影中可见一斑。1956年上映的《禁忌星球》(*Forbidden Planet*)中的机器人罗比(Robby)是典型的英式管家，是影片的角色之一，然而几乎没有人注意到他的代码其实是由技术精湛、思维活跃的"疯狂科学家"编写的。

1965年上映的《迷失太空》(*Lost in Space*)中的机器人也类似。虽然情节上设定机器人的程序是由史密斯博士编写的，但那个机器人形象独树一帜，机器本身才是真正的主角。

1968年上映的《2001：太空漫游》(*2001: A Space Odyssey*)中的HAL 9000是绝对的主角。而程序员钱德拉博士，只是在机器断开连接时现身过一次：当时机器还哼着优雅小曲"黛西·贝尔"。

这种模式一再重复。1970年的《巨人：福宾计划》(*Colossus: The Forbin Project*)中，机器仍是主导角色。程序员是无力反抗的受害者，最终沦为奴隶。

1986年的《霹雳五号》(*Short Circuit*)延续了这个传统，机器稳坐主角之位，程序员不过是天真又笨拙的陪衬。

转折出现在1983年的《战争游戏》(*War Games*)。主角仍是计算机约书亚(也叫WOPR)，但程序员开始参与解决问题了，尽管他扮演的只是配角，真正的英雄是故事中的翩翩少年。

真正的转变发生在1993年的《侏罗纪公园》(*Jurassic Park*)。计算机仍然很重要，但它们已经不是主角了。首席程序员丹尼斯·纳德利成为关键人物——尽管在故事中扮演的是反派。

时代已然不同。2014年8月，我在斯德哥尔摩为Mojang公司的程序员做演讲。Mojang就是《我的世界》(*Minecraft*)的开发商。演讲结束后，我们去一个被篱笆环绕的啤酒花园喝酒。一个年约12岁的男孩跑了过来，眼中闪烁着炽热光芒，对其中一个程序员喊道："你是Jeb吗？"只见一头红发、戴着眼镜的延斯·伯根斯坦(Jens Bergensten)默默地点了点头[1]，潇洒地给男孩签了名。

程序员已然是年轻一代心中的英雄，他们想成长为像我们一样的人。

为什么会有我们？

为什么会有我们？我们程序员——为了什么而存在？

也许这个问题过于偏向哲学层面了。那么换个角度：为什么社会需要我们？为什么人们愿意付钱雇用我们做事？为什么他们不亲自动手？

或许你认为是因为我们聪明——确实如此，但这不是根本原因。或许你觉得是因为我们是技术专家——这也没错，但同样不是关键。真正的原因可能会让你感到惊讶，出乎你的意料。事实上，这是我们特质的一个方面，需要勇气才能接受这个赤裸裸摆着的事实。

我们痴迷于细节。我们沉浸在细节中。我们在细节的洪流中绝不退缩、逆流而上。我们在细节的沼泽中艰难跋涉。我们热爱细节。我们乐此不疲。我们是……细节管理者。

但这并没有回答为什么需要我们。答案是，现代社会已经无法脱离数字世界，我们也已经无法摆脱手机了。

对于手机(手持电话机)，为什么我们称它们为电话？它们不是电话！它们与电话毫无关联。亚历山大·格雷厄姆·贝尔(Alexander Graham Bell)不会指着iPhone说，它与他和沃森发明的电话有什么直接关系。

手机根本就不是电话；手机是手持超级计算机。手机是通往信息、八卦、娱乐和一切的门户和入口。我们无法想象没有手机的生活。没有屏幕，我们可能会蜷缩成绝望的抑郁小球。

当然，我是在调侃，但这种调侃源于毋庸置疑的事实。如果所有手机突然停止工作，那我们的文明将瞬间崩塌。

这些和程序员有什么关系？为什么需要程序员来管理手机背后的所有细节？为什么人们不能自己处理这些细节？

你肯定遇到过有杀手级创意的人，他们想让你编程，实现他们的创意。他们相信创意能赚大钱，还愿意和你二八分成，只要你写代码就行。

是的，就是这样。只是写代码。没什么大不了的。

为什么他们自己不写代码？毕竟，这是他们自己的创意。为什么他们不写？

---

[1] 延斯·伯根斯坦(Jens Bergensten)，瑞典的游戏程序员和设计师，*Minecraft*的首席设计师和主要开发者，Mojang的首席创意官，Jeb是他的昵称。——译者注

表面上看，是因为他们不知道怎么做，但事实并非如此。其实他们知道怎么做。他们能用抽象的术语描述需求，但就是不能将需求转化为实现，这是为什么？

假设有个热情爆棚的企业家，不妨叫他吉米，完全相信只要他能在屏幕上画出一条红线[1]，就会有数十亿美金等着他。就那一条红线。我想说，每个人都想要这么一条红线，对吧？那么吉米应该怎么做呢？

吉米看着他掌心的手机，他看到的只是一个带有少许凸起、凹槽和空腔的长方体。他到底是怎么想的？当然，他需要一个程序员，因为程序员知道这种事情。

但等等。你有没有在拿着手机的时候打过喷嚏？你有没有看到过那些能放大屏幕细节的小水滴？只需要思考片刻，就会发现那些水滴中显现的是点，彩色的点。确实，红色、绿色和蓝色的点排列成看似矩形的网格。

于是吉米打了个喷嚏，看到了那些点，在那一瞬间，他意识到了什么。他的红线是由红点挨个连上绘制出来的！

如果他再多想一会，会意识到这三种颜色可以混合。如果他再想一会儿，会意识到必须有一种方法来控制单独点的亮度，从而创造出各种颜色。哦，他可能不知道RGB颜色，但每个小学生都知道一些颜色混合之后会变成其他颜色。所以理解这个概念并不那么难。

如果他再给自己一点时间考虑，他会意识到矩形网格意味着这些点有坐标。哦，他可能不记得高中的代数，也可能不记得笛卡儿坐标。但再次强调，每个小学生都理解矩形网格的概念。我的意思是，看在上帝的份上，当你拨打电话时，按钮就是按矩形网格排列的！

好吧，我知道，现在没人再拨打电话了，也没人知道为什么这个词叫拨号。但别管那了。只需要几秒钟的宝贵思考时间，吉米就意识到连起那些线性排列的红点就能画出红线。

"具体怎么做呢？"吉米想知道。他还记得那个古老的线性公式：$y=mx+b$ 吗？可能不记得。但稍加思考，他肯定会意识到红线上每个点的纵/横坐标需要保持固定比例。他可能没有意识到，从根本上说，他正在重新发明微积分；但这没关系。理解垂直增量与水平增量成比例并不困难。

如果吉米继续思考，他会意识到他能看到那些点的唯一原因是他屏幕上的喷嚏沫起到了列文·虎克显微镜的作用。那些点一定很小！这意味着他必须画很多点，并且它们的坐标都必须遵循线性公式。他打算怎么做？

1　Beinerts, Lauris. The Expert (Short Comedy Sketch)[EB/OL]. YouTube, (2014-03-23) [2025-03-20]. 可参考"电子脚注"中列出的网页。(译者注：原视频是一则素描短喜剧，讲述了一个发生在团队内部的荒诞幽默的故事。一家公司为了实现战略目标，决定开启一个新项目，即画七条红线，要用绿色墨水、透明墨水来画，而且线之间要互相垂直。他们请专家来解决这个看似简单实则不可能的任务。Uncle Bob在此借用画线这个情节。)

更重要的是，如果他只画一排点，那么这条线会非常细。甚至可能看不见！所以他必须用一些粗细度来画线。

到这个时候，吉米已经连续思考一个多小时了，他意识到，这一小时里，他考虑的不是那条红线会让他赚多少钱，而是一直专注于点上。他可能也意识到，他只是刚刚触及了问题的皮毛。毕竟，他不知道如何让手机点亮那些点，不知道如何将坐标传递给手机。他也不知道如何让手机一遍遍地执行任务，以便他可以串起所有那些该死的点！

而最重要的是，他不愿再想这些了！他想回去思考他的红线如何让他赚到数十亿美金，以及如何在X平台[1]上投放红线广告，等等……

所以与那些该死的点说再见吧。吉米会让某个程序员去考虑这些。他不想去思考那个层次的细节。

但我们要想！这是我们的性格缺陷，也是我们的超能力。我们喜欢所有的那些细节。我们钟情于研究如何将屏幕上的点组合成一条红线。我们反倒不那么关心红线本身。

我们喜欢的是将所有那些微小细节组合成一条红线的挑战。

所以，为什么需要我们？因为社会需要那些喜欢考虑细节的人。那些人(我们)让社会可以思考其他事情，比如冰桶挑战活动、《愤怒的小鸟》游戏，或者在牙医办公室等得无聊时玩的纸牌接龙。

只要绝大多数人逃避细节，他们就需要我们这些和细节"死磕"的人。这就是我们。我们是全世界的细节管理者。

---

[1] X平台，即Twitter，现更名为X。——译者注

第Ⅱ部分

技术巨擘

"计算机技术的发展史源远流长，我们常常遗忘和忽略这段历史。但事实上，在我们之前，众多先驱者以实际行动，在技术领域树立了践行职业道德的典范标杆。"

——肯特·贝克(Kent Beck)，2023年(以纪念不久前离世的Barry Dwolatzky)

本书第Ⅱ部分将讲述这些技术巨擘的故事。这些故事的主角都是在计算机领域取得非凡成就、对行业产生深远影响的程序员。通过他们的经历，你将看到他们如何应对技术挑战与人生考验。我的目标是让你从两个维度深入理解这些非凡人物——既见其专业造诣，亦观其人格魅力。

个人层面，我希望你能认识到，这些技术先驱与我们并无二致。他们同样经历喜怒哀乐，会犯错误也会修正方向，在摆脱困境的过程中成长，在收获成功之际感受由衷的喜悦。

技术层面，作为程序员的你最能感同身受。唯有真正编写过程序的人，才能深刻理解他们当年面临的技术挑战。但愿通过阅读这些故事，你能建立起同行之间才有的那种深切敬意——那种唯有实践者才能真正体会的专业认同。

本部分难免遗漏许多技术先驱。这绝非因为他们不够伟大或不值得关注，实因篇幅所限不得不有所取舍。我希望我的选择是明智的。

第 2 章

巴贝奇：第一位计算机工程师

在程序员和计算机爱好者中流传着一个广为人知的说法：查尔斯·巴贝奇(Charles Babbage)是通用计算机之父，而阿达·金·洛芙莱斯(Ada King Lovelace)伯爵夫人则是第一位程序员。各种奇闻轶事层出不穷，既有虚构的也有虚实参半的。但真相往往比传说更加引人入胜。

2.1 生平

1791年12月26日，查尔斯·巴贝奇出生在英国萨里郡。作为富裕的银行家之子，他自然成为19世纪初英国上流社会的一员，并继承了一大笔财富[1]。这使他能自由自在地追求自己各种各样的兴趣爱好。

他一生撰写了6部著作和86篇科学及杂项论文，涉猎的领域包括数学、国际象棋、开锁技术、税收制度、人寿保险、地质学、政治、哲学、电磁学、仪器制造、统计学、铁路工程、机床技术、政治经济学、潜水装置、潜艇设计、航海技术、旅行见闻、语言学、密码分析、工艺美术、天文学和考古学等。

最重要的是，巴贝奇是个天生的发明人才，是多种机械装置的发明者。他发明了强制通风供暖系统、眼膜曲率镜、缆索驱动的邮件递送系统、井字棋游戏机，以及许多突发奇想的装置。然而，所有这些发明都没有为他带来实际的收益。大多数发明都停留在图纸阶段，从未付诸实践。

巴贝奇更是一位社交达人，堪称卓越的宴会策划家和故事创作大师。他自己举办了许多晚宴，更是各类社交场合炙手可热的座上宾。1843年的某段时间，他每天的邀约竟然多达13场——连周日也不例外[2]。

他的社交圈星光熠熠：查尔斯·狄更斯、查尔斯·达尔文、查尔斯·莱尔、查尔斯·惠斯通(查尔斯含量过高)、乔治·布尔、乔治·比德尔·艾里、奥古斯都·德摩

---

1 价值10万英镑的地产，使他成为独立且富有的人，并能资助他的科学研究。
2 见本章参考文献[7]，第173页。

根、亚历山大·冯·洪堡、彼得·马克·罗杰特、约翰·赫歇尔，以及迈克尔·法拉第等都与他交游甚密。

他一生获得过诸多殊荣：1816年当选为英国皇家学会院士；1824年因发明计算机器(我们即将讨论)而获得英国天文学会首枚金质奖章；1828年当选为剑桥大学的卢卡斯数学教授[1]，并任职至1839年。

可以说，他是一个受欢迎且人脉广泛的人。

尽管社交场上如鱼得水，又获同行认可，巴贝奇却很难被称为成功人士。他绝大多数的努力都以失败告终。他也不是容易相处的人。同时代的人认为他脾气暴躁、固执己见，常有刻薄自私的言行——是个暴躁的天才[2]。

他经常公开发表抨击权贵的信件，转头又向这些权贵寻求项目资助。可以说，温文尔雅和谨慎与他沾不上边。

最终，甚至连英国首相Robert Peel爵士都发出疑问："我们该怎么摆脱巴贝奇和他的计算机器？"

2.2 数学用表

程序员查尔斯·巴贝奇的故事开始于1821年夏天，巴贝奇与其毕生挚友约翰·赫歇尔正在为英国天文学会校对数学用表。表格由两个独立团队分别制作。如果两个团队都计算正确，那两组表格应该完全一致。巴贝奇和赫歇尔要逐一比较这两组表格，找出并解决所有差异。表格中有成千上万的数字，每个数字都有十多位。两人花了数小时进行枯燥、繁重且高度专注的工作，轮流朗读数字并由对方验证它们是否相同。每当出现书写错误或数字被误读时，他们必须暂停，再次检查，解决或标注差异。这项工作令人脑袋发木、情绪沮丧且筋疲力尽。

最终，巴贝奇忍无可忍地喊道："愿上帝让蒸汽来执行这些计算吧！"[3]

就这样，巴贝奇作为程序员的热情被点燃了。他雇用工匠制作零件，不到一年就组装出了一台可以运行的小型计算模型。这台微型原型机承载着他心目中更大、更复杂的梦想：有朝一日，机器将替代人工承担制作数学用表的苦差事。

2.2.1 制表之道

数学用表的需求无处不在：数学家需要它们绘制曲线，航海家依赖它们定位经

---

1 许多重要人物都曾担任过卢卡斯教授席位，包括艾萨克·牛顿(1669—1702)、保罗·狄拉克(1932—1969)、斯蒂芬·霍金(1979—2009)。或许2395年之后，这个席位就不再需要人，而是由数据担任了。

2 《暴躁的天才》(*Irascible Genius*)是 Maboth Moseley于1964年撰写的关于巴贝奇的书籍。可参考"电子脚注"中列出的网页。

3 见本章参考文献[7]，第10页。

第 2 章 巴贝奇：第一位计算机工程师

纬，天文学家凭其测算星轨，工程师借其设计机械，测绘师依其丈量土地。他们需要的表格种类繁多，包括对数表、三角函数表、弹道轨迹表、潮汐时刻表等。清单冗长且无完结之时。更重要的是，每个数据都需要同时满足高正确率与高精准度要求。表格中的每一项都必须准确无误，并精确到好几位小数。

如何制作这些表格呢？如何计算数万个对数，并精确到小数点后六位、八位甚至十位呢？如何以此精度按弧秒[1]为单位，计算每个角度的正弦、余弦和正切值呢？乍一看，这简直是不可完成的任务。

但人类终究是智慧生物。可以证明，有解决方案。

第一步是将超越函数变回多项式。对数、正弦和余弦都是超越函数，这意味着它们不可以用多项式精确计算。但它们可以用多项式来近似。

考虑笛卡儿坐标中的一个正弦波。y值在1和-1之间波动，x周期为2π。如图2-1所示。

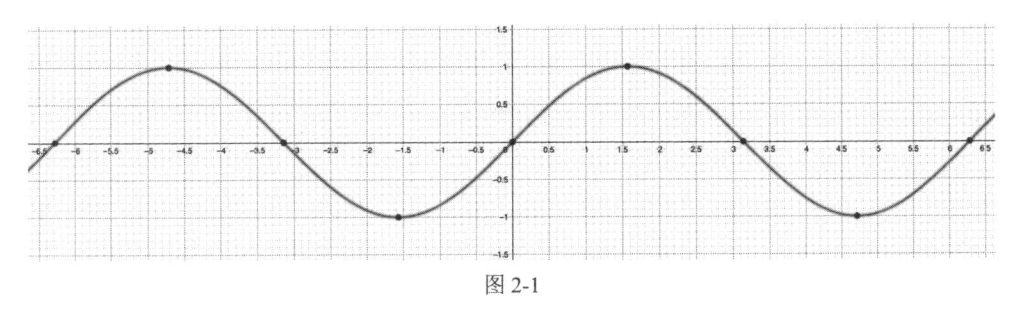

图 2-1

现在用$y=-0.1666x^3+x$叠放到正弦波上。如图2-2所示。

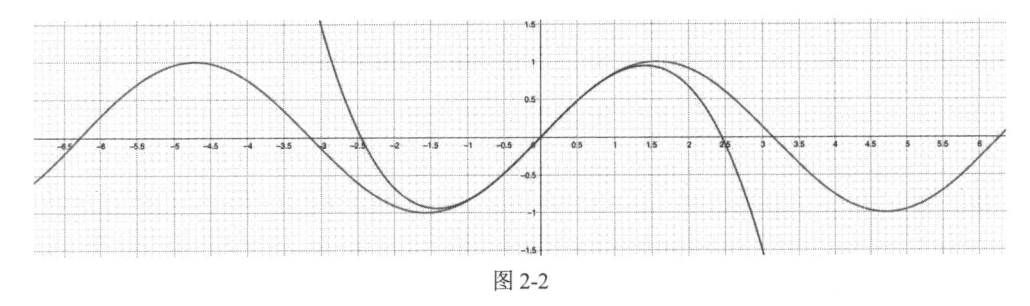

图 2-2

当x接近0时，拟合效果还不错，但仍有提升空间。试试$y = 0.00833x^5 - 0.1666x^3 + x$。如图2-3所示。

---

[1] 弧秒(arc second)，又称角秒，是量度平面角的单位，符号是"。换算关系：1° = 3600"。——译者注

13

图 2-3

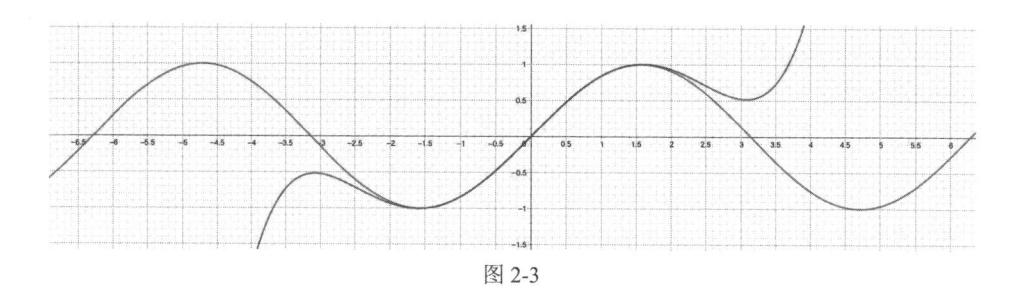

嘿！效果显著！但还可以做得更好。考虑以下公式：

$$y=-0.0001984x^7+0.00833x^5-0.1666x^3+x$$

如图2-4所示。

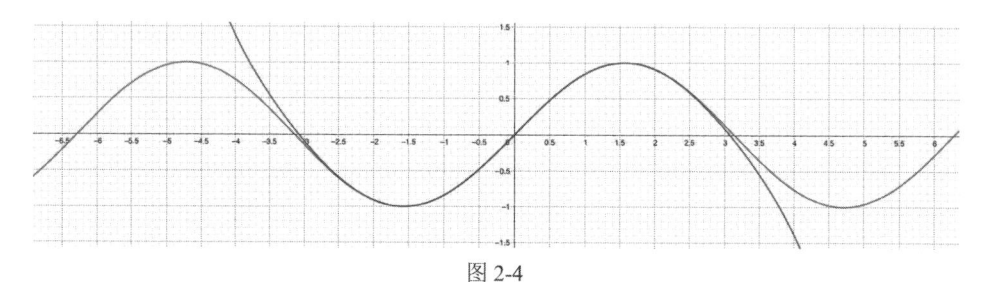

图 2-4

哇！在$-\pi/2$和$\pi/2$之间，两条曲线真的非常贴近了。实际上，对于$-\pi/2$，多项式的值是-1.00007，与真实值-1的误差出现在第五位小数，精度已达要求。

所有这些系数，来自简单的泰勒展开(Taylor expansion)：

$$\sin(x)=x-x^3/3!+x^5/5!-x^7/7!\cdots$$

好了，现在已经把正弦函数从超越函数拉回到多项式了，这些多项式仍然很复杂，该如何计算而不至于使自己陷入癫狂呢？

假设要构建一张0到$\pi/2$之间，以弧秒为单位的每个角度的正弦值表。这个范围内有324 000弧秒。而一弧秒的值是0.000004848136811弧度。你真的愿意将这样一个数字进行三次方、五次方和七次方运算；然后将它们分别除以6、120和5040；最后将它们相加和相减——一共340 000次吗？

幸运的是，有一种更好的方法：有限差分法。

2.2.2 有限差分法

以简单多项式为例，比如$f(x)=x^2+3x-2$。计算$x=1\sim5$的值。如图2-5所示。

计算一阶差分(相邻函数值之差)，如图2-6所示。

x	x^2+3x-2
1	2
2	8
3	16
4	26
5	38

图 2-5

x	x^2+3x-2	$d1$
1	2	
2	8	6
3	16	8
4	26	10
5	38	12

图 2-6

然后计算二阶差分(相邻一阶差分之差)，如图2-7所示。

x	x^2+3x-2	$d1$	$d2$
1	2		
2	8	6	
3	16	8	2
4	26	10	2
5	38	12	2

图 2-7

啊哈！二阶差分是常数2。事实上，任何n次多项式的n阶差分都是常数。

好，那么x=6时函数值是多少？不必费心计算多项式，注意此时的一阶差分应该是14，因为只需要将x=5时的二阶差分(2)加上一阶差分(12)即可。再将新的一阶差分加上38即得52，这就是正确答案。整个过程只需要两次加法！

还可以继续：f(7)是68，因为14+2是16，而16+52是68；f(8)是86，因为16+2是18，而18+68是86。如果想要一张包含所有f值的表格，只需要将两个数字相加，即可生成。没有乘法，没有减法：只需要两次简单的加法！

这种方法对正弦函数有效吗？假设要构建一张0到~π/2的正弦值表，步长为0.005。再假设使用的是7阶泰勒展开。只需要计算前8个值，后续值就可以通过累加差分来计算。

首先计算x=0.005的多项式值，如图2-8所示。

$$0.005 - 0.005^3/6 + 0.005^5/120 - 0.005^7/5040$$

图 2-8

为避免分数转化为小数时精度降低，计算过程保持分数形式，如图2-9所示。

```
 0.005 - 0.000000125/6 + 3.125E-12/120 - 7.8125E-17/5040
=5/1000 - 125/6000000000 + 3125/120000000000000000 - 78125/5040000000000000000000
=1/200 - 1/48000000 + 1/38400000000000 - 1/645120000000000000000
=322558656001679999/645120000000000000000
```

图 2-9

最终的值是：

0.004999979166692708

这就是sin(0.005)12位精度的近似值。

但问题来了：分母太大，导致最终结果小数点后的有效位数过多(18位)。这意味着，过程中为了保持精度多做了很多位的计算。

处理这么多大分母分数并不比计算泰勒展开更容易。试用不一样的方法。将所有这些分数乘以10^{30}，再约分以缩小分母。

现在就可以得到，3149986875016406240234375000000/63。除法结果取整，得到49999791666927083178323412 69，非常接近于sin(0.005)乘以10^{30}。

由此可见，采用大幅缩小分母的方法，即便取整，有效位数也不会有太多损失。现在，用这种技术计算接下来的七个正弦值，图2-10显示了前八个值。

再计算七个一阶差分，如图2-11所示。

然后是二阶、三阶、四阶、五阶和六阶差分——最终是常数，它们就该如此。如图2-12所示。

3149986875016406240234375000000/63
3149908125508592509765625000000/63
3149750628461698642578125000000/63
3149514387813142607421875000000/63
3149199409468928310546875000000/63
3148805701303497939453125000000/63
3148333273159535087890625000000/63
3147782136847718662109375000000/63

图 2-10

-1249992187519531250000000
-7499859375989843750000000/3
-11249554693144531250000000/3
-14998968772109375000000000/3
-18748007877636718750000000/3
-22496578283945312500000000/3
-26244586276972656562500000000/3

图 2-11

-37498828133398437500000/3
-124989843908203125000000
-124980469298828125000000
-374903910552734375000000/3
-124952346876953125000000
-124933599767578125000000
18749609375000000000/3
9374609375000000000
37497343750000000000/3
46869921875000000000/3
18747109375000000000

9374218750000000000/3
9373515625000000000/3
9372578125000000000/3
9371406250000000000/3

-234375000000000
-312500000000000
-390625000000000

-78125000000000
-78125000000000

图 2-12

所以，前七个差分值如图2-13所示。

再次强调，由于分子很大而分母很小，略去小数只考虑整数很安全，低阶的小数在加法时不会造成太大影响。最终变为整数差分，如图2-14所示。

现在要做的，就是将这些整数相加，填充正弦函数表的每一行。最终可以得到一组非常漂亮的、放大了10^{30}倍的正弦值。如图2-15所示。

```
3149986875016406240234375000000/63
-124999218751953125000000
-374988281333984375000000/3
1874960937500000000/3
93742187500000000/3
-234375000000000
-78125000000000
```
图 2-13

```
4999979166692708317832341269
-124999218751953125000000
-124996093777994791666666
6249869791666666666
3124739583333333333
-234375000000000
-78125000000000
```
图 2-14

```
0.005    4999979166692708317832341269
0.01     9999833334166664682539682538
0.015    14999437506328091099330357141
0.02     19998666693330793650793650785
0.025    24997395914712330651661706348
0.03     29995500020249566071428571428 2
0.035    34992854604336192599826388876
0.04     39989334186634158730158730124
0.045    44984814037660234235491071351
0.05     49977916927067832341269841 2546
0.055    54972275027067721183655753695
0.06     59964006479444571428571428114
```
图 2-15

自动计算机出现之前，数学用表的制作方式基本上就是这样。负责制表的首席数学家们推导出最适合逼近目标超越函数的多项式。然后将这些多项式分给大约六名熟练的数学家，这些数学家将函数划分为较小的区间，并为每个区间计算差分表。最后，再将差分表分配给由数十人组成的"计算员"团队——这些人的技能足以完成简单的加减运算，通过持续累加，构建每个区间内的数表条目。

数学用表有成千上万行。"计算员"需要进行数万次高精度加法运算。他们的工资很低，工作枯燥又乏味，全部得靠钢笔[1]和纸完成。

通常，"计算员"会被分成两队，执行相同的任务。如果两队都完美地完成工作，结果应该完全一致。而这就是1821年夏日的那一天，巴贝奇和赫歇尔所做的核对工作。

2.3 巴贝奇的远见

现在我们应该能理解他的愤懑之言"愿上帝让蒸汽来执行这些计算吧！"背后的真实含义了。如果"计算员"能被可靠的机器取代，他和赫歇尔就不需要无休止地核对了。

更重要的是，巴贝奇预见到，在未来，高效计算对于科学的进步而言将是不可或缺的关键要素。

---

[1] 美国第一家铅笔工厂于1861年开业。当然，之前也有类似的厂家，但要让铅笔成为家家户户都有的用品，还得靠大规模生产才行。

1822年，就在他发出"蒸汽"抱怨后不久，他极具预见性地写道：

"我仍然要大胆预言：当数学公式的实际运算量堆积如山，成为一种持续存在的阻力，最终阻碍科学的良性发展时，除非采用这种方法[1]或找到其他替代方案，把我们从烦琐数值细节的沉重负担中解放出来，否则科学发展将举步维艰。"

遗憾的是，对巴贝奇而言，预言的实现还要等待一个多世纪。但它终究来了。正如我们将在后续章节看到的，这个时代以迅猛之势降临。

2.4 差分机

巴贝奇最初构想的这台机器本质上是一台巨型加法机——但带有精妙的设计。它包含6组20位十进制寄存器，可表示六阶差分，因此能处理六次多项式运算。机器每完成一个运算周期(每摇动一次曲柄)，第六寄存器就会与第五寄存器相加，第五与第四相加，第四与第三相加，以此类推。纯粹的加法运算，仅此而已。

这台机器由25 000个独立部件组成，高8英尺，长7英尺，宽3英尺，重约4吨。

为何简单的加法需要如此复杂的机器？为何需要工业级规模的设备才能完成？

问题具有双重性。首先，机器必须绝对精确。任何活动部件在非必要时刻都必须保持静止——不允许任何振动、摩擦或其他寄生运动导致部件意外位移。为此，巴贝奇设计了大量锁定/解锁机制，确保机器在数千次曲柄转动中保持结构完整性。

第二个难题是小学生都熟悉的进位问题。当某位数字从9变为0时，需要向左进位1。当时的传统机械装置采用齿轮表示每位数字，通过凸齿结构触发相邻齿轮进位。这种设计导致转动齿轮所需的力量取决于进位传播次数——给999999999999加1需要非常大的动力。这种高负荷不仅容易产生误差，还会加速零件磨损。更糟糕的是，由于机器需要手动摇柄操作，操作者会感受到手臂承受的力量剧烈变动。

为解决这个问题，巴贝奇设计了一种非常巧妙的进位记忆机制：在运算周期内先记录进位，再分步传播。这种记忆体现为每个齿轮旁的小型控制杆具有"进位"与"无进位"两种状态。通过螺旋阶梯状排列的传动杆系统，每个传动杆都会检测对应控制杆的状态，若处于进位状态则向上位齿轮加1。这种设计确保每个进位操作都在前一个进位完成后进行。

整套机制是一个精巧设计的机关，非常巧妙。

巴贝奇本质上是一名程序员。他编写的程序以杠杆、轮子、齿轮和曲柄的形式存在。尽管如此，他仍然是一名程序员。他的机器执行的是一个精准的连续加法过程。

---

[1] 指他关于差分机的想法。

用现代代码实现这个程序大概是这样的：

```
(defn crank [xs]
    (let [dxs (concat (rest xs) [0])] (map + xs dxs)))
```

是的，三行代码(约74个字符)就替代了25 000个机械部件。

不过这种比较或许有失公允。毕竟这段代码运行在MacBook Pro上——这台仅重一两磅的笔记本电脑，其复杂程度已远超巴贝奇的差分机。

细心的读者可能注意到，前文正弦函数示例中有些差分是负数。然而，巴贝奇的机器只能表示正整数。他是如何解决这个问题的？

具体实现方法已不可考，不过可以用十进制补码[1]的方式实现。假设数字有20位且忽略最高位的进位，那补码就可用来表示负数。

例如，1的补码是99999999999999999999。两数相加，忽略最高位的进位，即得0。因此，1的补码可视为-1。

具体步骤是：取数字的每一位，用9减去该数，作为补码的对应位。每一位都处理完毕后，最后的结果再加1。

以31415926535887932384为例，先用"9减去"每一位，得到68584073464112067615，然后加1，得到它的补码68584073464112067616。和原数相加并忽略最高位进位，结果即为0。

补码是一种创建负数的有效方法，可以把减法转化为加法。

2.5 机械的符号系统

巴贝奇是程序员的另一个证据是：他面临着一个前所未有的工程难题——机械动力学。他的机器部件以复杂的方式在复杂的时间点上移动。这些部件还以复杂的方式相互耦合与分离。这种规模的机械复杂性前所未有，需要某种形式化的表示方法。

为此，巴贝奇创造了一套专门描述机械动力学特征的符号系统。这套系统包含时序图、逻辑流程图及多种符号约定，能够精确标注部件的运动状态、静止状态及其相互关系。巴贝奇认为这套符号是交互部件之间的"通用抽象语言"。事实上，他觉得这套符号可应用于任何形式的机械或非机械交互系统。

关于这套符号系统，他说：[2]

> "要在大脑中同时记住复杂机器的所有协同运动和连续动作已属不易，而要精确协调这些预设动作的时序更是难上加难。这迫使我寻求一种方法，只需

---

[1] 原文中"nine's complement"和"ten's complement"说法混用，为避免混乱，统一译作"十进制补码"，不引起歧义的情况下译作"补码"。——译者注

[2] 见本章参考文献[7]，第119页。

要扫视就能定位特定部件，随时掌握其运动/静止状态，理清其与其他部件的运动关联，必要时还能追溯其运动源头直至原始动力。"

常有观点认为巴贝奇未能意识到机器所操作的数字可以代表其他符号系统。但从此处可以看到，巴贝奇非常自如地发明了一种全新的动力学符号形式化方法。这说明，符号操作对他来说并不陌生。

2.6　派对魔术

还有一个证据说明巴贝奇是程序员：他会用差分原型机在晚宴上表演派对魔术。

举一个关于他的恶作剧的例子：他在客厅里聚集了一群伦敦的社交名流，围绕着他的小型原型机。他先让他们看了一眼，结果寄存器中是0，然后他转动曲柄。数字从0变到2。他问客人，继续转动曲柄会出现哪个数字，那些猜中4的人很是惊喜。他再次询问，所有人都会猜6，然后是8，再后是10。就在他们即将感到乏味时，接下来转动曲柄就会得到42。

只要理解差分机的工作原理，设计差分机以产生这样的惊喜并不困难。毕竟序列0、2、4、6、8、10、42之间有差分，在设置好的差分机上逐渐累加就能重现这个数列[1]。

然后巴贝奇告诉他的客人，这台机器正遵循着只有他知道的隐秘法则。他还会继续和他们说，神秘数字42类似于《圣经》中分开红海或治愈病患的神迹。在他看来，上帝正是为宇宙编写了隐秘法则的程序员，而这些法则唯有造物主知晓。[2]

2.7　差分机的终结

1823年，巴贝奇凭借其在英国天文学会和伦敦皇家学会的良好声誉，以及与议会中支持者的关系，成功获得了政府委员会的资助来建造他的机器。

这项资助决策引发了争议。一些人认为他的设备具有实用价值，而另一些人则认为这笔费用不划算。毕竟，失业的理发师的薪资要求并不高——而且他们同样能做加法运算。

但巴贝奇是位热忱的布道者和极具魅力的演说家。他时常向人们描绘这台机器的优势及其蕴含的惊人潜力，甚至声称自己都未能完全掌握它的所有可能性。凭借对项目的热情阐述和清晰表达，他总能让听众听得如痴如醉。

1　借助DeepSeek r1，很容易找出一组能生成该序列的多项式$f(n) = 2n + (1/24)n(n-1)(n-2)(n-3)(n-4)(n-5)$。——译者注

2　见本章参考文献[7]，第79页。

当然，仅仅通过物理力量就能驱动机器完成原本属于思考领域的工作，这一构想本身就充满魔力。无论是当时还是现在，能思考的机器始终都令人们惊叹不已。

在他的朋友和支持者的不懈努力之下，巴贝奇最终赢得了胜利，并获得了资助承诺。这笔资助最初为1500英镑，后来逐渐追加至超过17 000英镑。巴贝奇自己也投入了相当一部分资金。

项目初期进展顺利，原型机陆续问世。在接下来的十年间，大量零件被制造，小型演示机型相继完成。然而由于设备规模庞大，加之巴贝奇易分心的性格特质和难以相处的个性——他敏感自负，睚眦必报，得罪了不少重要人物——在经历十年拖延、承包商纠纷、工程停滞和严重成本超支后，最终失去了政府资助。

他的早期支持者都对这一最终失败感到沮丧和尴尬。投入大量的公共资金却毫无成果。他也不可能受到支持了。

因此，巴贝奇的差分机从未被完整建造出来。[1]哦，部分零件确实被制造出来了。事实上，他用来招待客人的那台机器就是由原本为全尺寸机器准备的零件所制成的。

最终，在英国皇家天文学家George Bidell Airy的建议下，政府拒绝再提供任何资金。首相办公室的信函中写道：[2]

"巴贝奇先生的项目开支无限膨胀，最终成功的概率微乎其微，支出规模庞大，完全无法预估，政府实无理由继续承担相关责任。"

至此，历经十年耗费17 000英镑后，这项工程宣告终止。

在我看来，项目失败的主要原因在于巴贝奇不断被更宏大的构想分散注意力，尽管他本人可能会否认这一点。对巴贝奇而言，完成项目远不如开启新计划来得有趣。

技术局限之争

有人认为，未能完成差分机的原因是19世纪早期的金属加工技术无法达到所需精度。然而，这一说法并没有真正的依据。现存的零件具有极高的精度，而且原型机至今仍能正常运转。

有充分的理由相信，只要巴贝奇具备意愿、专注力和资源来造出这台机器，机器就会按设计那样工作。不过，正如后文所述，让机器真正运转与仅仅完成建造完全是两回事。

---

1 他大幅改进的设计——差分机2——最终于20世纪80年代末和90年代初在伦敦科学博物馆建造。它在那里展出，并且按照巴贝奇的设计工作，尽管调试它是一个挑战。

2 见本章参考文献[7]，第176页。

2.8 分析机

下面是科幻作品《银河系漫游指南》中超级计算机"深思"的一段话：

"……在我浩瀚的运算阵列中，我能穿越孕育着未来可能性的无尽数据流，预见到终将诞生这样的计算机——我连计算它的初始参数都不够格，但最终要由我来设计它。"

究竟是何种诱惑让巴贝奇偏离了差分机的建造之路？

试想一台火车头般庞大的机器：它不是差分机的6列20位存储，而是拥有1000列50位的存储阵列。机械总线如同数字血管，将数值泵送至运算器的双输入通道。这台机器能进行单精度(50位)或双精度(100位)的加减乘除运算，再将结果通过总线送回存储阵列。

驱动这台庞然大物的是串联成链的打孔卡片——灵感源自提花织机的程序载体。这些指令卡指挥总线从特定存储列抓取数据，引导运算器执行操作，并将结果写回指定的位置。

它们能将常数加载进存储器，指挥打印机输出结果，驱动曲线绘图仪绘制轨迹，甚至触发简单的响铃动作。如图2-16所示。

图 2-16

最具革命性的是条件跳转指令卡：当运算发生溢出时，能指示读卡器向前或向后跳过指定数量的卡片。这几乎就是现代计算机的雏形。

除了两个重大区别：程序存储在卡片上而非存储器中，且机器完全由机械驱动，动力来源于——你猜对了——是蒸汽。

巴贝奇为提升运算效率殚精竭虑，最终设计出能在1秒内完成50位数加减的机械结构。乘法采用位移累加技术，除法采用位移递减技术，即便双精度运算也能在1分钟内完成[1]。

想象一下这台蒸汽朋克巨兽运转时的情景：卡片读取器的咔嗒刮擦声催动机体内部发出金属摩擦的嘶鸣、齿轮咬合的铿锵与蒸汽驱动的低吼。当数值从存储阵列出发，经总线奔涌至运算核心再折返时，你能亲眼目睹数值在流动。

想象一下，齿轮组往复位移、叠加运算，摩擦嘶鸣中吐出乘积，铿锵作响间迸发商与余数。程序持续运转，数值在存储阵列与运算核心间来回奔涌，时而触发打印机吐出结果，推动绘图笔尖划出轨迹，或是敲响清脆的铜铃。

1　见本章参考文献[7]，第111页。

看到这些，谁能不为之目眩神迷？

巴贝奇的脑海中已经清晰勾勒出这台机器的运作机制，深刻地理解了其中的意义。他宣称"算术的整个领域如今已尽在机械掌控之中"[1]，甚至推断它能编程下棋[2]。1832年他在"一位哲学家的生命历程"中写道："任何技巧性游戏都可由自动机械完成。"

当然，这台机器从未真正建成。巴贝奇只制作了分析机的小型原型，验证了部分机械设计。他心知肚明，建造这头机械巨兽所需的资金、时间和精力是个无底洞。

在优化设计的过程中，他回头审视差分机的不足之处，进而设计出差分机2号——零件减少三分之二，速度提升三倍，容量翻倍有余[3]。即便在当时，摩尔定律的精神已隐约显现。

当然，差分机2号同样止步于图纸。直到20世纪末，伦敦科学博物馆的研究人员依据这些图纸终于将其建造完成了[4]。

符号化

再次反对这样的说法，即认为巴贝奇没有意识到他的机器可以操纵符号。首先，他认为可针对分析机进行编程来下棋，这表明他有能力将棋盘、棋子和走法符号化。

巴贝奇还意识到，通过适当的编程，机器或许能够进行符号代数运算。用他自己的话来说：[5]

> "今天，我第一次隐隐约约地意识到，或许能让机器进行代数运算——我指的是完全不依赖字母具体数值的符号推导。"

是的，巴贝奇是一位真正的程序员。他深刻理解符号与数字的关联性，明白任何能处理数字的机器必然能通过这种关联性处理符号。

2.9 阿达：洛芙莱斯伯爵夫人

乔治·戈登·拜伦(George Gordon Byron)的降生或许正逢黑暗时刻。他是一位才华横溢且多产的作家和诗人，英国最杰出的人物之一。他创作了诗体小说《唐璜》(*Don Juan*)和诗歌《希伯来旋律》(*Hebrew Melodies*)等传世佳作，10岁时继承罗奇代尔男爵爵位，成为拜伦勋爵。

然而拜伦并非正人君子。他脾气暴躁、风流成性，有许多非婚生子女，与玛丽·

---

1 见本章参考文献[7]，第91页。
2 见本章参考文献[7]，第179页。
3 戈登·摩尔，提出"摩尔定律"，该定律预测集成电路的密度每年将翻倍。
4 见本章参考文献[7]，第221页及后续章节。
5 见本章参考文献[7]，第169页。

雪莱的表妹[1]及他同父异母的妹妹奥古斯塔·玛丽·利有暧昧关系。

他曾经为了缓解债务压力而寻求合适的婚姻对象。安妮贝拉·米尔班克[2]是众多目标之一,她叔叔很有钱,而她是继承人。尽管她最初拒绝了拜伦,但最终还是屈服了,并于1815年1月与拜伦勋爵结婚,同年12月生下他们唯一的合法子女——奥古斯塔·阿达·拜伦(Augusta Ada Byron)。

拜伦对女儿的出生颇为失望;他原本期待的是一个"光宗耀祖的男孩"。无论出于侮辱还是纪念,最终他以情人兼同父异母妹妹的名字为她取名;但始终称她为阿达。

拜伦传记的一位作者[3]曾将拜伦与安妮贝拉的婚姻描述为史上最臭名昭著的婚姻之一。[4]拜伦的行为极其恶劣。他一直与同父异母的妹妹私通,并与许多女性保持不正当关系,其中包括一些知名女演员。

拜伦曾四次试图施暴安妮贝拉,以至于她不得不让人反锁家门。

拜伦酗酒成性,甚至最后试图将安妮贝拉逐出家门。安妮贝拉认为他疯了,只好带着五周大的阿达离开了。

这场丑闻轰动一时。伦敦社会为之哗然。1815年4月,拜伦逃往欧洲大陆,再也没有回来,再也没有见到他的女儿阿达。

由于拜伦的缘故,公众对阿达的兴趣与日俱增。阿达逐渐成为名人,与她那著名的浪荡父亲的关系始终是焦点。

安妮贝拉受过数学训练,就开始训练阿达,以此转移她对疯癫父亲的关注。阿达展现出过人的天赋,对数学的热爱甚至超越母亲;但她从未失去对父亲的兴趣,最终以父亲的名字为她的孩子命名,并要求将她的墓地设在父亲的旁边。

因为安妮贝拉缺乏关爱,阿达对父亲的思念愈发强烈。安妮贝拉提到阿达时,有时会用代词"它"。大多数情况下,她都是将阿达留给阿达的外祖母照顾,[5]外祖母十分疼爱阿达,一手将她抚养成人。

阿达自幼体弱多病,饱受头痛与视力模糊的困扰。青春期时,她曾因感染麻疹而卧床近一年。但她仍然坚持数学研究——或许是因为过于投入,17岁时,她竟试图与她的一位家庭教师私奔。[6]

在她的另一位家庭教师玛丽·萨默维尔的引荐之下,她结识了许多重要的数学界和科学界人物——包括查尔斯·巴贝奇。

在一次巴贝奇的晚宴上,阿达见到了差分机的原型机,随即对它的工作原理着了

---

1 玛丽当时正在瑞士日内瓦湖附近的拜伦家中访问,那是1816年——一个没有夏天的年份。全球因前一年坦博拉火山的爆发而陷入毁灭性的火山寒冷期。在那段雨天和夜晚,他们和一群精英朋友围坐在篝火旁,读着鬼故事。拜伦发起挑战,要他们所有人写一个鬼故事,这启发了玛丽写下 Frankenstein(《弗兰肯斯坦》)。

2 Anne Isabella Milbanke;Annabella是她的昵称。

3 指Benita Eisler。

4 见本章参考文献[3],第156页。

5 William Turner。阿达声称这段关系从未实现。

6 是的,就是你知道的那个德摩根:AB=(A+~B)。

迷。此后，她频繁拜访巴贝奇，观看他的机器，还讨论这些机器以及他更为宏大的计划。巴贝奇向她讲述了分析机的崇高目标。她被精妙的设计及蕴含的各种可能性所深深陶醉。

从那一刻起，阿达便与编程结下了不解之缘。

19岁时，阿达嫁给了威廉·金(William King)，他是奥克姆勋爵八世、洛芙莱斯伯爵一世。就这样，阿达成了洛芙莱斯伯爵夫人。尽管她饱受疾病困扰，肩负着抚养孩子和家庭生活的重担，但她依然坚守着对数学的执着追求，并深入研究巴贝奇的思想。在她的请求之下，巴贝奇推荐奥古斯都·德·摩根(Augustus De Morgan)[1]成为她的导师。

不久后，巴贝奇收到了数学家乔瓦尼·普拉纳(Giovanni Plana)的邀请，希望他在都灵的意大利科学家大会上介绍他的分析机概念。巴贝奇欣然接受，这将是他首次也是唯一一次在公众场合详细描述这一宏伟构想。

演讲大获成功，普拉纳承诺将发表会议报告。然而，巴贝奇却苦等了近两年才收到这份报告。

延迟可能是因为普拉纳繁杂的个人事务，也可能是因为他对这一项目的兴趣并不如他表现出的那般强烈。最终，普拉纳将任务委托给了31岁的工程师路易吉·梅纳布雷亚(Luigi Menabrea)，后者曾出席了会议。这篇法语报告最终于1842年在瑞士的一份期刊上发表。

查尔斯·惠特斯通(Charles Wheatstone)[2]是阿达和巴贝奇的共同朋友，他阅读了这篇报告，并建议阿达与他合作，将其翻译成英文，发表在《科学回忆录》(*Scientific Memoirs*)[3]上。阿达欣然同意，并凭借她对法语的熟练掌握和对分析机的深刻理解，在惠特斯通的指导下完成了翻译工作。这份翻译作为一份惊喜，呈献给了巴贝奇，凝聚了朋友们对他的支持和情谊。

巴贝奇对此感到非常高兴，但他认为阿达完全有能力就该主题撰写一篇原创论文，并建议她为翻译添加一些论文笔记，以进一步展现她的才华。

阿达对这个提议感到无比兴奋，她与巴贝奇展开了一段紧张而高效的合作，频繁拜访，互发信件，互传消息。事实上，她以近乎疯狂的热情投入工作，变得苛求、专横、卖弄风情且易怒。[4]随着工作的深入，她的热情也愈发高涨。

然而，事情在这里出现了意想不到的转折。阿达，这位洛芙莱斯伯爵夫人，性格中带有明显的狂躁倾向。她曾在给母亲的信中，以一种近乎偏执的方式描述自己，其中包含以下片段：[5]

---

1 是的，就是你知道的那个惠斯通：惠斯通电桥。
2 一本专门刊登科学外文论文的期刊。
3 见本章参考文献[7]，第161页。
4 见本章参考文献[7]，第158页。
5 见本章参考文献[7]，第161页。

> "我相信自己拥有一种极其独特的品质组合，这使我成为自然界隐藏的现实的杰出发现者。"
>
> "……由于我神经系统的一些特殊性，我对某些事物的感知无人能及……"
>
> "……我卓越的推理能力……"
>
> "……[我拥有]这样一种能力，不仅能将自己全部的精力和生命投入我所选择的任何事情中，而且能从各种看似不相关的来源中，调用庞大的资源来处理任何一个主题或想法。我能把来自宇宙各个角落的光芒汇聚到一个焦点上……"

关于这封信，她最后总结道："尽管看起来疯狂，但这封信是我认为我写过的最合乎逻辑、冷静的作品；这是大量准确、实事求是的反思和研究的结果。"

考虑到这一点，再来看她在撰写论文笔记期间写给巴贝奇的信中的摘录——她有时会以"你的仙女夫人"签名：

> "我越是研究，就越发意识到自己对知识的如饥似渴，越发察觉到自己的天赋。"[1]
>
> "我确信，我的父亲不曾是(也永远不可能成为)像我这样出色的分析学家(以及形而上学家)，即便他作为诗人也无法企及我在这些领域的成就。"

最终，阿达撰写了7篇论文笔记，从A到G，篇幅总和是原文的三倍。这些论文笔记发表于1843年，内容精彩绝伦，充满了热情与洞见。例如，她在论文笔记A中写道：

> "分析机与单纯的'计算器'并非处于同一范畴。它拥有完全属于自己的独特地位；而且它所引发的思考从本质上来说极其有趣。它能让机械装置将通用符号组合在一起。"

正是由于这一点，以及她多次提到分析机能够表示符号(而非纯数值)的能力，阿达常被誉为"第一位程序员"。

2.10 第一位程序员？

仔细阅读阿达的论文笔记，不难发现她是一位程序员。她对这台机器有着深刻的理解，甚至可以说，她被这台机器深深吸引。她能够想象它的运作方式，并跟踪它的执行过程。如果她能亲手操作这台机器，她很可能会完全掌握它。

想象一下，你清楚地知道这台机器能做什么，然而同时明白，你将永远无法亲眼看到它实际运行的样子，甚至永远无法亲眼见到它。这必定是一种将喜悦与失望、宏

---

[1] 我也是。只不过我玩的与其说是太空旅行，不如说是太空战争。见 https://github.com/unclebob/spacewar。

26

伟的憧憬与渺茫的希望交织，令人神伤的复杂心境。

尽管阿达，这位洛芙莱斯伯爵夫人能力出众，但她并不是第一位程序员。巴贝奇肯定在她之前就接触并研究了这方面的工作；而且他对这台机器的符号本质的理解并不亚于她。她所拥有的重要见解，巴贝奇同样具备。

没错，这些笔记非常出色。没错，她正式描述了分析机可以执行的程序。尽管她确实调试了其中一个程序，但这些程序并非由她编写——是巴贝奇编写的。

此外，很明显她并不是这些笔记的唯一作者。她与巴贝奇的合作如此紧密，不可能是她独自完成的。

不过，鉴于他们之间的这种合作，我们或许可以得出不同的结论：阿达或许不是第一位程序员，但阿达和巴贝奇几乎肯定是第一对结对编程的程序员。

· · · · · · ·

天妒英才

9年后，经历长期身心折磨的阿达因宫颈癌去世，年仅36岁。遵照她的遗愿，遗体安葬在当年抛弃她的父亲的墓旁。

2.11 未竟之宏愿

最终，巴贝奇和阿达努力的成果喜忧参半。在他们所处的时代，这些殚精竭虑的努力，恰似流星划过天际，不见成果踪影。阿达此后再也没有发表过任何作品，巴贝奇也没有进一步尝试阐述他的想法。他们设想的宏伟愿景，在一个世纪里都无人问津。

人们很容易认为，这对命运多舛的结对程序员的思想是点燃信息时代的火花，认为一个多世纪后出现的那些先驱者是受到了他们的著作和设想的启发。但遗憾的是，事实并非完全如此。如果那些后来的先驱者提及他们的话，也只是事后顺便提一下，或者是跨越时间的鸿沟，向志同道合的人表达敬意而已。

巴贝奇在1851年发出了一条穿越时空的信息，可看作是对这种敬意的提前回应。这条信息的字里行间满溢着他如潮水般的痛苦与难以言说的失望，因为他知道自己的宏伟想法注定被同时代的人忽略：

> "未来的时代必将纠正现在的不公。必须明白，准备的日子越久远，就越领先于同时代人的努力。我有足够的底气去面对无知者的嘲笑、竞争者的嫉妒。"

正如将在后续章节中所看到的，后来的先驱者对巴贝奇和阿达表达了极大的敬意。甚至可以看到，霍华德·艾肯(Howard Aiken)和格蕾丝·霍珀(Grace Hopper)之间的合作在某种程度上重演了巴贝奇和阿达之间的关系，他们建造并编写了巴贝奇分析机的机电模拟版本：哈佛Mark I。尽管如此，要说那些先驱者在任何重要方面受到了巴贝奇和阿达的影响或指引，就言过其实了。

巴贝奇不是一个有始有终的人。他启动了差分机项目，启动了分析机项目，还启动了差分机2号项目。他绘制了设计图，对各个部件进行了修修补补，甚至组装了部分零件。但没有一个项目是真正完成的。他的同代人抱怨说，他会急切地向他们展示一个想法，然后又会展示下一个精妙的想法，再下一个更精妙的想法，还总是用新想法作为借口，解释为什么之前的项目没有完成。

要是巴贝奇真的把第一个差分机项目完成了，谁知道会发生什么呢。我们现在知道那台机器本来是能够运转的。那次成功会不会带来其他更宏伟的机器呢？最终，他有没有可能以某种形式看到自己的分析机问世呢？

差分机2号的实现

要是巴贝奇完成了他的第一台差分机，他肯定会发现自己在机器的组装过程中并没有提供任何调试和测试的方法。

在20世纪80年代末到90年代初，伦敦科学博物馆的工作人员成功制造出了一台可以运行的差分机2号。这是一台很精巧的机器，是由黄铜和钢材构成的闪闪发光的金属框架。当转动曲柄时，数字列会在行列中旋转摆动，那些精巧的进位轴会将计算结果添加到总数上。观看它的运行真是一种奇妙的体验。

但是，参与制造这台机器的人所讲述的却是一段充满挫折的经历。

在组装完成后，只要把手柄转动一两度以上，机器就会卡住。每个部件都需要根据机器的运行时间与其他部件完美对准，而这一点是巴贝奇没有考虑到的。甚至不清楚他是否预见到了这个问题。

这台机器的逐步调试、校准和修复花了11个月的时间。有时要轻轻转动一下曲柄，直到它卡住，然后用螺丝刀或钳子在机器内部捣鼓，看看这里有没有松动或者那里是不是太紧了。有时还得故意弄坏一些部件，以便找到产生阻力的位置。有时甚至还需要进行一些微小的重新设计。

伦敦科学博物馆的计算机馆馆长多伦·斯瓦德(Doron Swade)是从头到尾推动该项目完成的人，他对巴贝奇的设计给出如下评价：

> "巴贝奇没有为调试提供任何手段。没有简单的方法可以将差分机的一个部分与其他部分隔离，以便定位卡住的来源。整个机器是一个整体的'硬连线'单元。驱动杆和连接件被永久固定或铆接到位，一旦组装好就很难拆卸。"

但最终，在所有4000个部件都对准并且所有小改进都安装好后，机器完美地运行了。

有一些关于这台机器运行的真实视频，非常令人着迷。想看的话，可以在YouTube上搜索(在撰写本书时，可查看Computer History Museum频道中的The Babbage Difference Engine #2 at CHM。发布于2016年2月17日)。

2.12 结论

巴贝奇是一位发明家、一位喜欢捣鼓的人、一位有远见的人，而且……还是一位程序员。遗憾的是，和我们许多人一样，追求完美阻碍了他把事情完成。和我们许多人一样，他对自己的设计过于自信，很少甚至根本没有考虑过渐进式改进的方法。和我们许多人一样，他很容易被一个想法所吸引，并且乐于将这个想法思考到八成，但当涉及最后需要付出八成努力才能完成的两成工作时，他就无法保持那份热情了。

爱迪生曾说过，发明是1%的灵感加上99%的汗水。巴贝奇在1%的灵感方面非常出色，但他却始终无法跨越另外的99%。他喜欢思考问题，甚至喜欢制作一些东西。他喜欢谈论这些东西，还喜欢展示他制作出来的部件。但当真正要完成一件事情，需要付出艰苦的劳动时，他就会转向下一项重大发明。

参考文献

[1] Adam, Douglas. The Hitchhiker's Guide to the Galaxy[M]. London: Pan Books, 1979. (中文版：亚当斯，道格拉斯. 银河系漫游指南[M]. 徐百柯，译. 成都：四川科学技术出版社，2005).

[2] Beyer, Kurt W. Grace Hopper and the Invention of the Information Age[M]. Massachusetts: MIT Press, 2009. (中文版：Beyer, Kurt W. 格雷斯·霍珀与信息时代的发明[M]. 包艳丽，刘珍，陈菲，译. 北京：机械工业出版社，2010).

[3] Eisler, Benita. Byron: Child of Passion, Fool of Fame[M]. New York: Knopf, 1999.

[4] Jollymore, Amy. Ada Lovelace, an Indirect and Reciprocal Influence[EB/OL]. (2013-10-14) [2025-03-20]. https://www.oreilly.com/content/ada-lovelace-an-indirect-and-reciprocal-influence.

[5] Moseley, Maboth. Irascible Genius: The Life of Charles Babbage[M]. London: Hutchinson, 1964.

[6] Scoble, Robert. A Demo of Charles Babbage's Difference Engine[EB/OL]. (2010-06-17) [2025-03-20]. https://www.youtube.com/watch?v=BlbQsKpq3Ak.

[7] Swade, Doron. The Difference Engine[M]. London: Penguin Books, 2000.

[8] University of St Andrews. The early history of computing | Professor Ursula Martin (Lecture 1)[EB/OL]. (2020-02-26) [2025-03-20]. https://www.youtube.com/

watch?v=moYxYEfxO7g.

[9] Wikipedia. Sketch of the Analytical Engine Invented by Charles Babbage, L. F. Menabrea, translated and annotated by Ada Augusta, the Countess of Lovelace[EB/OL]. [2025-03-20]. https://en.wikisource.org/wiki/Scientific_Memoirs/3/Sketch_of_the_Analytical_Engine_invented_by_Charles_Babbage,_Esq.

[10] Wikipedia. Babbage [EB/OL]. [2025-03-20]. https://en.wikipedia.org/wiki/Charles_Babbage.

[11] Wikipedia. Difference Engine [EB/OL]. [2025-03-20]. https://en.wikipedia.org/wiki/Difference_Engine.

[12] Wikipedia. Analytical Engine [EB/OL]. [2025-03-20]. https://en.wikipedia.org/wiki/Analytical_Engine.

[13] Wikipedia. Ada Lovelace [EB/OL]. [2025-03-20]. https://en.wikipedia.org/wiki/Ada_Lovelace.

[14] Wikipedia. Lord Byron [EB/OL]. [2025-03-20]. https://en.wikipedia.org/wiki/Lord_Byron.

第 3 章

希尔伯特、图灵与冯·诺伊曼：第一代计算机架构师

巴贝奇分析机的重要特点之一在于其指令和数据存储在不同的位置。数据保存在巴贝奇的寄存器中，这些寄存器由旋转计数器构成；而指令则被编码在一长串打孔的木纹卡片上的孔洞里。

从哲学和实际应用的角度看，将指令和数据分开存储很有意义。指令是"动词"，数据是"名词"。在程序执行过程中，数据会发生变化，而指令不会。所以，无论是从本质还是从目的上来说，它们显然是不同的。或许更重要的是，可改写的存储器成本高昂，而在木纹卡片上打孔成本低廉。一个由数百张卡片组成的程序所需的材料和机械装置很少，而存储100个数字则需要大量昂贵且复杂的机械部件。

因此，"指令和数据应存储在同一存储器中"的想法竟然那么早就出现了，这着实有些令人惊讶。实际上，在能够制造出运用这一理念的机器之前很久，这个想法就已经出现了。

艾伦·图灵(Alan Turing)提出了将指令和数据结合在一起的计算机架构，但正是约翰·冯·诺伊曼(John von Neumann)的影响力促成了这一架构的采用。

这两位人物的故事，以及他们思想的协同作用，是一个值得在篝火旁一边烤棉花糖一边讲述的传奇。讲到此处，篝火上方的烟雾中仿佛浮现出了大卫·希尔伯特的幽灵。

3.1 大卫·希尔伯特

20世纪计算技术的兴起，可以追溯到大卫·希尔伯特(David Hilbert)宏伟目标的彻底失败。[1]

---

[1] 原文"the abject failure of one particular man: David Hilbert"。此处意译。希尔伯特是伟大的数学家，希尔伯特计划是希尔伯特在1900年提出的一个计划，旨在通过有限步骤解决所有数学问题。希尔伯特认为，数学是一个完备的、一致的、可判定的系统，可以通过有限步骤解决所有问题。然而，哥德尔的不完备定理表明，任何足够强大的形式系统都必然包含无法通过有限步骤解决的问题。希尔伯特计划因此失败。希尔伯特计划虽然大部分失败了，但其对计算理论产生了多方面的深远影响，既有对基础概念和理论框架搭建的积极作用，也有因为计划失败带来的对计算理论边界和研究方向的启示。——译者注

第 II 部分　技术巨擘

图 3-1

在20世纪初的数学家中，或许没有谁比希尔伯特更受推崇了。从1895年到纳粹党崛起的这段时间里，希尔伯特在哥廷根大学任数学教授。哥廷根大学一直是数学世界的中心。希尔伯特的合作者和学生中包括了费利克斯·克莱因(Felix Klein)、赫尔曼·外尔(Hermann Weyl)、埃马努埃尔·拉斯克(Emanuel Lasker)、阿隆佐·丘奇(Alonzo Church)、埃米·诺特(Emmy Noether)、赫尔曼·闵可夫斯基(Hermann Minkowski)和约翰·冯·诺伊曼(John von Neumann)等杰出人物。图3-1是希尔伯特的照片。

希尔伯特接受并拥护格奥尔格·康托尔(Georg Cantor)的集合论和超限数理论。这在当时并不是一个受欢迎的立场，希尔伯特为此承受了相当大的压力。但最终，这一观点占据了上风。

相信你们大多数人还记得集合论的基础知识。在20世纪60年代，它曾是小学数学教师中的热门话题，是"新数学"的一部分。还记得什么是超限数的人可能很少——如果确实学过的话。

康托尔证明了存在不止一种无穷。事实上，他证明了存在无限多个不同层级的无穷，每个层级都比前一个更大。我们最熟悉的两种无穷是自然数的无穷(可数无穷)和连续统的无穷。

将所有的有理数和代数数与自然数建立一一对应关系，从而证明所有这些数构成的集合是可数无穷的。康托尔表明不可能将所有实数与自然数建立这样的一一对应关系，从而证明所有实数构成的集合的基数大于所有自然数构成的集合的基数。

> **注意**　顺便说一下，我觉得很有意思的是，关于现实的两大主要理论——量子力学和广义相对论——各自与这两种无穷之一对应。非常令人沮丧的是，正是这种对应使得这两种理论无法相容。正如稍后将看到的，正是冯·诺伊曼在薛定谔方程和海森堡矩阵分析之间的不匹配这一特定情况下，弥合了这两种无穷之间的差距。

希尔伯特着迷于将数学公理化[1]的想法，像欧几里得将平面几何公理化那样。1899年，希尔伯特出版了《几何基础》，该书以一种远比欧几里得严谨的形式对公理化非欧几何进行了阐述，从那时起为数学形式化设定了标准。

但希尔伯特并不满足于仅将几何公理化。他想把同样程度的形式化应用于整个数学领域，从仅仅几个基本公理中推导出所有数学内容。他认为，每个数学问题都有一个确定的答案，可从那些公理中推导出来。

---

[1]　公理化是指创建一组公理或假设，以及一组逻辑规则，从中可以完全推导出所研究领域的全部内容。

刻在他墓碑上的话是："我们必须知道，我们必将知道。"

然而，希尔伯特在几何领域取得成功之后，他为数学设定的目标开始露出破绽。1901年，伯特兰·罗素(Bertrand Russell)证明，使用集合论的形式化方法有可能表达出一个既非真也非假的命题。与希尔伯特"我们必将知道"的要求背道而驰，罗素创造了一个无法判定真假的命题[1]。

希尔伯特急切地鼓励各地的数学家将集合论从罗素带来的灾难中拯救出来，他大声疾呼："没有人能将我们赶出康托尔为我们创造的这片天堂。"这个问题对希尔伯特来说变得如此尖锐，以至于他对那些认为可能没有解决方案的数学家怒目而视，甚至企图阻碍他们的职业发展。

爱因斯坦也对此发表了看法，大意是整件事太过琐碎，不值得如此焦虑，但希尔伯特不同意："如果数学理论有缺陷，我们还能在哪里找到真理和确定性？"

大约10年后的1921年，17岁的约翰·冯·诺伊曼为希尔伯特带来了一线希望。在一篇展示他卓越才华的数学论文中，他应用希尔伯特的公理化方法证明了，至少自然数不受罗素悖论的影响。希尔伯特由此对约翰·冯·诺伊曼产生了长久喜爱之情。

4年后，冯·诺伊曼用一篇标题朴实的博士论文"集合论的公理化"(The Axiomatization of Set Theory)[2]彻底赢得了希尔伯特的青睐。这篇论文的创新是"类"的概念，正是这个创见让集合论摆脱了罗素悖论。[3]

希尔伯特当然很高兴。他觉得自己"我们必将知道"的要求得到了证明。与此同时，罗素和阿尔弗雷德·诺斯·怀特海(Alfred North Whitehead)在一部名为《数学原理》(*Principia Mathematica*)的巨著中表明，几乎所有的数学内容都可以在逻辑和集合论中进行公理化。于是，在1928年，希尔伯特向数学家们提出挑战性问题，证明最终的公理化目标：即数学是完备的、一致的且可判定的。一旦这些挑战性问题被攻克，数学将成为纯粹真理的语言，一种能够描述所有真理的语言，一种永远不会导致矛盾或歧义的语言，一种具备识别所有可证明命题机制的语言。

然而，正是在这个宏大而辉煌的目标上，希尔伯特遭遇了滑铁卢。也正是在这一失败中，自动计算的时代迎来了它的开端。

3.1.1 哥德尔

1930年2月底，库尔特·哥德尔(Kurt Gödel)在哥尼斯堡的一次会议上暗示了希尔伯特关于完备的挑战性问题即将终结。在一场20分钟的演讲中，哥德尔概述了他对希尔伯特及其学生威廉·阿克曼(Wilhelm Ackermann)开发的一阶逻辑系统的证明，该系

---

[1] 该命题可以解释为：所有不包含自身的集合的集合，是否包含自身？或者，更简单地说：这句话是假的。
[2] 正式的德文标题是 Die Axiomatisierung der Mengenlehre。
[3] 直到40年后，尼加德和达尔才意识到他们需要在 SIMULA 中使用冯·诺伊曼所提出的类概念。

统确实是完备的。[1]这对在场的任何人来说都不意外——每个人都预料到这一点会得到证明。[2]

而正是在会议的最后一天的一场圆桌讨论中,就在希尔伯特发表"我们必须知道,我们必将知道"的退休演讲前夕,哥德尔不动声色地投下了一枚深水"炸弹":"人们甚至可以给出一些命题的例子(实际上就是像哥德巴赫猜想[3]或费马大定理[4]这类命题),这些命题虽然在内容上是正确的,但在经典数学的形式系统中却是不可证明的。"换句话说,数学中存在一些真实的命题,却无法用数学方法证明——数学是不完备的。

哥德尔或许本以为这枚"炸弹"会在会议上引起轩然大波,但结果却反响平平。在那次会议上,只有一位与会者真正理解了哥德尔这番话的重要意义。那个人就是约翰·冯·诺伊曼,他是希尔伯特的主要追随者之一。冯·诺伊曼大为震惊,把哥德尔拉到一旁,详细询问证明方法。

冯·诺伊曼花了几个月的时间深入思考这个问题,最终得出结论,希尔伯特数学大厦的根基已经被摧毁了。他宣称哥德尔是亚里士多德以来最伟大的逻辑学家,并且认为希尔伯特的计划"基本上没有希望了"。

从那以后,冯·诺伊曼放弃了对数学基础的研究。他搬到了普林斯顿,正如下文将会看到的,他发现量子力学是更有趣的研究方向。

哥德尔在第二年发表了他的不完备性证明[5]。他的方法对每个计算机程序员来说都应该不陌生,因为他在那个证明中所做的事情,正是我们编写每个程序时所做的事情。他想出了一种方法,只用自然数(也就是正整数)来表示罗素和怀特海的《数学原理》中的逻辑符号。

程序员用整数表示字符、坐标、颜色、汽车、火车、小鸟,或者是编写程序所涉及的任何其他东西。《愤怒的小鸟》这款游戏只不过是对整数进行的相当复杂的运算而已。

这一定是正确的,因为计算机中的所有数据都是以整数形式存储的。一个字节是一个整数。一串文本是一个整数。一个程序是一个整数。计算机中的所有东西都是整数。实际上,计算机内存中的全部内容就是一个庞大的整数。

所以哥德尔做了程序员们一直在做的事情:他用整数表示他所研究的领域。他给《数学原理》中的每个符号都分配了一个质数。对于每个变量,他分配了另一个质数的幂次方。

不必太在意具体的细节,只需要知道通过这样的分配,哥德尔可将《数学原理》符号体系中的每一个命题都描述为一个单独的整数。

---

1 即谓词演算。
2 见本章参考文献[3],第112页。
3 克里斯蒂安·哥德巴赫(Christian Goldbach),普鲁士数学家(1690—1764)。
4 皮埃尔·德·费马(Pierre de Fermat),法国数学家(1607—1665)。
5 《数学原理及相关系统中的形式不可判定命题》。

哥德尔还想出了一种可逆的方法，将这些数字的序列组合成更大的数字。这样，一个证明的命题可以转化为一个数字序列，然后这些数字可以组合成另一个数字，这个数字代表了整个证明。

由于他的组合方法是可逆的，因此他可以将任何一个证明的数字再分解回其原始命题。

每个有效证明开头的命题都是该系统的公理。因此，通过递归应用哥德尔的分解方法判断任何一个特定的数字是否代表基于公理的有效证明，就变成了一个简单的算法操作问题。

所需要做的就是继续分解，直到只剩下公理为止。如果这样的分解无法得到公理，那么最初的命题就是不可证明的。

最后，他构造了"命题g是不可证明的"这个命题的数字。我们把这个数字称为p。然后他证明了命题g的数字可以是p。

思考这些让我头疼，还是把这个任务留给你们吧。我读了哥德尔证明的一部分内容，头更疼了。我可以肯定地说，如果我对证明有那么一点点理解的话，那也只是我的吉娃娃理解朝阳会升起那样的程度。

在证明了数学形式体系是不完备的之后，哥德尔接着攻克了希尔伯特的第二个挑战性问题。他证明了数学形式体系无法被证明是一致的——也就是说，在这个形式体系内，你无法证明不存在既可以被证明为真又可以被证明为假的命题。

希尔伯特的最后一个挑战性问题，即可判定性，将在5年后被阿隆佐·丘奇和艾伦·图灵攻克。稍后再深入探讨。

就目前而言，对于目标来说，重要的是反思希尔伯特那次重大失败的本质。哥德尔、丘奇和图灵那些摧毁了希尔伯特梦想的证明，本质上都是算法性的。它们都依赖于重复的机制，通过一系列定义明确的步骤将一块数据转换为另一块数据。从某种抽象意义上来说，它们都是计算机程序。哥德尔、丘奇和图灵都是程序员——而大卫·希尔伯特及他所支持的一阶逻辑，正是他们的灵感来源。

3.1.2 反犹主义风暴

20世纪20年代，法西斯主义和反犹太主义的阴霾逐渐笼罩欧洲，到了30年代，更是愈演愈烈，演化成狂风骤雨的态势。欧洲的犹太人敏锐地嗅到危险的气息，纷纷前往其他地方寻求庇护，其中很多人选择了美国。在哥德尔发表他的证明时，冯·诺伊曼已经搬到了普林斯顿。而哥德尔因被指控与犹太人交往密切，也在1938年踏上了赴美之路。1933年，希尔伯特的大多数犹太学生和同事都被哥廷根大学驱逐，他们逃往了美国、加拿大或苏黎世。

希尔伯特本人则留在了哥廷根。1934年,在一次宴会上,他坐在纳粹教育部部长[1]身旁,部长问他,既然犹太人的影响已经被清除,哥廷根的数学发展得怎么样了。希尔伯特回答道:"哥廷根的数学?现在根本就不存在了。"

1925年,希尔伯特患上了恶性贫血症——一种维生素B12缺乏症,这在当时无法治愈。这种疾病使他身体虚弱,极易感到疲惫。他于1943年去世。由于他的许多同事和朋友都是犹太人,或者与犹太人结婚,或者以其他方式与"犹太圈子"有往来,因此参加他葬礼的人不到12个。事实上,在他去世后的好几个月里,他离世的消息都很少为外人所知。从图3-2可看到希尔伯特的墓碑。

他的墓碑上刻着他未竟的梦想:我们必须知道,我们必将知道(Wir müssen wissen. Wir werden wissen)。然而,随着这一梦想的破灭,人类迎来了一场前所未有的技术革命和社会变革。希尔伯特引领了这一潮流,但他从未真正踏入那片应许之地——那个他梦想中的数学理想国。

图 3-2

3.2　约翰·冯·诺伊曼

约翰·冯·诺伊曼(John von Neumann)原名诺伊曼·亚诺什·拉约什(Neumann János Lajos),于1903年12月28日出生在布达佩斯的一个富裕家庭。他的父亲米克萨[2]是一位富有的犹太银行家,而他的外祖父则是一家成功的重型设备和五金供应商的老板。诺伊曼一家当时住在欧洲最繁荣城市之一的核心地带,拥有一套18个房间的豪华公寓。

诺伊曼家族是犹太人。虽然当时布达佩斯还没有大规模反犹,但诺伊曼一家明白,欧洲的政治风向对他们不利。所以,尽管他们目前生活富足且享有特权,米克萨还是决定让他的孩子们接受良好的教育,为未来可能的艰难时期做好充分准备。

他们的家庭生活充满了各种智力挑战和政治讨论。晚餐时的谈话内容从科学到诗歌,再到反犹主义,无所不包。冯·诺伊曼和他的兄弟们学习了法语、英语、古希腊语和拉丁语。在数学方面,冯·诺伊曼堪称神童,6岁时就能心算两个8位数的乘积。

冯·诺伊曼的数学才能迅速提升。他的天赋有时让他的家庭教师感动得落泪,有些人甚至因为纯粹的喜欢而拒绝接受报酬。17岁时,他发表了自己在数学领域的第一篇重要论文。正如前面所提到的,19岁时,他的博士论文《集合论的公理化》引起了

1　伯恩哈德·鲁斯特(Bernhard Rust)。
2　诺伊曼·米克萨(Neumann Miksa),匈牙利数学家(1867—1929)。

大卫·希尔伯特的关注和赞赏。

在布达佩斯攻读数学博士学位的同时，他还在柏林攻读化学工程学位，后来又在苏黎世继续深造。获得博士学位后，他在哥廷根跟随希尔伯特学习。从1923年起，他的求学生涯就是在这些城市之间不断往返。

在他的博士学位答辩中，希尔伯特是评审之一。他只向他最喜爱的学生提了一个问题："我这么多年来，从未见过如此漂亮的晚礼服。请问，这位候选人的裁缝是谁？"

正是在1928年，希尔伯特向数学界提出了他的三大挑战性问题：证明数学是完备的、一致的和可判定的。这些挑战性问题开启了数学领域的一段狂热探索时期，最终促成了现代计算技术的诞生。

与此同时，物理学界也历经了沧桑巨变。爱因斯坦的广义相对论诞生还不到10年。他仅比希尔伯特早几天提出了这一理论。维尔纳·海森堡(Werner Heisenberg)刚刚发表了一篇基于矩阵运算的对量子力学的数学描述。

埃尔温·薛定谔(Erwin Schrödinger)则刚刚用波动方程描述了同样的现象。这两种方法在数学上看起来很不一样，却得出了相同的结果。

正是冯·诺伊曼(他在德国时采用了"冯"这个姓氏)解决了这个问题。他证明薛定谔方程与希尔伯特20年前在纯数学领域的一些研究成果相似，并且海森堡的矩阵也可以纳入相同的数学框架。这两种理论是等价的。

因此，到1927年，冯·诺伊曼已经在纯数学和量子力学领域都做出了卓越贡献。他的名字开始广为人知。他是哥廷根大学有史以来任命的最年轻的讲师。他的讲座座无虚席；他与爱德华·泰勒(Edward Teller)、利奥·西拉德(Leo Szilard)、埃米·诺特(Emmy Noether)和尤金·维格纳(Eugene Wigner)等人交往密切；还会和希尔伯特一起在希尔伯特的花园里散步。当然，作为一个20多岁的年轻人，他也尽情享受着魏玛共和国时期柏林颓废的夜生活。对于约翰·冯·诺伊曼来说，可谓是如鱼得水，诸事顺遂。

当时，欧洲是数学和科学的中心，而美国在这方面几乎不值一提。普林斯顿大学试图改变这一现状。由奥斯瓦尔德·维布伦(Oswald Veblen)构思并推动的策略是说服一些欧洲最优秀的科学家和数学家来到普林斯顿。维布伦从洛克菲勒基金会、班贝格[1]家族和其他私人捐赠者那里筹集了数百万美元，并向欧洲的顶尖人才提供了优厚的待遇。鉴于欧洲日益高涨的反犹主义情绪，以及美国所提供的高额薪水，这种人才挖掘策略非常有效。

冯·诺伊曼接受了普林斯顿大学的邀请，并于1930年1月和他的新婚妻子一同抵达。他的朋友尤金·维格纳(Eugene Wigner)比他早一天到达。随着希特勒掌权，其他知名的数学家和科学家也跟随冯·诺伊曼和维格纳来到普林斯顿。维布伦在普林斯顿创立了高等研究院(IAS)，并招揽了阿尔伯特·爱因斯坦、赫尔曼·外尔(Hermann

---

1 班贝格家族在1929年股市崩盘前将他们的百货连锁店卖给了梅西百货。

Weyl)、保罗·狄拉克(Paul Dirac)、沃尔夫冈·泡利(Wolfgang Pauli)、库尔特·哥德尔(Kurt Gödel)、埃米·诺特(Emmy Noether)等众多杰出人才。

在这群顶尖学者中，冯·诺伊曼于1932年出版了他的著作《量子力学的数学基础》(Mathematical Foundations of Quantum Mechanics)。这个颇为张扬的书名并非言过其实。在这本书中，冯·诺伊曼以他一贯的严谨态度证明了不存在隐变量来指引量子粒子的命运[1]，而且量子态的奇异叠加并非仅限于微观世界，而是延伸到了这些粒子的所有集合，包括人类。

冯·诺伊曼书中的数学论证震撼了物理学界，引发了量子纠缠的概念、薛定谔关于猫是否能同时处于生死状态的疑问，以及多世界假说。围绕这些问题的争论一直持续到今天。

其中有一位年轻人值得一提，他读了这本书之后深受触动。他的名字叫艾伦·图灵。几年后，他也加入了普林斯顿高等研究院。

3.3 艾伦·图灵

"我们需要大量有才华的数学家。"

"我们面临的困难之一是维持恰当的工作规范，以免在研发过程中迷失方向。"

——艾伦·图灵，于1946年在伦敦数学学会上的演讲

艾伦·马西森·图灵(Alan Mathison Turing)于1912年6月出生于一个贵族家庭，而在那个时候，贵族身份已远不如之前几十年那样受重视了。图灵的父亲被派驻在印度，就是在那个时候母亲怀上了图灵。他母亲回到英国生下了他，但仅仅一年多后她就又离开了，回去与丈夫团聚。图灵和他的弟弟由沃德夫妇抚养长大，沃德夫妇是一对和蔼但严厉的退伍军人夫妇，他们住在英格兰西南海岸、紧邻英吉利海峡的滨海圣莱昂纳兹(St. Leonards-on-Sea)。

第一次世界大战爆发时，他母亲回来了，在战争期间一直和孩子们及沃德夫妇待在一起，但战争结束后她又前往了印度。

5岁时，图灵找到一本1861年出版的《轻松学阅读》(Reading without Tears)。三周后，他就学会了阅读。他对数字产生了极其浓厚的兴趣，以至于让长辈们颇为恼火的是，他会在路过每一根路灯柱时停下来查看上面的序列号。他喜欢地图和图表，常常花好几个小时研究它们。他喜欢详细的草药配方和疗法，还会自己列出配料清单。他重视结构、秩序和规则，如果这些被打破，他会非常生气。

---

1 仅被证明是错误的，但后来又被重新证明，但随后……

1917—1921这几年对图灵来说很艰难。他父母大多数时间不在身边，而滨海圣莱昂纳兹也无法满足他日益增长的天赋需求。他的学业受到了影响，很可能是因为纯粹的无聊，他从一个活泼开朗的孩子变成一个沉默寡言的少年。

1921年母亲回来后，看到他的举止和学业毫无进展(他还没有学会长除法)非常震惊，于是带他去了伦敦亲自教他。第二年，他被送到了位于苏塞克斯的黑兹尔赫斯特预备寄宿学校。

图灵不喜欢黑兹尔赫斯特学校。学校的日程安排让他几乎没有时间去发展自己的兴趣爱好——而他的兴趣此时也开始发生变化。1922年的某个时候，他读到了埃德温·滕尼·布鲁斯特(Edwin Tenney Brewster)所著的《每个孩子都应该知道的自然奇观》(*Natural Wonders Every Child Should Know*)这本书。他后来表示，这本书让他对科学有了新的认识。

他变得很有创造力，发明了诸如改良的钢笔，以及观看图画故事的工具等东西。这种创造性的科学思维在黑兹尔赫斯特学校并不受鼓励，因为学校更热衷于培养对大英帝国的责任感；但图灵并没有因此而退缩。

图灵对配方和公式的兴趣逐渐演变成了对化学的痴迷。他得到了一套化学实验器材，还找了一本百科全书来辅助学习，并且做了许多实验。

1926年，图灵进入青少年时期，他被送到了多塞特郡的舍伯恩学校。在这所新学校的第一天，英国发生了一场大罢工，没有火车运行。于是，出于对上学的极度热情，图灵骑着自行车从南安普顿骑行了60英里来到学校。

舍伯恩学校试图让图灵专注于古典教育，但图灵对此毫无兴趣。他的兴趣在科学和数学上，仅此而已。到图灵16岁时，他已经能够解决复杂的数学问题，并且已经阅读并理解爱因斯坦关于广义相对论的通俗著作[1]。有位老师认为他是个天才；但大多数人，包括那些教科学和数学的老师，都很失望。图灵并不是一个优秀的学生，即使在他喜欢的科目上也是如此。他就是对基础知识不感兴趣。

图灵对学校的态度差点让他被舍伯恩学校开除；但后来他因为感染腮腺炎而被隔离了几周，这反倒救了他，隔离之后他通过了期末考试，成绩有所提高。

1927年，正是在舍伯恩学校，图灵第一次遇到了克里斯托弗·莫科姆(Christopher Morcom)，他对克里斯托弗有一种特别的好感。有人猜测克里斯托弗是图灵的初恋，这可能让图灵意识到了自己的同性恋倾向。如果这是真的，克里斯托弗很可能并不知道图灵的感情。没有证据表明两人有过肉体关系。然而，他们在数学和科学方面有着相似的兴趣，常常会在图书馆里凑在一起讨论相对论，或者讨论把圆周率 π 计算到小数点后很多位。

图灵设法安排自己在课堂上坐在克里斯托弗旁边，两人还成了化学和天文学实验课上的搭档。分开的时候，两人仍会频繁通信，讨论化学、天文学、相对论和量子力学。

---

1 《相对论：狭义与广义理论》的英文翻译。这是一本通俗化书籍，使用了基础数学。

克里斯托弗小时候感染过肺结核，此后身体一直不好。在他和图灵成为朋友的第三年就去世了。在那之后的几年里，图灵与克里斯托弗的母亲频繁通信，特别是在克里斯托弗的生日和忌日。

图灵在剑桥大学国王学院学习应用数学，师从爱丁顿(Eddington)和G. H.哈代(G. H. Hardy)。在学习之余，他成了一名跑步爱好者和赛艇运动员，尽情享受这些运动所需要的身体耐力训练。

受爱丁顿某次讲座的启发，图灵独立推导出中心极限定理的证明。[1]他将此成果作为本科毕业论文，于1934年11月提交。凭借这篇论文，图灵获得剑桥大学的研究员职位，享有每年300英镑的津贴，以及在高桌(High Table)[2]用餐的殊荣。

他研读了希尔伯特、海森堡、薛定谔、冯·诺伊曼和哥德尔的著作，并且对希尔伯特的三大挑战性问题产生了浓厚兴趣。在M. H. A.纽曼(M. H. A. Newman)关于这个主题的一次讲座上，图灵听到了"通过机械过程"这样的表述。这让他开始思考机器和机械装置。正是在一次他惯常的长跑之后，他在一片草地上休息时，想到了如何利用一种机械装置来处理希尔伯特的第三个挑战性问题。

3.4 图灵-冯·诺伊曼架构

在图灵和冯·诺伊曼之前，所有的计算机器都将数据与指令分开存储。例如，巴贝奇的分析机把十进制数存储在由机械计数器组成的圆柱状堆叠结构中，而指令则被编码在一长串打孔卡片上。后续章节中，哈佛Mark I(Harvard Mark I)和IBM SSEC也采用了类似的策略。数字存储在机器自身的机械装置内，而指令则存储在某种打孔纸上，有时也存储在磁带上。

当时，采用分离策略是很自然的。程序由许多指令组成，而打孔卡片成本低廉。那时，大多数程序不会处理大量的数字，并且存储这些数字的设备价格昂贵。而且，总的来说，没有人深入思考过将指令和数据存储在同一存储设备中会有什么优势。

艾伦·图灵和约翰·冯·诺伊曼通过截然不同的方式，出于完全不同的原因，提出了存储程序式计算机的概念。图灵的机器极其简单，而冯·诺伊曼的架构则没有刻意追求简单。然而，这两者有个很明显的相同点，即它们都将程序和数据存储在同一存储器中。这是计算机架构领域的一场革命，它改变了一切。

3.4.1 图灵的机器

艾伦·图灵在1936年发表的论文"论可计算数及其在判定问题上的应用"(On

---

[1] 概率论和统计学中的重要定理。
[2] "高桌"是牛津剑桥特有的学院制度，教授和贵宾可入座。——译者注

Computable Numbers, with an Application to the Entscheidugns problem)中描述了他的机器。这篇论文的目的是回答希尔伯特的第三个挑战性问题，并且给出了否定的答案：不存在一种方法能判定任意一个数学命题是否可证。

在此不对证明的所有细节做深入分析，相关的优秀资料有很多。我推荐查尔斯·佩措尔德(Charles Petzold)的精彩著作《图灵的秘密：他的生平、思想及论文解读》(*The Annotated Turing*)。

作为证明的一部分，图灵需要一种方法将任何程序转化为一个数字。为了做到这一点，他为自己的机器编写了一个程序来模拟这台机器——但我有点提前剧透了。

图灵机是一种非常简单的机械装置，由一条无限长的纸带组成，纸带被分成一个个方格，有点像老式的电影胶片。纸带放置在一个平台上，这个平台只允许纸带向左或向右移动。想象一块木板，上面有一条长长的水平槽，纸带可以放入槽中并自由滑动。在这个平台上有一个窗口，纸带从窗口下滑动经过。这个窗口只是一个方格大小的正方形。

就是这样。这个装置除了这些就没有别的了。它是一个拥有无限存储容量的设备，并且有一种将存储内容定位到读取窗口的方式。所以现在我们只需要一个中央处理器——而这个处理器就是作为操作员的人。

操作员有记号笔和橡皮擦。操作员可以在窗口下方的纸带上的方格上做任意标记或擦除标记。操作员还可以每次将纸带向左或向右移动一格。如图3-3所示。

图 3-3

现在有了存储器和处理器，只需要一个程序了。编写一个程序，将一串"X"的长度翻倍。从一条像这样的纸带开始，如图3-4所示。

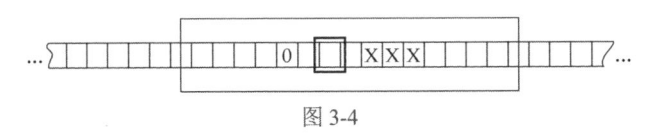

图 3-4

希望它最终变成这样，如图3-5所示。

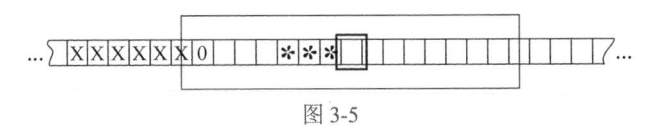

图 3-5

简而言之，这个程序将计算读取窗口右侧"X"的数量，将它们全部变为"*"，并在"O"的左侧写入数量翻倍的"X"。图3-6显示了这个程序。

Current	Mark	Next	Action
Start	blank, O	Start	Left
	X	FindO	*,Right
FindO	blank,*	FindO	Right
	O	FindB	Right
FindB	X	FindB	Right
	blank	Find*	X,Right,X
Find*	X,O,blank	Find*	Left
	*	FindX	X,Right,X
FindX	*	FindX	Left
	X	FindO	*,Right
	blank	HALT	

图 3-6

相信你肯定能认出这是什么；它就是状态转换表。操作员从"开始(Start)"状态开始，然后按照指令操作。

每一行都是一个转换。所以，如果处于"开始"状态，并且在窗口中看到空白或"O"，就保持在"开始"状态，并将纸带向左移动。如果处于"开始"状态，并且在窗口中看到"X"，就将窗口下方的方格变为"*"，将纸带向右移动，然后进入"寻找O(FindO)"状态。

任何人都会觉得这个过程极其枯燥。但如果严格按照指令操作，这个程序就能非常可靠地将"O"左侧"X"的数量翻倍。

为什么要将"X"的数量翻倍呢？除了作为对这台机器的简单演示之外，它还表明这台机器可以进行计算。这里展示的乘以2的运算当然非常基础。但完全可能创建执行各种计算的程序，无论是二进制、十进制、十六进制，还是用古埃及象形文字表示的计算。

当然，这样的状态转换表通常很庞大。图灵通过引入子程序[1]解决了这个问题，通过子程序他能构建越来越复杂的机器，而不必编写大量庞大的状态转换表。他实现的压缩程度令人惊叹。

一旦有了这些工具，图灵就采用了哥德尔的方法：他将一切都转化为数字。不难看出，每一个状态、每一个标记、每一个操作都可以用一个数字来表示。因此，通过将表示状态、标记和操作的数字连接起来，表格的每一行都可以转化为一个单独的数字。如果你将所有这些行的数字连接起来，就得到整个程序的一个单独数字。图灵将这个数字称为标准描述(standard description)，我将使用"SD"这个术语。

---

[1] 它们更像宏，就是简单的文本替换，可用来避免重复编写相同的状态转换表。

标准描述(SD)是一个数字,它可以被编码在图灵机的纸带上。你可以用二进制、十进制或其他方式对它进行编码。出于自身的原因,图灵选择了由数字1、2、3、5和7组成的序列来编码。

然后,图灵编写了这个程序,可以在纸带上执行标准描述(SD)。这个程序称为通用计算机(Universal Computing Machine),简称"U"。当操作员在带有编码程序的纸带上运行U程序时,实际上就是在执行那个被编码的程序,最终程序的运行结果会被记录在纸带的空白区域。

如果你曾经编写过执行状态转换表的程序,那么程序"U"就是这样的程序。程序"U"只需要在标准描述中搜索与当前状态和标记匹配的转换行,然后执行该行中指定的操作。非常简单。

图灵继续使用他的标准描述概念来证明,不存在一个程序D能够在有限时间内判定任意一个标准描述是否会有特定的行为。同样,这个证明超出了我们的讨论范围。

然而,就我们的目的来说,图灵发明的是一种存储程序式计算机。标准描述是存储在纸带上的程序,而程序"U"是执行该标准描述的程序。因此,如果程序"U"能够被机械化——变成一台自动机器(而不是由人来驱动)——那么从任何实际意义上来说,这台自动机器就是一台存储程序式计算机。

因此,很可能在1943年,在约翰·冯·诺伊曼偶然访问英国时,艾伦·图灵就计算机及计算机未来的愿景和他有过很多讨论。

关于图灵随后在布莱切利园(Bletchley Park)破解德国恩尼格玛(Enigma)密码的工作,以及他为实现这一目标而设计的计算机器,已经有很多相关的著述。只需要说一句就足够了,即这些努力对盟军最终取得胜利产生了深远的影响。

战后,图灵继续参与了其他几个计算机项目。他设计了自动计算机(ACE,Automatic Computing Engine),并撰写了许多有深刻见解的工作报告。他还参与了曼彻斯特的计算机项目。

关于他悲惨的结局及导致这一结局的残酷环境,也有很多描述,在此就不再赘述了。只需要说,艾伦·图灵和我们任何人一样有人性,而在当时,他曾帮助拯救过的国家并没有接受他的同性恋身份。

尽管他遭受了种种屈辱,但他仍然保持着自己的兴趣,也包括他的性取向——尽管后者需要他出国旅行来满足。然而,他的死因存在一些争议。

虽然官方认定为自杀,但这与他的性格不符。没有任何预兆,没有遗书,也没有其他任何迹象表明他在考虑这样的行为。根据霍奇斯(Hodges)的说法[1]:

"在过去两年见过他的人看来,没有任何明显的迹象表明他会自杀。相反,他的反应与小说和戏剧中所描绘的那种萎靡、屈辱、恐惧、绝望的形象截然

---

1 见本章参考文献[7],第487页。

不同，以至于见过他的人几乎无法相信他已经去世了。他根本就'不是那种会自杀的人'。"

我更倾向于他母亲的观点，即他的中毒是一场意外——是他在家里进行化学实验时使用了氰化物，不小心污染了他自己的手指。

3.4.2 冯·诺伊曼的历程

约翰·冯·诺伊曼与图灵相识的时间可能是1935年，也就是图灵发表"论可计算数及其在判定问题上的应用"这篇论文的前一年。冯·诺伊曼当时从普林斯顿大学请假到剑桥大学讲学，图灵参加了他的一些讲座。不知道他们两人是否坐下来讨论过图灵的工作，其实是有可能的。如果是这样的话，那在当时并没有产生什么实质性的结果。

无论如何，图灵后来写信给冯·诺伊曼，请他写一封推荐信，以便成为普林斯顿大学的访问学者。图灵于1936年9月抵达普林斯顿，五天后他那篇论文的证明材料也寄到了那里。冯·诺伊曼对这篇论文以及图灵本人都印象深刻。两人在相邻的办公室里一起工作了几个月。

最终，冯·诺伊曼邀请图灵担任他的助手，但图灵拒绝了，他说自己在英国还有工作要做。

他确实有工作要做！1938年7月他回到了英国。几个月后，就来到布莱切利园。在那里，他在设计破解德国恩尼格玛密码的机器中发挥了关键作用(甚至可以说是凭一己之力完成)，从而加速了二战欧洲战场的胜利结束。

1. 弹道研究实验室

随着欧洲战事的酝酿，冯·诺伊曼将注意力转向弹道学问题。在以前的战争中，计算炮弹的飞行轨迹相对容易，主要考虑重力和空气阻力即可。但20世纪30年代后期的火炮威力非常强大，发射的炮弹能够达到空气稀薄得多的高度。这些炮弹的飞行轨迹只能进行近似计算，而这需要大量的计算。

弹道学并不是唯一需要如此大量计算的问题。计算高爆炸弹和炮弹产生的冲击波的爆炸效果也是类似的任务。

弹道研究实验室(BRL)就是为了解决这些问题而成立的。起初，他们采用了巴贝奇最熟悉的方法：让满屋子的"计算员"(大多是女性)使用台式计算器，无休止地进行求和与乘积运算。

看到他们面临的问题，并展望未来，冯·诺伊曼预见到"计算机器将会取得进展，这些机器在一定程度上必须像大脑一样工作。这样的机器将与所有大型系统相连，如电信系统、电网和大型工厂。"[1]这是一个梦想，一种想法的萌芽。令人兴奋，

---

[1] 见本章参考文献[3]，第103页。

但还不完整：要开始破土成长还为时过早。

1940年9月，冯·诺伊曼被任命为弹道研究实验室的顾问委员会成员。到12月，他还被任命为美国数学学会战争准备委员会的首席弹道学顾问。简而言之，他非常抢手。

在接下来的两年里，冯·诺伊曼成为了弹药(包括聚能装药)产生的冲击波方面的专家。1942年底，他被派往英国执行一项"秘密任务"。即使在今天，关于这项任务的具体情况也知之甚少，不过很明显，他在那里进一步了解了爆炸冲击波的知识。

2. NCR机

正是在这次旅行中，冯·诺伊曼在巴斯的海军年鉴办公室看到了美国国家收银机公司(NCR)的会计机器的实际操作。这是一台带有键盘、打印机和六个寄存器的机械计算器，每小时能进行约200次加法运算。它不能编程，但由于有寄存器和一些巧妙的制表位机制，操作员可以相对快速地执行一系列重复操作。冯·诺伊曼非常感兴趣，在返回伦敦的火车上，他为这台机器写下了一个改进的近似"程序"。

在他匆忙返回普林斯顿的几个月前，冯·诺伊曼写道，他"对计算技术产生了一种难以抑制的兴趣"。这种兴趣是由NCR机器激发的，还是与图灵的会面所引发的，仍然存在争议。

证据很少，但图灵和冯·诺伊曼很可能在这段时间见过面并讨论过计算机器。

也许正是将这两个人的想法结合，才使得冯·诺伊曼脑海中的那个想法开始萌芽和生长。

3. 洛斯阿拉莫斯：曼哈顿计划

1943年7月，当冯·诺伊曼还在英国时，他收到了一封紧急信件，信中写道："我们现在迫切需要您的帮助。"这封信由J. 罗伯特·奥本海默(J. Robert Oppenheimer)签名。

基于他对爆炸冲击波的研究，冯·诺伊曼在不知不觉中已经为曼哈顿计划做出了贡献。他证明了空爆比地面爆炸更具破坏力，并展示了如何计算最佳爆炸高度。

他于9月抵达洛斯阿拉莫斯(Los Alamos)，并立即投入工作。奥本海默的"迫切需求"与钚内爆式武器的理论设计有关。冯·诺伊曼在聚能装药方面是专家，他建议在钚核心周围放置楔形装药，这样可使冲击波向球形中心聚焦。

尽管他在炸弹方面的工作至关重要，但陆军和海军表示他在冲击波和弹道学方面的工作同样重要。所以冯·诺伊曼享受独有的特权，几乎可以随心所欲地往返于洛斯阿拉莫斯。这使他对美国的计算环境有了独特的见解。

内爆装置必须进行建模，计算量非常巨大。所以从IBM购买了十台打孔卡片计算器[1]。这些设备通过插接板编程，插接板可以指定卡片上的字段、对这些字段执行的操

---

[1] "想象一个隐约可见的黑色怪物，关闭时占据一个六英尺的立方体。前部是一个经过大量修改的512复制器——每分钟两百张卡片进料器和两个堆叠器。前面有两个双面板插接板，连着电线右边有一个数字开关面板。铰接到打孔机背面的是一个装有数千个湖式继电器的阴沉盒子，铰接到那个的是第二个盒子。"——赫伯·格罗施(可参考"电子脚注"中列出的网页)

作及在何处打孔记录结果。

想象一下有1000张卡片，每张卡片上都记录着内爆中一个粒子的初始位置。想象一下将这1000张卡片通过一台机器运行，生成1000张记录结果的卡片，然后将这些卡片通过下一台机器，再下一台，以此类推。然后每周六天，每天24小时持续执行这样的操作，持续数周。

冯·诺伊曼学会了如何操作这些机器及如何编写程序，但他不信任这种将卡片批次从一台机器转移到另一台机器的复杂手动操作过程。一张放错位置的卡片，或者一批卡片放错了机器，或者插接板上的一个插头插错了位置，都可能导致数天的工作白费。他关于计算机器的梦想种子开始生根发芽。

冯·诺伊曼开始在洛斯阿拉莫斯传播这个梦想。他向那里的科学家和管理人员提及此事。他写信给科学研究与发展办公室(OSRD)的负责人沃伦·韦弗(Warren Weaver)，请他帮助寻找更快的计算设备。韦弗向他介绍了霍华德·艾肯(Howard Aiken)，艾肯是哈佛Mark I机电计算机的主任，下一章讨论这台计算机。

4. Mark I和ENIAC

1944年夏天，在冯·诺伊曼有一次从洛斯阿拉莫斯回家的旅途中，决定去拜访艾肯和哈佛Mark I计算机，同时去拜访他在海军的客户。在阿伯丁试验场附近的火车站台上，有了一次偶遇。赫尔曼·戈德斯坦(Herman Goldstine)也在站台上，之前他们一起参加过某个讲座，他认出了冯·诺伊曼。两人在等火车的时候聊了起来。戈德斯坦提到他正在研究一种使用真空管(而不是机电继电器)的计算设备，这种设备每秒能执行300多次乘法运算[1]。

可以想象冯·诺伊曼当时的反应。整个谈话的基调从礼貌的闲聊骤然变成了激烈的对问。两人分手时，戈德斯坦有了一项任务：安排一次访问。

1944年8月7日，冯·诺伊曼拜访了艾肯，艾肯同意给他有限的哈佛Mark I计算机使用时间。在接下来的几周里，他与格蕾丝·霍珀(Grace Hopper)和哈佛Mark I计算机团队合作，设计、编程并运行了一个内爆问题[2]。这台机器比冯·诺伊曼非常担心的打孔卡片机器更可靠，但具有讽刺意味的是，它的速度相当慢。实际上，速度慢到冯·诺伊曼认为进一步使用它不太实际。无论如何，这台机器已经被安排处理大量积压的海军问题。

这是冯·诺伊曼见过的第一台真正的自动计算机。他看到了它是如何工作的，甚至还协助进行了编程和操作。他看到了这台庞大的机器是通过纸带上的指令自动运行的。那个想法的种子在他的精神沃土里深深扎下了根。

就在他开始参观哈佛Mark I计算机的同一天，他收到了赫尔曼·戈德斯坦的邀请，去参观他在火车站台上就非常感兴趣的那个项目。所以，在接下来的几天里，冯·诺伊曼前往宾夕法尼亚大学的摩尔电气工程学院。他在那里看到的是一台巨大的电子机

---

1 参考文献[3]，第105页。
2 问题被伪装了，Mark I团队中没有人知道其目的。

器，由接线排、开关、仪表和装有18 000个真空管的电路架组成。它占据了一个30英尺宽、56英尺长、8英尺高的房间。这就是ENIAC，它永远地改变了他的生活。很明显，这就是计算机需要发展的方向，但不是以这种形式。

通过插接板和电线进行编程的方式必须被淘汰。那个想法的萌芽终于找到了成长所需的"水分"。

冯·诺伊曼在哈佛Mark I和ENIAC上的经历促使他在美国各地广泛寻找更好、更快的计算机器。但洛斯阿拉莫斯的工作不能等待。

尽管冯·诺伊曼对打孔卡片机器心存担忧，但由于年轻的理查德·费曼(Richard Feynman)的组织能力，在这些机器上的计算最终得以完成，在几次非核内爆试验中得到了验证。

5. 三位一体核试验

随着这些试验的完成，怀弹内爆的真正核试验被提上日程，它的代号是"三位一体(Trinity)"。1945年7月16日凌晨5点29分，约翰·冯·诺伊曼见证了基于他的计算和理论设计的装置的爆炸。看着那团巨大的核火球，他说："那至少有5000吨(TNT当量)。"实际上远不止如此，这次爆炸的当量至少有20 000吨TNT。

在"三位一体"核试验之前，冯·诺伊曼是选择日本目标的委员会成员之一。他的投票建议及委员会的最终建议是京都、广岛、横滨和小仓。

选择这些目标所带来的情感压力一定非常巨大。有一次，他离开洛斯阿拉莫斯回到东海岸的家中。他早上到达，然后连续睡了12个小时。深夜醒来后，他开始了一段非常不寻常且狂热的未来预言。

受惊的妻子克拉里(Klári)[1]这样回忆他的话[2]：

> "我们现在正在创造的是一个怪物，它的影响将改变历史，前提是还有历史可言。然而，不把这件事做完是不可能的，不仅是出于军事原因，而且从科学家的角度看，如果不做他们知道可行的事情，也是不道德的，无论这可能会带来多么可怕的后果。而这仅仅是个开始！现在被开发出来的能源将使科学家成为任何国家中最遭人恨又最不可缺的公民。"

随后，他突然转换了话题，继续他狂热的预言：

> "[计算机器]将变得不仅比[原子能]更重要，而且是必不可少的。只要人们[能够]跟上他们所创造的东西的步伐，我们将能进入远远超越月球的太空，[如果人们做不到]，那些机器可能会变得比炸弹更危险。"

由此可见，他的梦想种子已经萌芽并扎根，再后来，花朵上的花瓣慢慢舒展。

---

1 克拉里·丹·冯·诺伊曼(Klári von Neumann)(1911—1963)。
2 见本章参考文献[3]，第102页。

6. 氢弹计划(The Super)

在"三位一体"核试验及广岛和长崎原子弹爆炸之后,冯·诺伊曼继续致力于核武器的研究。他开始与爱德华·泰勒(Edward Teller)一起研究氢弹,即所谓的"超级炸弹(The Super)"。

对热核爆炸中从裂变到聚变的一系列事件进行建模,远远超出了对第一颗原子弹至关重要的打孔卡片计算器的计算能力。冯·诺伊曼在1944年夏天看到的那些机器让他对真正需要的计算设备充满了渴望。

ENIAC的计算速度令人惊叹,比哈佛Mark I快1000倍。然而,通过插接板编程的方式严重限制了它的编程能力。这台机器运行任何一个程序时,只能执行几步操作就必须停下来。然后,下一组操作必须通过在插接板上重新排列电缆来进行烦琐的编码。计算机能高速运算但运行之间的编程时间过于漫长,速度优势被浪费掉了。

另一方面,为哈佛Mark I创建的长纸带程序有很大的优势。很容易想象将纸带编程方法应用于ENIAC,但那样的话,机器的速度就不会比纸带的速度快。

结论很明显。获得真正的计算能力和速度的唯一方法是将指令和数据存储在一个与处理器速度一样快或更快的介质中。程序必须与数据存储在一起,程序必须成为数据。

ENIAC的发明者约翰·莫奇利(John Mauchly)和J.普雷斯珀·埃克特(J. Presper Eckert)[1]在1944年8月提议建造一台名为离散变量自动电子计算机(EDVAC,Electronic Discrete Variable Automatic Computer)的新计算机——几乎就在冯·诺伊曼参观尚未完成的ENIAC的同一时间。

埃克特发明了一种巧妙的水银延迟线,用于记录并消去雷达系统中的背景噪声。他在建造ENIAC时意识到,同样的方法可以用于存储大量的二进制数据。由于ENIAC中绝大多数容易出故障的真空管都是用于存储的,水银延迟线存储器将大大减少真空管的数量,从而降低成本,提高可靠性和存储容量。

当时埃克特很可能与冯·诺伊曼讨论过这个问题。事实上,当时冯·诺伊曼已经是EDVAC项目的顾问。

7. EDVAC报告草案

不到一年后,冯·诺伊曼撰写了一份名为"EDVAC报告草案"(The First Draft of a Report on the EDVAC)的特别文件。在这份文件中,他描述了一台由五个主要部分组成的机器:输入、输出、运算器、控制器和存储器。控制器从存储器中读取指令,对其进行解释,并将存储器中的值导入运算器,然后将结果存回存储器。当然,这就是我们至今仍在使用的存储程序式计算机的模型。

这份文件尚未完成,而且相对不正式,原本不打算广泛分发。但戈德斯坦欣喜若狂,他称这是这台机器的第一个完整的逻辑框架。然后,在没有告知冯·诺伊曼、莫

---

1 约翰·亚当·普雷斯珀·埃克特(John Adam Presper Eckert Jr).(1919—1995)。

奇利或埃克特的情况下，他将副本发送给世界各地的数十位科学家。

种子被播撒到远方。冯·诺伊曼架构开始自由传播。事实上，它已经传播开来，无论落在哪里，都将生根发芽。

图灵看到了这份报告，并开始在曼彻斯特规划自动计算机(ACE)。在冯·诺伊曼的敦促下，ENIAC本身也进行了改造，并于1947年以新的形式开始运行。

有史以来第一个专门受雇为计算机编程的人是琼·巴尔蒂克(Jean Bartik，原名贝蒂·琼·詹宁斯，即Betty Jean Jennings)，她是ENIAC最初的程序员兼操作员之一。

冯·诺伊曼的妻子克拉里也成为一名程序员，她在洛斯阿拉莫斯和东海岸之间往返，使用冯·诺伊曼和斯坦尼斯瓦夫·乌拉姆(Stanislaw Ulam)发明的蒙特卡罗分析方法，为泰勒的氢弹建模及编写和运行程序[1]。

在这一时刻，冯·诺伊曼暂时从我们的故事中退场。然而，如果不指出我在这里所讲述的仅仅描述了他成就的最基本部分，那我将是非常失职的。这个人是个天才，令人惊叹。他在数学、物理学、量子力学、博弈论、流体动力学、广义相对论、动力学、拓扑学、群论等众多领域都做出了重大贡献，仅凭一个章节或一本书，远远不足以涵盖他的所有成就。

约翰·冯·诺伊曼于1957年2月8日因癌症去世，年仅53岁。很有可能，导致他死亡的癌症是他在洛斯阿拉莫斯期间受到辐射照射的结果。他对死亡非常恐惧，直到最后都拒绝接受现实。

在他的出生地的墙上有一块牌匾，上面部分内容写着："……20世纪最杰出的数学家之一。"和这一章节一样，我认为这远远不足以描述他。

冯·诺伊曼架构席卷计算领域。在20世纪40年代的最后几年里，一台又一台计算机开始投入使用。随着战争的结束，信息时代开始了。

1948年，使用威廉姆斯管(Williams tube)[2]存储器的曼彻斯特小宝贝(Manchester Baby)开始运行。1949年，使用水银延迟线存储器的EDSAC开始运行。莫奇利和埃克特离开大学创办了优尼瓦克公司(UNIVAC)。商业计算机行业开始蓬勃发展。

而且——正如我们将看到的——这确实是一场疯狂的竞赛。

参考文献

[1] Atomic Heritage Foundation. Computing and the Manhattan Project[EB/OL]. (2014-07-18) [2025-03-20]. https://ahf.nuclearmuseum.org/ahf/history/computing-and-manhattan-project.

[2] Beyer, Kurt W. Grace Hopper and the Invention of the Information Age[M].

---

1 参见术语表中的"蒙特卡罗分析"。

2 一种特殊的阴极射线管，可以使用电子束写入和读取电荷区域。

Massachusetts: MIT Press, 2009. (中文版：BEYER, KURT W. 格雷斯·霍珀与信息时代的发明[M]. 包艳丽，刘珍，陈菲，译. 北京：机械工业出版社，2010).

[3] Bhattacharya, Ananyo. The Man from the Future[M]. New York: W. W. Norton & Co., 2021.

[4] Brewster, Edwin Tenney. Natural Wonders Every Child Should Know[M]. New York: Doubleday, Doran & Co., 1912.

[5] Gilpin, Donald. The Extraordinary Legacy of Oswald Veblen[EB/OL]. (2025-03-20) [2025-03-20]. https://www.princetonmagazine.com/the-extraordinary-legacy-of-oswald-veblen.

[6] Gödel, Kurt. On Formally Undecidable Propositions of Principia Mathematica and Related Systems[M]. New York: Dover Publications, Inc., 1931. https://monoskop.org/images/9/93/Kurt_G%C3%B6del_On_Formally_Undecidable_Propositions_of_Principia_Mathematica_and_Related_Systems_1992.pdf.

[7] Hodges, Andrew. Alan Turing: The Enigma [M]. New York: Walker Publishing, 2000. (中文版：霍奇斯，安德鲁. 艾伦·图灵传：如谜的解谜者[M]. 孙天齐，译. 长沙：湖南科学技术出版社，2017).

[8] Kennefick, Daniel. Was Einstein the First to Discover General Relativity?[EB/OL]. (2020-03-09) [2025-03-20]. https://press.princeton.edu/ideas/was-einstein-the-first-to-discover-general-relativity.

[9] Lee Mortimer, Favell. Reading without Tears. Or, a Pleasant Mode of Learning to Read[M]. New York: Harper & Brothers, 1857.

[10] Lewis, N. Trinity by the Numbers: The Computing Effort That Made Trinity Possible[J]. Nuclear Technology, 2021, 207(S1): S176-S189. https://www.tandfonline.com/doi/full/10.1080/00295450.2021.1938487.

[11] Petzold, Charles. The Annotated Turing[M]. Hoboken: Wiley, 2008. (中文版：PETZOLD，CHARLES. 图灵的秘密[M]. 杨卫东，译. 北京：人民邮电出版社，2012).

[12] Todd, John. John von Neumann and the National Accounting Machine[EB/OL]. [2025-03-20]. https://archive.computerhistory.org/resources/access/text/2016/06/102724632-05-01-acc.pdf.

[13] Turing, A. M. On Computable Numbers, with an Application to the Entscheidungsproblem[J]. 1936. https://www.cs.virginia.edu/~robins/Turing_Paper_1936.pdf.

[14] Wikipedia. Alan Turing[EB/OL]. [2025-03-20]. https://en.wikipedia.org/wiki/Alan_Turing.

[15] Wikipedia. David Hilbert[EB/OL]. [2025-03-20]. https://en.wikipedia.org/wiki/David_Hilbert.

[16] Wikipedia. EDVAC[EB/OL]. [2025-03-20]. https://en.wikipedia.org/wiki/EDVAC.

[17] Wikipedia. John von Neumann[EB/OL]. [2025-03-20]. https://en.wikipedia.org/wiki/John_von_Neumann.

第 4 章

格蕾丝·霍珀：第一位软件工程师

格蕾丝·霍珀(Grace Hopper)进入计算机领域工作时，程序员们还在纸带上打孔——这些孔与驱动计算机执行程序的数字指令相对应。她在这项工作中的表现非常出色，并且逐渐意识到还有更好的方法。

这种更好的方法，她称之为自动编程，即通过一种更抽象的语言，让计算机自动生成数字指令，这种语言对程序员来说更加友好。她编写了第一个这样的程序，并称之为编译器。

说格蕾丝·霍珀是第一位"真正"的程序员并不夸张。在她之前，虽然也有人编写过程序，但正是霍珀首次确立了编程的规范[1]。因此，或许更准确地说，格蕾丝·霍珀是第一位真正的软件工程师。

她是第一位与顽固无知的管理者当面硬刚的程序员——不仅仅因为她是一名女性，更因为她是一名程序员。

她还经历过一段严重酗酒的时期，甚至一度考虑过自杀。幸运的是，在同事和朋友们的帮助下，她最终战胜了心魔。

她发明或做出过贡献的有注释、子程序、多进程、规范方法、调试、编译器、开源、用户组、管理信息系统等。

如今我们使用的许多标准术语，如地址、二进制、位、汇编器、编译器、断点、字符、代码、调试、编辑、字段、文件、浮点、流程图、输入、输出、跳转、键、循环、归一化、操作数、溢出、参数、补丁、程序和子程序，正是因为她的努力，这些才得以确立。

她的故事引人入胜，她在软件行业初期所取得的成就为行业奠定了坚实的基础，而几乎从来都没有人意识到这点。她是那位肩负着软件行业重担的巨人[2]——然而很少有程序员真正了解她的贡献。或许也可以说，要是没有她，软件行业肯定不是现在的

---

1 回顾一下，图灵呼吁有能力的数学家一直遵循适当规范。
2 原文为"Atlas"，即"阿特拉斯"。阿特拉斯(Atlas)是古希腊神话中的泰坦巨神之一。阿特拉斯因为参与泰坦之战败给了宙斯，被惩罚永远扛着天空(有些版本说是扛着地球)。——译者注

样子[1]。

4.1　军旅生涯：1944年夏天

格蕾丝·霍珀原名格蕾丝·布鲁斯特·默里(Grace Brewster Murray)，1906年12月9日出生于纽约市。7岁时，她就为了解工作原理而拆过闹钟。17岁时，她被瓦萨(Vassar)学院录取，最终获得数学和物理学学士学位，并以优异成绩毕业[2]。两年后，即1930年，她在耶鲁大学获得了硕士学位，当时还不到20岁。

同年，她与文森特·福斯特·霍珀(Vincent Foster Hopper)结婚。

随后，她继续在耶鲁深造，并于1934年成为该著名学府首位获得数学博士学位的女性。在攻读博士学位期间，她还在瓦萨学院教数学。1941年，她终于成为数学副教授。

在瓦萨学院讲授本科课程时，她创新性地引入了非欧几何和广义相对论的内容，这一做法引起了相当一部分守旧人士的愤怒。那些对她不满的资深教师试图压制她，但学生们的积极响应使他们的阻挠未能得逞，学生们纷纷选修她的课程，对她赞不绝口。他们认为她的课程很有启发性。

她热爱教育事业，并在许多年之后最终又回到教育领域。然而命运的安排在此刻改变了她的人生轨迹。

珍珠港事件和美国加入二战，促使36岁的格蕾丝·默里·霍珀(Grace Murray Hopper)辞去了瓦萨学院的全职职位，告别了结婚12年的丈夫，加入了海军。正是这一决定，意外推动她走上了成为第一位真正软件工程师的道路。

加入海军后，她以海军军官学校第一名的成绩毕业，并获得了少尉军衔。她在数学方面造诣很深，她本以为会被派去破译密码，从事通信工作。然而，她却受命被派往哈佛大学，担任ASCC(Automatic Sequence Controlled Calculator，自动顺序控制计算器)的副指挥官，同时是该计算机的第三位[3]程序员。ASCC是美国第一台计算机，或许也是世界上第二台计算机。

ASCC也被称为哈佛Mark I(Harvard Mark I)，是霍华德·艾肯(Howard Aiken)的杰作，他成功说服了[4]哈佛大学的教授们，并争取到海军的支持，允许他建造一台巨型计

　1　原文为"Atlas shrugged"，即"阿特拉斯耸了耸肩"。如果神话中的阿特拉斯真的耸耸肩，那么他扛着的天空就会倒塌。"阿特拉斯耸了耸肩"在英语中是一个典故，用来形容人物对某个体系的重大影响。此处是形容格蕾丝·霍珀在软件领域的重大作用。——译者注

　2　入选了 Phi Beta Kappa(译者注：Phi Beta Kappa 是美国最古老和最负盛名的学术荣誉学会之一，旨在表彰在自由艺术和科学教育领域表现卓越的学生)。

　3　另外两位是罗伯特·坎贝尔(Robert Campbell)和理查德·布洛赫(Richard Bloch)。稍后会详细介绍他们。

　4　见本章参考文献[2]，第78页。

算机器。艾肯向IBM提出了这个项目，托马斯·J. 沃森(Thomas J. Watson)[1]本人同意资助设计和建造。经过五年的努力，IBM交付了一台重达9445磅、高8英尺、宽3英尺、长51英尺的庞然大物[2]，它由75万个继电器、大量齿轮、凸轮、电机和计数器组成，并通过540英里长的电线连接。这台机器被安装在哈佛大学克鲁夫特[3]实验室的地下室。这个庞然大物有72个寄存器组成的存储器，每个寄存器由23位十进制数字组成。每个数字都是一个机电计数器，有0到9的10个位置。寄存器同时是加法器，使用了一种类似于巴贝奇螺旋进位臂的机电延迟进位机制。

Mark I由一台200转/分钟的电机驱动，可在300毫秒内将两个寄存器里的数相加。它还有一个独立的运算器，可在10秒内完成乘法，16秒内完成除法，90秒内完成对数运算。整个装置的控制方式类似于提花织布机(Jacquard's loom)，是通过打在3英寸宽的长纸带上的指令来控制的。

当时艾肯还未听说过巴贝奇的分析机，如果巴贝奇重生并看到这台机器的话，一定会感到与它有着深刻的联系。

这里是海军。Mark I是一艘船，霍华德·艾肯是这艘船的船长。他用海军的方式管理项目。所有人都穿着制服，遵守军事礼仪和规范。当时正值战争时期，他们都是那场战争中的战士。

艾肯不是一个容易相处的人，也并非所有人都欣赏他的军事指挥风格。雷克斯·西伯(Rex Seeber)就是其中之一。[4]西伯1944年加入团队时向艾肯申请休几天带薪年假。艾肯拒绝了这一请求，还对此感到不满。

从那以后，无论西伯如何努力，艾肯都无视他的建议和想法。战争结束后，西伯离开海军，在IBM找到了一份工作，设计并建造了一台机器，这台机器将使艾肯和Mark I相形见绌。

艾肯指挥官对海军安排一名女性军官格蕾丝·霍珀担任他的助手而感到失望。[5]1944年7月2日，当霍珀报到时，艾肯对她说的第一句话就是："你最近都去哪儿了？"[6]随后，他命令她用Mark I在一周之内计算反正切函数的插值系数，精确到小数点后23位。

于是在一周内，霍珀，这位曾说自己对计算机一无所知的女人，不得不为一台未曾想到过的机器编写程序。这台机器没有YouTube教程，甚至都没有纸质说明手册。艾肯的团队只给了她一本匆忙拼凑起来的笔记本，里面描述了指令代码。

1　托马斯·J. 沃森(Thomas J. Watson Sr.)，一位被定罪的白领罪犯，曾向纳粹德国出售设备以帮助火车准时运行。他是当时 IBM 的"上帝国王"(董事长兼首席执行官)。
2　要查看这台机器的精彩图片，请观看本章参考文献[3]的视频。
3　想想这一点。
4　罗伯特·雷克斯·西伯(Robert Rex Seeber)(1910—1969)。
5　见本章参考文献[2]，第39页。
6　见本章参考文献[2]，第39页。

Mark I通过在纸带上打孔来完成编程。纸带由水平行组成，每行有24个点位。每个点位可以打孔或不打孔。当然，这相当于24位——虽然当时他们不这样理解。

24位被分为三组，每组8位。前两组是输入和输出存储寄存器的二进制地址。第三组是要执行的操作。操作码0表示"加法"，因此0x131400指令表示寄存器0x13中的数字与寄存器0x14中的数字相加。

但他们并不是这样写的，而是写成：|521|53||。仔细分析一下，你可能就会明白。

明白了吗？没有？下面这个可能会有帮助。纸带上的孔应该是这样的，如图4-1所示。

```
| | |o| | |o|o| | | |o| |o| | | | | | | | | |
 8 7 6 5 4 3 2 1 8 7 6 5 4 3 2 1 8 7 6 5 4 3 2 1
      1         3        1     4        0        0
```

图 4-1

现在你看到了，对吧？你是不是已经在尖叫了？图4-2显示了纸带。

图 4-2

因此，霍珀的任务其实就是打出一条纸带，上面的孔能正确排列，使得最终计算出所有这些反正切函数的插值系数。可以使用加法、减法、乘法、除法和打印指令。没有循环，也没有分支指令。这条纸带就是一条长长的、线性的指令列表，这些指令依次计算所有系数：一串单循环的指令，通过手工打孔的方式输入长纸带中。

关键是，每个孔都必须打对。

为什么他们使用像|521|53||这样的代码？因为打孔机有一个键盘，有三排八个按钮，标记为87654321，他们依次按下相应的键，然后将纸带移到下一行。[1]

你是不是已经抓狂了？好吧，别急！

Mark I几乎没有空闲的时候。军方有很多任务需要艾肯团队完成。他们必须打印出各种火炮和海军舰炮的射击表、导航表和对各种钢合金的分析结果。任务堆积如山，艾肯指挥官不允许出现任何延误。战争正在进行，任务必须完成。

因此，在给她的一周时间里，她设法与其他两位程序员短暂交流，帮助她学习一些基本操作。她还设法在更重要的运行任务之间偷偷运行她的程序。

她成功地完成了第一个任务。这并不是她最后一次成功——远远不是。

1　实际上，键盘上有两组24个按钮的阵列，因为机器同时在磁带上打两行孔。参见《自动顺序控制计算器操作手册》(1946年)第45页及后续内容，可参考"电子脚注"中列出的网页。

4.2 规范：1944—1945年

霍珀与她的团队成员理查德·布洛赫(Richard Bloch)和罗伯特·坎贝尔(Robert Campbell)深入研究了那台机器的内部工作原理。这一过程让他们发现了一些令人尴尬的事实。例如，艾肯花费大量的资金和精力构建了自动对数和三角函数的硬件。然而，团队很快意识到，硬件处理这些函数所需的200个机器周期，比通过简单的加法和乘法进行插值所花费的时间还长。因此，这些昂贵的设备很少被使用。

这台机器的另一个特点是，乘法的结果会根据插接板设置向右移动一定数量的小数位。这样做是为了自动处理任何程序中的小数点位置。稍微思考一下，你就会明白为什么这是必要的[1]。

还有一个特点是，减法是通过自动对减数取9补码，然后加上被减数来实现的。9补码加法使得0有两种表示方式。一种是所有位都为0，叫"正零"。另一种是所有位都为9，叫"负零"。[2]

此外，在长时间的数学运算过程中，还可能出现舍入误差和截断误差。

为了更有效地计算，霍珀和她的团队建立了一系列规范，各种优化、技巧和奇怪的招数都成为"规范"的一部分。这些是他们每个人都要遵循的"墙上的规则"。

与此同时，海军需要计算的问题越积越多。三位程序员需要一种能快速高效地解决问题的方法。为了强调这一点，艾肯指挥官的办公室就设在机器旁边，一旦他听到机器停止运行或发出异常的噪声，就会大发雷霆。

编程和操作这台机器的任务非常繁重，他们采用了分工合作方式。团队招募了一些现役水兵，负责机器的日常操作，而三位程序员则编写代码，为特定问题制作操作指令。

这些操作指令才是真正的程序——而且它们非常密集。它们代表了人类和机器之间的共生关系，共同执行一个算法。工作原理是这样的：

> 大多数指令的第7位是"继续"位。如果设置为1，则机器将继续执行下一条指令；如果为0，则机器将停止。然而，指令64只有在涉及寄存器72最后的计算结果没有溢出时才会停止机器。该团队利用这些停止机制将程序分成一系列批次，以指导操作员的操作。团队会将说明写在纸带上，更多是写在纸上，告诉操作员当机器停止时该做什么。

---

1 免得需要人每次手动数小数点位置。——译者注
2 这个计算方法参见下例：计算82-57。①57的9的补数是：99-57 = 42。②82 + 42 = 124。③去掉最高位1，保留24。④24+1 = 25。这就是最终结果。当加法结果超过10的单位时，要通过去掉最高位并加1来得到正确的减法结果。这种设计让早期计算机能用加法电路来完成减法运算，避免了专门制作减法电路的复杂性。——译者注

如果程序中有循环，[1]机器就会在每次迭代结束时停止，操作员按指示检查退出条件，如果没有满足，则将纸带倒回到循环的开始位置，通常纸带上会有标记。退出条件由操作员检查一个或多个存储寄存器来确定。

如果程序需要进行条件操作，当条件准备好供操作员评估时，机器就会停止，操作指令会告诉操作员如何重新定位纸带，或者加载一卷全新的纸带。

所以，操作员执行程序中的循环和条件操作，而机器只执行顺序的数学指令。

操作员让这台机器全天候运行，程序员也全天候待命。这是一项艰巨的工作——但这是一场战争。

你愿意成为那些操作员之一吗？他们的操作就是加载纸带、等待机器停止、阅读指令、在51英尺长的机器周围来回跑、检查寄存器，以及决定如何移动纸带。

更严峻的考验是，你愿意成为霍珀编程团队中的一员吗？他们需要将复杂的数学问题转化为纸带上的孔洞序列和复杂的操作指令，并希望这些指令足够清晰，能够让疲惫不堪的操作员完美地理解。

好吧，先别急着回答。如果你正在解决一个问题，而72个23位的存储单元不够用，怎么办？如果你需要从打孔卡片读取多组数据，对每组数据进行操作，然后将中间结果打孔到其他卡片上，以便在计算的下一阶段读取，怎么办？

最终会被打孔到纸带上的指令序列，首先会用铅笔写在编码表上。写在编码表上的代码是数字的。符号表示的概念还有好几年才会出现。为使这个无穷无尽的三列数字列表更易于理解，霍珀制定了注释规范，并在编码表上为这些注释添加了一列。

一旦编码并检查完毕，再由另一位程序员复查后，这些编码表就会被打孔到纸带上。

打孔过程极其烦琐。每个孔都必须正确无误。每个孔都必须经过检查。因此，整个过程极其耗时。

当然，程序员自己没有时间在指令纸带上打孔，而是指派助手用打孔设备将编码表转换到纸带上。

霍珀掌管整个过程，她指派一个团队负责打孔，另一个团队负责检查打孔是否正确。管理数据带和卡片的方式也类似。

一旦完成纸带打孔，写好操作指令，就到"测试"程序的时候了。测试采用小样本以小规模方式运行。通常并不顺利。机器可能会停止、卡住、胡乱打印，或者崩溃。"崩溃"这个词源自霍珀，她说某些故障模式所发出的声音，就像飞机撞上大楼一样。

测试开始前，操作员会先拿出一块伊斯兰祈祷毯，朝着东方祈祷，祈求测试能顺利进行，然后才开始运行测试。如果出现任何问题，就会记下72个寄存器的值，标注

---

[1] 偶尔，磁带的两端会连接起来形成一个环，但这种情况很少见。

纸带出错的位置，然后将这份"转储"(dump)数据发回给程序员，让他们诊断问题并提出修复方案。

机器本身也容易出现机械故障。这些故障往往非常微妙。接触点会腐蚀，电刷会弯曲，有时甚至会有真正的虫子卡在机器里[1]。最好的诊断工具之一就是霍珀的化妆镜，用来检查难以看到的接触点和机械装置。

无论软件还是硬件问题，最简单的诊断方法就是听机器运行时的声音。当计数器递增或离合器啮合时，都可以听到相应的声音。熟悉机器内部工作原理的操作员或程序员，能够检测出某个时间点发出的声音是否正常，以及某种声音是否出现在正确的时间点。

如果测试有了输出结果，则必须用台式计算器进行手工检查。这个过程既耗时又容易出错。因此，霍珀制定了一项规范，使用机器来检查自身[2]。他们会编写指令序列检查输出，这个速度比人类更快。

一旦程序开始正式运行，最终的输出通常只是一长串打印在电传打字机上的数字。需要有人对打印输出进行解释，将其转化为其他人可以阅读的报告和文档。霍珀学会了如何使用机器计算页码和列数，以及如何添加空格和换行符来格式化输出，以减轻工作人员的负担，降低出错概率。开始时，艾肯指挥官对她花费时间在格式化问题上感到很愤怒，但最终她还是说服了他：格式化节省了时间，并防止了返工。

机器速度慢得令人难以置信。运行程序可能需要数天甚至数周。于是，霍珀和她的团队发明了流水线技术和多任务处理。例如，乘法器得出一个结果需要10秒。在此期间，机器可以执行30条指令。团队找到了利用这些间隔周期的方法，即在运行慢速操作的同时准备处理下一阶段的问题。

当然，这使程序变得更复杂。现在他们有多个进程在运行，必须非常小心地计算周期，确保指令不会相互干扰。

更棘手的是，一些长时间运行的操作会在特定时间使用总线进行处理。因此，程序员必须仔细安排介入指令的时间，以避免总线冲突。

尽管这些工作复杂，而且伴随风险，但这些努力最终使吞吐量提高了多达36%。当一个程序的运行需要三周时，这是一个相当显著的改进。

与此同时，任务从未停止，所有任务都必须在前一日完成。甚至还有一部直通华盛顿特区军械局的特殊电话。当这部电话响起时，通常意味着计划需要提前执行，截止日期需要往前挪。

工作如此繁重，以至于团队经常错过用餐时间，不得不在深夜四处寻找食物。因此，霍珀在办公室里储备了食物，还征募了一名水手每周进行一次食物补充。

这就是霍珀和团队当时所处的环境，一个24×7小时待命、地狱般的战时世界。

---

1 bug一词即来源于此。——译者注
2 预示了测试驱动开发(TDD)。

幸运的是，他们发展并维护了适当的规范，使自己"不会迷失方向"。他们能够让机器保持95%的正常运行时间，持续进行高效工作。

由于霍珀能得力地组织团队和维护适当规范，艾肯指挥官最终将整个Mark I操作的指挥权交给了她。

4.3　子程序：1944—1946年

分配给Mark I的工作本质上是数学任务，数据密度极高。它的任务包括为舰船和陆地火炮创建射击表，为航海日期和位置创建航海表，以及其他大量类似的工作。当然，这意味着这些问题有许多子任务是相同的。

起初，团队只是将代码片段作为未来问题的参考材料放在一边。他们将这些片段(即例程)保存在各自的工程笔记本中。但随着时间的推移，他们意识到这些例程几乎可以逐字重复使用，于是他们将这些例程汇集成一个库。

虽然这些例程操作的都是Mark I中的寄存器，但在不同的程序中，这些例程需要操作的可能就是不同的寄存器。例如，一个计算2sin(x)的程序片段需要知道x存储在哪个寄存器中。在一个程序中它可能是寄存器31，而在另一个程序中可能是寄存器42。因此，团队采用了将库程序中的寄存器基于零的约定。这样，当他们将程序复制到另一个程序中时，只需要将程序中使用的实际寄存器基地址添加到程序中的"可重定位"地址。他们将这种编码方式称为"相对编码"。

当然，所有这些复制和添加工作都是手工在编码表上完成的。尽管如此，还是节省了大量时间。霍珀开始将程序视为这些例程的集合，并通过我们今天称之为"胶水代码"的额外代码连接在一起。

尽管他们创建了庞大的子程序库，但操作上的限制令人沮丧。循环要么通过停止和重新定位来完成，要么通过在纸带上重复相同的代码段来实现。循环和条件语句带来的操作工作量几乎让人难以承受。在战争期间，当约翰·冯·诺伊曼要求团队计算描述原子弹钚芯内爆的微分方程的结果时，情况变得一发不可收拾。

这个问题需要数百次操作员的干预和操作，仅仅是为了处理问题的循环和条件语句。最终，计算成功了。但包括冯·诺伊曼在内的所有人都意识到，必须找到更好的方法。

于是，1946年夏天，霍珀的助手理查德·布洛赫开始研究硬件，使Mark I能够从多达十个不同的纸带阅读器中读取数据。添加了从一个阅读器切换到另一个阅读器的指令，并允许在新阅读器中执行例程。这些额外阅读器中的纸带是"相对的"，Mark I负责重新定位寄存器地址。因此，实现了一个在线可重定位的子程序库。

而霍珀还预见到更深层的东西。她将每个例程视为可由程序员指定的新命令，而程序员不必考虑这些命令中的实际代码。"编译器"的想法开始在她的脑海中萌芽。

4.4　研讨会：1947年

战争时期，强制的安全和保密要求使得研究和操作计算机的各个团队之间无法进行交流。战争期间，ENIAC团队和Mark I团队彼此并不知晓对方的存在。他们之间唯一的联系中介是约翰·冯·诺伊曼(John von Neumann)，而诺伊曼严格遵守规定，对自己的计划守口如瓶。

战争结束后，随着保密面纱的揭开，这些与计算机相关的小团体相互间开始了交流。

此时的艾肯，已将注意力从战时操作转到了宣传和公共关系上。他自视为查尔斯·巴贝奇思想的传人，并将霍珀视为他的"跟班"。而霍珀仍然渴望获得艾肯的认可，因此她承担了为来访贵宾做巡回演讲的角色。她很擅长演讲，是一个天生的教育家，一个鼓舞人心的演讲者。这些巡回演讲非常受欢迎。

艾肯看到他的哈佛团队在计算机领域引领潮流的机会。于是，他邀请学术界、商业界和军方的研究人员和感兴趣的人士参加一个名为"大规模数字计算机械(Large Scale Digital Calculating Machinery)"的研讨会。与会者包括来自麻省理工学院、普林斯顿大学、通用电气、NCR、IBM和海军的代表。艾肯甚至邀请了查尔斯·巴贝奇的孙子发表演讲，以此增强他与巴贝奇的关联。

艾肯喜欢被视为巴贝奇的"思想传人"，巴贝奇曾在剑桥大学担任卢卡斯数学教授——这一职位也曾由艾萨克·牛顿担任。不过霍珀后来指出，艾肯其实是在Mark I投入运行后很久才了解到巴贝奇的，因此他的发明并非受到巴贝奇的启发。

艾肯向与会者介绍了Mark I，并声称设计与实现都是他的功劳，完全没有提到IBM。出席会议的托马斯·J.沃森(Thomas J. Watson)对此怒不可遏——毕竟，正是IBM设计、建造并资助了这个项目。因此，沃森策划了他的报复行动[1]。

尽管有这些争议，研讨会还是取得了巨大的成功。Mark I被展示出来，布洛赫还谈了支持多个子程序和分支的硬件。不过，这次研讨会的真正主题是——存储器。

ENIAC团队已经证明，使用真空管的电子计算机可以持续运行，并且比Mark I快至少5000倍。冯·诺伊曼指出，ENIAC的问题在于，其设置时间比Mark I的编程和执行时间还要长。

ENIAC的编程方式与Mark I不同。它不是通过执行一系列指令来编程的，而是像当时的模拟计算机一样，通过电线和插接板进行编程。这严重限制了ENIAC在每次运行中所能做的事情，在每次运行之间都需要重新配置，而且配置时间较长。

像冯·诺伊曼"内爆"计算这样规模的问题，在ENIAC上所花的时间要比在Mark I上更长。

1　见第5章参考文献[8]，第30页。

即便ENIAC配备Mark I那种纸带阅读器，由于机器的计算速度远超过纸带阅读器读取指令的速度，在指令之间，机器也只能静等100毫秒或更长时间，最终使其也只比Mark I略快一点。

解决方案显而易见。冯·诺伊曼在1945年6月的"EDVAC报告草案"(First Draft of a Report on EDVAC)中描述了这一解决方案。程序必须保存在与计算机本身一样快的存储器中。由于计算机必须利用存储器来存储值，那么同样的存储器也可以存储程序。

但是，应该用什么样的存储器呢？有人认为，可以用水银声波来存储；其他人认为磁鼓或静电鼓是最好的存储器。甚至还讨论过阴极射线管和照相式存储。

尽管有这些高层次的讨论和深入审议，但真正的"会议"却是在深夜酒吧里进行的。关于那些在酒精刺激下的交流，霍珀说："我觉得我们谁都没有停止过交谈。每个人都熬夜谈论各种事情。这就是一场持续不断的对话。"[1]

这些非正式会谈的大部分内容都与计算机的潜在用途有关。讨论的内容包括自动化指挥与控制、航空学、医学、保险及各种商业和社会应用，还涉及从哪里能找到需要的所有程序员。

艾肯并不认同这些存储器和速度的争论。他认为电子设备的速度是冗余的，计算机的未来在于机电系统。于是，战争期间在他手下工作的人，以及战后在他指导下工作的人，都一个接一个地离开，去寻找更好的机会。

出于对艾肯的忠诚，霍珀又留了一年左右。但形势已经很明显，当时有几家公司正在建造存储程序的计算机，其中许多公司向她提供高薪职位。她还收到过像海军研究办公室这样高知名度机构的邀约。

1949年夏天，她在一家名为埃克特-莫奇利计算机公司(EMCC)的初创公司找到了工作，该公司由ENIAC的两位发明者创立。他们的目标是建造通用自动计算机(UNIVersal Automatic Computer，UNIVAC)。

4.5　UNIVAC：1949—1951年

当霍珀加入EMCC时，UNIVAC尚未问世。距离UNIVAC的诞生还有一年多的时间。不过，当时他们确实在生产一种较小版本的UNIVAC，称为BINAC。EMCC正在为诺斯洛普(Northrup)航空公司制造BINAC。BINAC是一种二进制机器，而UNIVAC则是一台十进制机器。

UNIVAC I由6000多个真空管组成，重量超过7吨，每小时耗电量为125千瓦。它有1000个字(72位)[2]存储在水银延迟线中，这些延迟线必须保持在104°F(40°C)的恒定温度下。每个字可以存储两条指令，或者存储一个12字符的值。每个字符为6

1　见本章参考文献[2]，第154页。
2　留意一下，数字72在什么场景下会频繁出现，你可能会十分惊讶。

60

位，且为字母数字。如果一个字的12个字符都是数字字符，则该字存储一个数值。

装配车间里布满数千个发热的真空管和104°F的水银罐，又没有安装空调，十分燥热，以至于UNIVAC的工人们经常需要往自己身上泼水降温。

水银延迟线是利用水银管中传播的声波来存储比特。扬声器在一端存入比特，麦克风在另一端取回比特。因此，存储器就是一个回旋的比特序列，取数时间取决于回旋延迟的平均值。这使得UNIVAC每秒可以执行多达1905条指令。

算术单元有四个寄存器：rA、rX、rL和rF。每个寄存器可以存储一个字，用于保存算术操作的操作数和结果。该机器可在525微秒内完成两个12位数字的相加，在2150微秒内完成相乘。

十进制数采用XS-3编码，即BCD(二进制编码的十进制)加3。是的，你没看错。因此，$0=0011_2$，$1=0100_2$，$5=1000_2$，以此类推。为什么是XS-3编码？嗯，因为UNIVAC I的减法是通过加上减数的"9补码"实现的，而在XS-3编码下简单取反每一位就能非常容易地取到该数的"9补码"[1]。试一下，你就明白了。

这带来了一个小问题，即每次加法的结果都比实际值大3，因此UNIVAC必须有电路在每次加法操作后自动减去3。(关于这个问题不要再追问了；你会疯掉的。)

你可能认为1000个字做不了太多事，你说对了。因此，UNIVAC I还配备了一组磁带驱动器，他们称之为UNISERVO。这些驱动器的磁带容量为200万个字符(一个字符为6位——那时还没有字节的概念)。传输速率为每秒1200个字符，以60个字的块为单位。

该公司聘用霍珀是因为她具有丰富的编程和管理经验。当然，这是一家初创公司，在初创公司，每个人都要做所有事。她很快就开始与贝蒂·斯奈德(Betty Snyder)[2]合作，斯奈德是ENIAC的初始程序员之一。斯奈德向霍珀介绍了用流程图规划程序控制的方法。

之所以使用流程图，是因为在计算机中，程序的流程会变得非常复杂。尤其是程序修改自己指令的时候。在UNIVAC上编程时，这种自我修改是必要的，因为该机器没有间接寻址[3]。

换句话说，没办法引用指针，必须修改指令中的地址。没有间接寻址，程序连续读取一系列字的唯一方法就是在读取字的指令中递增地址。因此，程序员的大部分精力都耗费在管理这些修改过的指令上。

UNIVAC I的代码以半助记符的形式写在编码表上。指令是6个字符(36位)宽。前两个字符是操作码，后三个字符是被解释为十进制数字的存储地址。第三个字符未使

1　注意，该补码仍然是 XS-3 编码。比如，1的9补码是8。过程：①1的XS-3编码是 0100_2。②$0100\_2$每位取反就是1011_2。③而8的XS-3 编码就是1011_2。——译者注

2　Frances Elizabeth Snyder Holberton(1917—2001)。

3　换句话说，无法取消引用指针，只能修改指令中的地址。

用，通常设置为字符0。在大多数指令中，第二个指令字符也是0。

因此，指令形式为II0AAA(I代表指令，A代表地址)。由于字存储的是字符，意味着操作码可以用作具有一定意义的助记符。比如，指令B00324是指处理器将地址324的内容存入rA和rX。指令H00926是指处理器将rA的值存储在位置926。指令C00123将寄存器rA的值存储到位置123，然后清除rA。

A代表加法，S代表减法，M代表乘法，D代表除法，U代表无条件跳转。当然，正如每个优秀的Emacs用户所知道的，用不了多久你就会用完所有有意义的字母。J代表存储rX，X代表将rX加到rA(地址忽略)，5会打印引用字中的12个字符，9用于停止机器。当然，还有许多其他指令。

程序员会在编码表上写下指令，而且是成对写，你可能还记得前面所提到的，每个字中有两条指令。

```
B00882      Bring 882 into rA
    A00883  Add 883 to rA
A00884      Add 884 to rA
    A00885  Add 885 to rA
H00886      Hold rA in 886
    900000  Halt
```

图 4-3

因此，一个将882、883、884和885的内容相加并将总和存储在886中的程序看起来可能如图4-3所示。

机器的内部周期带来了相当多的复杂性。例如，某些指令必须从字的第一个位置执行。因此，指令0被称为跳过(今天我们称之为nop)，它什么都不做，并且允许程序员在需要时对齐指令。跳转指令总是将控制转移到引用字的第一个指令，因此使用跳过对齐循环和条件非常重要。

例如，这是编程手册的摘录。看看你是否能理解它。~是跳过的传统符号。如图4-4所示。

```
000   500003
001   B00000
              A00005
002   C00000
              U00000
003   ∆∆ELEC
              TRONIC
004   ∆COMPU
              TER.∆∆     } Constants [1]
005   000001
              900000
```

The execution of this coding will print:

ELECTRONIC COMPUTER.

and stop the computer.

图 4-4

好吧，我来帮你。500003打印行号3的内容，即字符串"ELECTRONIC"[2]。然

---

1 程序格式，左侧为行号，右侧两列都是指令。——译者注
2 那时候程序中不使用小写字母。

后，~跳过。B00000将行号0的内容，即500003指令，存入rA。然后，A00005将行号5的内容，即000001900000，加到rA，使其现在具有值500004900000。该值随后由C00000指令存回行号0。最后，U00000指令无条件跳转到行号0。现在行号0的第一个指令是500004，它打印字符串"COMPUTER"，然后执行行号0后半部分的900000指令，停止机器。

明白了吗？你理解为什么需要跳过吗？你害怕了吗？你应该害怕[1]。

无论如何，这就是霍珀和斯奈德所面临的情况，这也是为什么他们绝对需要流程图的帮助。关于斯奈德的帮助，霍珀说："她……让我从另一个维度思考，因为你看，Mark [I]程序都是线性的。"[2]

刚刚在上面向你展示的UNIVAC I语言，被大家亲切地称为C-10语言。指令字是在控制台上输入的，然后会被写入到磁带上。之后，磁带被读入UNIVAC I计算机中并执行。现在可以将C-10语言视作一种非常原始的汇编语言，尽管当时并没有将源代码转换为二进制代码的汇编程序。UNIVAC I计算机通常是每个字存储12个字母数字字符，所以源代码和二进制代码是一样的。

助记码和十进制地址的使用对霍珀产生了深远的影响。用A表示加法，而不是记住并写下Mark I使用的数字代码，使得编程变得容易得多。她说："我感觉自己获得了世界上所有的自由和乐趣；指令代码是美丽的。"[3]

不知道你是否认为上面的代码是美丽的。如果你真这么认为，可能需要去看看医生。但不难理解为什么霍珀从Mark I的极端严格中走出来后会这么想。

学习了流程图和C-10后，霍珀也变成了程序员团队的管理者，为未来的UNIVAC I编写可用的子程序和应用程序库。她在Mark I积累的子程序库和相对寻址策略经验，正好派上了用场。现在不仅仅是72个寄存器的地址需要管理；还包括1000个字，其中包括指令本身的地址。确保所有子程序采用相对寻址方式，对于保持头脑清醒和工作的条理清晰是绝对必要的。

记住，这些子程序是由程序员手动复制到代码中的。所有相对寻址都必须手动解析。

BINAC机器可用于测试其中一些子程序，但它是一台非常不同的机器，有512个30位的字，并且所有数学运算都是二进制的。30位的字不是组织成6位的字母数字字符，因此指令是数字代码而不是字母数字助记符。

尽管如此，霍珀的团队会编写C-10子程序，然后将它们翻译成BINAC并在那里进行测试。

当然，BINAC机器仍在生产中。我怀疑他们是否能立即使用它，可能需要与其他所有试图让机器准备好运往诺斯罗普的人协商"机器使用时间"。运送机器可能比测

---

[1] 我在模仿尤达大师。
[2] 见本章参考文献[2]，第193页。
[3] 见本章参考文献[2]，第194页。

试一年后才应用的子程序库优先级更高。

然而，为UNIVAC I准备这个库的巨大工作量使霍珀确信人手严重不足，那里根本没有足够的优秀程序员[1]。因此，她决定培养程序员。

霍珀和毛赫利一起创建了能力测试。他们同意了12个理想特征和3个必要的特征，这些特征可使一个人成为优秀的程序员。这些包括创造力和仔细推理等显而易见的特质。他们开始慢慢地培训人员，并让他们加入团队中。

4.6 排序与编译器的起源

与此同时，贝蒂·斯奈德取得了一项突破性进展。当时，IBM的销售人员向业界宣称，计算机无法对磁带上的记录进行排序，因为磁带上的内容无法像卡片那样移动。于是，斯奈德编写了第一个能够在磁带上对记录进行归并排序的程序。

她在地板上对卡片进行排序，然后根据这些操作的要求，管理那些连接在UNIVAC I上的UNISERVO磁带机，最终得出了这个算法。[2]

随后，她萌生了一个具有深远意义的想法。排序是参数驱动的。如果要对一批记录进行排序，就需要知道包含排序键的字段的位置和大小，以及排序方向。因此，斯奈德编写了一个程序，该程序可以接收这些参数，然后(注意了……注意了……)生成一个能够对这些记录进行排序的程序。

没错，各位，她编写了第一个基于参数生成另一个程序的程序。从某种意义上说，这是有史以来第一个编译器，将排序参数编译成一个排序程序。

这启发了霍珀。

4.7 酗酒：大约1949年

1949年前后的那几年对霍珀来说十分艰难。她，一位中年女性，抛下了包括家庭在内的一切，投身到一家风险颇高的初创公司，而且是全新且不稳定的领域。这家名为EMCC的初创公司经营状况不佳。财务状况充其量只能说是勉强维持，破产的阴影始终挥之不去。合同款项支付延迟，资金严重不足。EMCC在建造UNIVAC计算机时，实际成本超过预算至少三倍。

最终，该公司被雷明顿·兰德(Remington Rand)以极低的价格收购。雷明顿·兰德的高级研究主管莱斯利·格罗夫斯(Leslie Groves)[3]认为整个项目未经证实且不可靠。

---

[1] 正如图灵所说的，有能力的数学家。

[2] 她实际上是在BINAC上首先实现了这一点。

[3] 是的，就是那个Leslie Groves。你知道的：负责曼哈顿计划的那位将军。

压力让霍珀不堪重负，她旧病复发，严重酗酒。这位耶鲁大学首位获得数学博士学位的女性、最早的女性海军军官之一，以及计算机编程领域富有天赋的先驱和高级管理人员，竟沦落到在办公室四处藏酒的地步。

她的酒瘾根本藏不住。办公室里、朋友和熟人之间都在悄悄传言她"酗酒"。事实上，有时她酗酒的情况非常严重，身体极度虚弱，不得不央求朋友陪在身边，直到她恢复过来。

1949年，寒冬来临之际，她因在公共场合醉酒闹事而被捕。她被送进了费城综合医院，最终被交由一位朋友监管。她甚至一度想过自杀。

接管监管她的朋友埃德蒙·伯克利(Edmund Berkeley)给霍珀写了一封公开的劝诫信。他把信发给了她的一些朋友，也发给了她的老板约翰·莫奇利(John Mauchly)。在信中，他写道：

"我和很多人都非常清楚你拥有多么出色的智商和情感天赋。即便你只有70%的时间能正常发挥……我也能在脑海中想象出，如果你能把另外浪费掉的30%的时间利用起来，能取得多么了不起的成就……"[1]

4.8 编译器：1951—1952年

如何向一个对计算机一无所知的人推销计算机？如何说服他们花费数百万美元购买一台设备，之后再花数百万美元聘请程序员，然后让这台设备运转起来呢？而且，他们最初又该到哪里去找那些高智商的程序员呢？

如果你跟上了我在上一节中对C-10语言的讨论，可能就会明白问题所在。使用那种语言编程需要"大量有能力的数学家"，而这样的人可不是随处可见的。

尽管如此，潜在的客户还是很多。到1950年，人人都能看到这些机器的强大功能和益处，但没人知道该如何使用它们。这其中包括刚收购了EMCC的雷明顿·兰德公司的销售人员。那些销售员对这些机器一无所知，甚至都不愿向客户提及它们。

有一位客户说，要让UNIVAC的销售人员跟他交谈，唯一的办法就是带他出去请他喝一杯。[2]

更糟糕的是，每做成一笔销售，霍珀的团队就会被抽调人手去帮助新客户编写他们所需的程序。

没人意识到为这些机器的客户提供支持需要付出多少人力。霍珀自己也经常被要求花时间与客户交流，指导他们掌握方法以编写能正常运行的软件。

在她仅有的闲暇时间里，贝蒂·斯奈德的排序生成器一直在她脑海中萦绕。如果一个程序能根据一组参数生成另一个程序，那么是否存在一组更通用的参数，能让程

---
1 见本章参考文献[2]，第207页。
2 见本章参考文献[2]，第217页。

序从中生成其他程序呢？能不能教会计算机自动生成程序呢？

1952年5月，她向美国计算机协会(ACM)[1]提交了一篇论文。论文标题为"计算机的教育"(The Education of a Computer)，文中创造了"自动编程"这个术语。自动编程是指利用计算机将高级语言翻译成可执行代码。或者换句话说，这就是我们如今都在做的事。我们都是自动程序员。

在这篇论文中，霍珀阐述了这个想法。她写道："目前的目标是尽可能用电子数字计算机取代人类大脑。"这句话对听众来说并不意外，对我们来说也不应意外。我们都在使用计算机来取代人类大脑的工作——不过，也许取代这个词并不准确，用减负可能更合适。

我们都使用计算机把自己从枯燥、重复性的脑力劳动中解放出来。谁会想在没有计算器的帮助下手动计算两个六位数的乘法呢？

但在论文中，霍珀将这个想法进一步深化。她说计算机把数学家从算术运算的苦海中解救出来，却让他们陷入编写程序的沼泽中。虽然一开始这可能很有挑战性，但新鲜感一过，就会沦为编写和检查程序的枯燥工作。

接着她又说："常识告诉我们，程序员应该回归数学家的角色。"她表示，只要为数学家提供一份"子程序目录"，让他们可以简单地将这些子程序组合起来解决手头的问题，这一点就能实现(几个月后，她将这种组合式的说明称为伪代码)。她还说，计算机随后可以执行一个"编译程序"，将数学家指定的子程序组合起来，生成数学家想要的程序。她将这称为"A类编译程序"。

然后，她让所有人都大吃一惊，提出显然还可以有B类编译程序，它能将更高级别的说明编译成A类程序。接着还可以有C类编译器，生成B类代码。

她思如泉涌。

在1952年的那篇论文里，她描绘了计算机语言的整个未来发展蓝图。

如果读过她的论文，就会发现她对A类编译器的设想标准并不高。"数学家"需要用数字代码指定子程序，还需要正确安排参数和输出。你我可能仍然会觉得这是编程的苦差事。但对她以及当时的程序员来说，这具有革命性意义。她谈到程序编写时间可从数周缩短至数小时。

4.9　A类编译器

于是，霍珀和她的团队开始了A类编译器0版本的开发工作：A-0。几个月后，投入运行。

她进行了一次时间对比实验，比较了一位使用A-0的程序员和一组经验丰富的程序员直接编写C-10代码的情况。问题是为简单数学函数y=exp(-x)*sin(x/2)生成

---

[1] 美国计算机协会，一个她几年前帮助成立并领导的组织。

使用原始C-10代码需要三位程序员工作超过14.5小时(约44人时)。而使用A-0，一位程序员在48.5分钟内就完成了任务。效率提升了50倍以上！

你可能会认为这样的对比会让人们争相投资霍珀，获取A-0的副本。但事实并非如此。原因有两个。

首先，A-0生成的程序比原始C-10程序慢了约30%。虽然看起来不多，但在当时，计算机时间每小时租金高达数百美元，每个人都希望执行速度尽可能快。请记住，那时计算机的时间成本至少是程序员时间成本的十倍。

当成本分析考虑到程序的整个生命周期时，结果表明，雇用一个编程团队来编写原始C-10代码比雇用一个程序员编写A-0更便宜。

其次，程序员担心像A-0这样的编译器可能会让他们失业。如果只需要1/50的程序员数量，那么会有很多程序员失业。

但霍珀并未就此止步。在接下来的几个月里，她和她的团队开发出了A-1，然后又有了A-2。这些改进使得伪代码(即源代码)更易于使用，也没那么烦琐了——尽管在我们看来，它仍然显得极其原始。这种语言使用字母数字形式的"调用编号"来指代子程序，且仍然遵循C-10语言每个字12个字符的格式。就好像她把A类编译器仅看作一台执行指令的机器——一种改进版的UNIVAC-I，而不是一门真正的语言。

例如，APN000006012表示将位置0中的值提升到位置6中的幂次，然后将结果存储在位置12中。APN代表什么呢？我认为它代表"算术-幂次-N"(Arithmetic-Power-N)。同样，AAO代表"算术加法"(Arithmetic-Add)，ASO代表"算术减法"(Arithmetic-Subtract)，我估计你能猜到AMO和ADO的含义。所有这些都是三地址指令，格式为IIIAAABBBCCC。其中III是指令代码，而AAA、BBB和CCC是内存地址。[1] 一般来说，运算会涉及AAA和BBB，并将结果存储在CCC中。

诸如此类的指令还有很多。TSO、TCO、TTO和TAT是分别对应正弦、余弦、正切和反正切的三角函数指令。HSO、HCO和HTO是双曲三角函数指令。SQR是平方根指令，LAU是对数指令，等等。

在霍珀看来，这是一项突破性进展，属于前沿成果。她将那些花费了她数月甚至数年时间创建的子程序调用，在极短时间内编译成了简短而有效的程序。

看看你编写的代码，会发现它在很大程度上，不过是一系列函数调用的集合，这些函数会调用其他函数，而其他函数又会调用更多的函数。我们现在所熟知的函数调用树的概念，在当时还没有被构想出来；但它的出现也为时不远了。

---

[1] 当时还没有人想到要给变量命名——即便有人想到，存储代价也过高。

4.10 编程语言：1953—1956年

就在这个时候，霍珀开始看到了新的可能性。她意识到，伪代码并不一定非得与计算机硬件相关联。

没必要一直受限于UNIVAC-I计算机一个字12个字符的格式。她还意识到，不同的使用场景需要不同的符号体系。虽然sin和cos对于数学家来说很容易理解，但对于会计或商业领域的人来说，不同的符号可能更合适。她开始认识到，编程可以成为一种语言——一种人类语言。

在这方面，霍珀并不是单打独斗。她建立起了一个由来自许多不同公司和学科的专家组成的网络，并且鼓励大家积极进行辩论和交流。在这样的环境中，创新蓬勃发展。

雷明顿·兰德公司的管理层对编程语言的创新并不感兴趣。在他们看来，计算机是用来做数学运算的，而不是处理语言的，所以觉得整个想法都很荒谬。

与此同时，人力短缺的问题日益严重。程序员很难找到，培训起来更是困难重重。随着每一台新计算机的安装，编写和维护C-10程序的成本持续飙升。

1953年，备感沮丧的格蕾丝·霍珀给雷明顿·兰德公司的高管们写了一份报告[1]，要求为编译器的开发提供预算，以此来解决人力问题，并创造一个能够利用计算机为管理者提供信息的环境。

后面这一点具有革命性意义。在20世纪50年代初期，大多数高管都没有想到，计算机能够如此快速地收集和整理数据，从而帮助他们及时做出市场、销售和运营决策。但霍珀强调，如果没有编译器，管理信息领域的这场革命就不可能实现。

她在报告的结尾要求提供一大笔预算，并要求她的团队成员全身心投入到A-3编译器的持续开发工作中。高管们最终让步了，满足了她的要求。她晋升为了雷明顿·兰德公司自动编程部门的主管。

霍珀的管理风格注重协作和鼓励。她重视创造力和创新精神，支持在解决问题时发挥创意。

她允许下属自主工作，而且她始终对计算技术的未来发展有着清晰的愿景。

1954年5月，霍珀组织了一场关于自动编程的研讨会。在会上，她听取了来自麻省理工学院的两位年轻人尼尔·齐勒(Neil Zierler)和小J.哈尔科姆·兰宁(J. Halcombe Laning Jr.)关于他们的代数编译器的介绍。这是一个可以将数学公式翻译成可执行代码的程序。约翰·巴克斯(John Backus)也参加了这次演示，具有讽刺意味的是，他对这项工作不屑一顾，认为这简直是疯狂之举。但霍珀却从中受到启发。

将代数公式简单地翻译成代码的演示让霍珀相信，还有更多的可能性有待发掘。她坚信，合适的编程语言能够让计算机技术被更广泛的人群所接受。

于是，她指示自己的团队开始使用代数公式和英语单词，而不再使用UNIVAC I计

---

[1] 见本章参考文献[2]，第243页及后续内容。

算机的12字符格式。这种新的语言被命名为MATH-MATIC，是一种B类编译器，可以将代码编译成A-3格式。霍珀还允许它直接接受A-3语句以及C-10语句，以此来安抚底层的程序员。

可以想象，一旦使用这样的语言进行编程，1000个字的内存空间可能很快就会显得捉襟见肘。所以霍珀的团队发明了一种覆盖方案，可以将程序的部分内容在磁带上来回传输。这种方法虽然速度不快，但缓解了内存方面的限制。

幸运的是，海军刚刚公布了他们在磁芯存储器方面的研究成果[1]，整个行业也迅速做出了转变。

与水银延迟线存储器、阴极射线管(CRT)存储器和磁鼓存储相比，磁芯存储器的速度非常快。其访问时间以微秒为单位，而且访问是完全随机的。当时，磁芯存储器并不便宜，但它的速度和访问方式让计算机的性能比以前提升了100倍。此外，磁芯存储器体积较小，功耗也低。可以在很小的空间内存储大量数据。

即使计算机的速度变快了，计算机的使用时间仍然非常昂贵。像MATH-MATIC这样的编译器，虽然使编写程序变得容易得多，但也使程序的运行速度大幅下降。编写原始机器语言程序的程序员仍然具有优势。

1954年，已经有所反思的约翰·巴克斯(John Backus)，与哈兰·赫里克(Harlan Herrick)和欧文·齐勒(Irving Ziller)一起，着手创建一种新的编程语言。他们邀请了麻省理工学院的那两位年轻人，兰宁和齐勒，来展示他们的代数编译器。这次演示让人震惊，因为生成的代码比机器语言程序员编写的代码慢了10倍。

但巴克斯并没有就此退缩。1954年11月，他向IBM的老板提交了关于FORTRAN语言的提案。正如后续章节将提到的，一个由12名程序员组成的团队花了30个月的时间才开发出可用的编译器。

FORTRAN语言的受欢迎程度超过了MATH-MATIC，这主要得益于IBM公司的影响力。IBM 704计算机的销量远远超过了雷明顿·兰德公司的UNIVAC计算机。IBM顺风顺水，这种优势至少持续了三十年。

但霍珀已经领先了一步。她的目标与FORTRAN截然不同。对她来说，目标市场是商业领域，她要开发的语言应该是一种让商业人士用起来得心应手的语言。

4.11 COBOL：1955—1960年

制造计算机的公司数量迅速增加。霍珀意识到，像FORTRAN和MATH-MATIC这样的编程语言使程序具有了可移植性。为一台机器编写的薪资系统程序，不必修改或只需进行极少的修改，就可以在另一台机器上运行。

---

1 见术语表中的"磁芯存储器"。

但霍珀觉得，MATH-MATIC和FORTRAN的代数形式是由像她这样的数学家和科学家创造的。她担心这些语言的代数语法会成为进入更大市场——商业领域的障碍。她认为商业人士并不懂高等的数学语言，而且她觉得他们也不习惯数学家使用的符号体系。所以，她把目光投向商业领域的语言。而这种语言就是……英语。

这一决定并非草率做出的。她和她的团队研究了UNIVAC计算机用户的商业部门描述问题的方式。他们发现，不同部门使用不同的缩写和简写形式，而唯一的共同之处就是简单直白的英语。他们还意识到，与像x和y这样的代数变量不同，使用较长的名称可以让商业程序员更直接地表达他们的意思。

在1955年提交给雷明顿·兰德公司管理层的一份名为"数据处理编译器的初步定义"(The Preliminary Definition of a Data Processing Compiler)的报告中，她写道，商业人士更愿意看到：

MULTIPLY BASE-PRICE AND DISCOUNT-PERCENT GIVING DISCOUNT-PRICE

而不是：

A x B = C

随后，霍珀和她的团队开始开发B-0语言，这是一种基于英语的语言。在使用这种语言的过程中，很明显，一种向程序员隐藏机器细节的抽象语言，能让程序员更自由地进行协作。编译器承担了管理细节的任务，极大地减轻了程序员之间甚至团队之间的沟通负担。

UNIVAC计算机的客户在1958年初开始使用B-0语言。这种语言传播到了美国钢铁公司、西屋电气公司和海军等客户那里，并且被斯佩里·兰德公司的市场部门更名为FLOW-MATIC。

推广这种语言并不容易。企业对它还比较满意，但程序员们仍然持怀疑态度。

然而，霍珀花了近十年的时间来培养和拓展她与程序员及用户的关系网络。而且，霍珀显然明白，赢得程序员青睐的方法就是给他们提供代码。所以，她免费分发编译器的代码，还编写了手册和论文来提供支持。许多程序员通过给她发送对该语言的修复和扩展内容来回应她。

为了促进她所在的网络以及其他程序员网络内部的沟通，她与新成立的美国计算机协会(ACM)合作，为计算机行业创建了第一本术语词典。这本词典中包含了我们至今仍在使用的术语，甚至还对"比特(bit)"进行了定义。[1]

FLOW-MATIC在UNIVAC计算机的客户中取得了成功，但IBM公司正在开发一种名为COMTRAN的竞争语言，军方也在开发一种名为AIMACO的语言。人们非常担心

---

[1] 但没有字节。那还要等到以后。

会出现一种"巴别塔"式的局面[1]，认为这个行业需要一种通用语言。[2]

到1959年，企业真正开始感受到编程成本增长的速度之快。大家达成的共识是，一种通用语言将大大降低初始开发成本，以及将系统迁移到快速变化和发展的硬件上的成本。

霍珀在这项努力中起到了带头作用。她的第一个目标是军方。当时，美国国防部(DoD)运营着来自不同制造商的200多台计算机，而且还有近200台已订购但尚未交付的计算机。软件开发的总成本已经超过了2亿美元。她说服了美国国防部数据系统研究部门的主管查尔斯·菲利普斯(Charles Phillips)，让他相信一种与硬件无关的可移植商业语言就是解决问题的办法。在他的支持下，她成立了数据系统与语言会议(CODASYL)，第一次会议于1959年春季在美国国防部召开。

这次会议有来自政府机构、企业和计算机制造商的40名代表参加。其中包括斯佩里·兰德公司、IBM公司、美国无线电公司(RCA)、通用电气公司(GE)、美国国家收银机公司(NCR)和霍尼韦尔公司等。

关于这次会议，霍珀说："我觉得在此之前或之后，我都从未在一个房间里见到过如此强大的力量，能够支配人力和资金。"[3]

这个小组为新语言确定了一系列的限制条件，包括以下几点：

- 最大限度地使用英语
- 易用性优先于编程能力
- 与机器无关且具有可移植性
- 易于培训新程序员

要从这个清单中挑出一些毛病并不难，但我们把这个问题留到另一部分讨论。与此同时，小组成员们在代数符号的使用问题上产生了激烈分歧。一派认为，即使对于商业领域来说，数学符号也是很自然的选择。另一派则坚决主张，即使是像乘法和加法这样的基本运算符，也应该用英语完整拼写出来。

霍珀属于后一派，几周后，当这个问题变得非常尖锐时，她威胁说，如果数学符号被纳入这种语言，她就会完全退出这个小组。

霍珀通常是一个努力寻求妥协和团队合作的人。这种强硬的做法似乎与她的性格大相径庭。这一定是她非常坚持的事情。回过头来看，她这样做是否正确还并不完全清楚。

至少在短期内，霍珀赢得了这场争论。语言委员会最终敲定了面向商业的通用语言(COBOL)。

COBOL是多种不同语言和理念的混合体。FLOW-MATIC在其中发挥了重要作

---

[1] 巴别塔(Tower of Babel)是圣经中的一个故事，讲述的是人类建造了一座塔，试图通天，结果被上帝打乱了语言，导致人们无法沟通，最终塔也未能建成。——译者注

[2] 也许我们至今仍然如此。

[3] 见本章参考文献[2]，第285页。

用，但很多内容借鉴了IBM的COMTRAN语言，以及美国空军的AIMACO语言，而AIMACO语言又是从FLOW-MATIC衍生而来的。

1960年8月17日，第一个成功编译的COBOL程序诞生了。

4.12 我对COBOL的吐槽

我接触过许多编程语言。从十几种汇编语言到FORTRAN、PL/1、SNOBOL、BASIC、FOCAL、ALCOM、C、C++、Java、C#、F#、Smalltalk、Lua、Forth、Prolog、Clojure等，几乎涵盖了所有主流语言。然而，我从未像讨厌COBOL那样厌恶过任何一种语言。COBOL简直糟糕透顶，冗长到令人麻木，编写和阅读都极其费力。它让代码看起来像一份枯燥的军事报告，把本该简洁的内容拆得支离破碎，又把本该分开的东西强行捆绑在一起。从各个角度看，COBOL都是一场灾难。

我认为，COBOL的成功并非源于技术上的卓越，而是企业政治的产物。事实上，霍珀有意识地限制了程序员对语言的影响力，转而优先考虑用户和管理者的需求。这一点在语言设计中显而易见。

这让我感到震惊，因为霍珀本人是一位极其优秀的程序员。我只能推测，她认为行业无法培养出足够多的、能与她智力水平相当的程序员，因此不得不将语言简化到一个近乎弱智的共同标准。

4.13 无可争议的成功

尽管我对COBOL深恶痛绝，但它确实成功了，甚至超出了所有人的预期。据估计，到2000年，当时所编写的代码中有80%是COBOL。

霍珀的职业生涯同样辉煌多彩。她一直担任斯佩里·兰德(Sperry Rand)公司UNIVAC分部自动编程开发的主管，直到1965年。此后，她继续担任高级科学家，并在宾夕法尼亚大学担任访问副教授。她还担任海军编程语言小组的主管长达20年。

1973年，她被晋升为上校。1977年至1983年，她被派往华盛顿特区的海军数据自动化总部，负责监控计算机技术的最新发展。在众议院的推动下，罗纳德·里根总统将她晋升为海军少将——这一军衔后来被改名为海军中将。

1986年，霍珀以海军现役军官中年龄最大的身份退役。随后，数字设备公司聘请她担任高级顾问，直到1992年去世，享年85岁。

她一生中获得了许多荣誉，包括国防杰出服务奖章、优异军团勋章、功绩服务奖章及追授的总统自由勋章。

1969年，数据处理管理协会将她评为首位计算机科学"年度人物"。

参考文献

[1] Association for Computing Machinery. First Glossary of Programming Terminology[M]. New York: ACM, 1954.

[2] Beyer, Kurt W. Grace Hopper and the Invention of the Information Age[M]. Massachusetts: MIT Press, 2009. (中文版：BEYER，KURT W. 格雷斯·霍珀与信息时代的发明[M]. 包艳丽，刘珍，陈菲，译. 北京：机械工业出版社，2010).

[3] Computer History Archives Project ("CHAP"). Harvard Secret Computer Lab - Grace Hopper, Howard Aiken, Harvard Mark 1, 2, 3 rare IBM Calculators[EB/OL]. (2024-06-02) [2025-03-20]. https://www.youtube.com/watch?v=vqnh2Gi13TY.

[4] Eckert-Mauchly Computer Corp. The BINAC[EB/OL]. (1949) [2025-03-20]. http://archive.computerhistory.org/resources/text/Eckert_Mauchly/EckertMauchly.BINAC.1949.102646200.pdf.

[5] Harvard College. A Manual of Operation for the Automatic Sequence Controlled Calculator[M]. Cambridge: Harvard University Press, 1946. https://chsi.harvard.edu/harvard-ibm-mark-1-manual.

[6] Hopper, Grace Murray. The Education of a Computer[R]. Blue Bell: Remington Rand Corp, 1952.

[7] Lorenzo, Mark Jones. The History of the Fortran Programming Language[M]. [S.l.]: SE Books, 2019.

[8] Remington Rand. Preliminary Manual for MATH-MATIC and ARITH-MATIC Systems for Algebraic Translation and Compilation for Univac I and II[EB/OL]. (1957) [2025-03-20]. http://archive.computerhistory.org/resources/access/text/2016/06/102724614-05-01-acc.pdf.

[9] Remington Rand, Eckert-Mauchly Division, Programming Research Section. Automatic Programming: The A-2 Compiler System, Part 2[J/OL]. Computers and Automation, 1955, 4(10): 15–28. https://archive.org/details/sim_computers-and-people_1955-10_4_10/page/16/mode/2up.

[10] Ridgway, Richard K. Compiling Routines[EB/OL]. Remington Rand, Eckert-Mauchly Division, [2025-03-20]. https://dl.acm.org/doi/pdf/10.1145/800259.808980.

[11] Sperry Rand Corporation. Basic Programming, UNIVAC I Data Automation System[EB/OL]. (1959) [2025-03-20]. https://www.bitsavers.org/pdf/univac/univac1/UNIVAC1_Programming_1959.pdf.

[12] Wikipedia. UNIVAC I [EB/OL]. [2025-03-20]. https://en.wikipedia.org/wiki/UNIVAC_I.

[13] Wilkes, Maurice V., David J. Wheeler, and Stanely Gill. The Preparation of Programs for an Electronic Digital Computer[M]. 2nd ed. Reading: Addison-Wesley, 1957.

第 5 章

约翰·巴克斯：第一种高级语言

我们身边总有那么一类人，明明很聪明，却整天游手好闲，没有人生目标。他们靠耍小聪明混日子，该划水的时候划水，该装傻的时候装傻，就这样浑浑噩噩地过着。这些人并不坏，只是对前途漫不经心，也不在乎将来会怎样。对他们来说，"未来"这个词好像压根不存在。

然而，忽然有一天，仿佛某个开关被触动了，他们突然变得目标明确、富有成效且充满动力，就像璀璨的钻石一样开始闪耀光芒。

约翰·巴克斯(John Backus)就是这样的人。

5.1 生平

约翰·巴克斯出生于1924年12月3日。他家境优渥，父亲塞西尔·F·巴克斯(Cecil F. Backus)是一位自学成才、白手起家的化学家，他父亲曾为阿特拉斯火药公司(Atlas Powder Company)管理过生产硝化甘油的工厂。这些工厂接连发生爆炸，最终是他父亲查明了原因，原来是公司从德国购买的温度计存在质量问题。

巴克斯的家庭生活并不尽如人意。[1]他父亲性格乖戾且冷漠。他母亲在他9岁前就去世了，而且可能曾对他进行过性虐待。[2]他继母是一个神经质的酒鬼，有时会打开窗户朝着路人叫嚷。

青少年时期的巴克斯是个恃强凌弱的人，喜欢欺负同龄人。他最终被送进了一所寄宿学校，[3]在那里他仍然游手好闲，不断违反校规。他多次考试不及格，不得不参加暑期学校，在那里他把时间都花在了航海和享受生活上，很少回家。

尽管成绩不佳，他还是设法毕业了，并进入了弗吉尼亚大学(University of

---

1 见本章参考文献[8]，第23页。
2 因他在60多岁时服用LSD而产生的怀疑。
3 宾夕法尼亚州波茨敦的希尔学校。

Virginia)。在父亲的敦促下，他选择了化学专业，但他没有完成实验作业，也很少去上课，反而更喜欢参加聚会。最终他被学校开除了。

那是1943年，他应征入伍，被派驻在佐治亚州的斯图尔特堡(Fort Stewart)。一次军队的能力倾向测试改变了一切。他在测试中表现出色。于是，军队就送他去匹兹堡大学(University of Pittsburgh)学习工程学。图5-1是他的照片。

他轻松地通过了工程预科课程，其间把很多时间花在了酒吧里，但这并没有影响他的学业，实际上他已经开始享受学习的过程了。

图 5-1

又一次能力倾向测试让军队认为他具备成为医生的潜质，于是他被送往哈弗福德学院(Haverford College)学习医学，在那里他确实表现得非常出色。

作为医学培训的一部分，他每天要在大西洋城(Atlantic City)的一家医院实习12个小时。但几个月后，他头上的一个肿块被诊断为生长缓慢的肿瘤，肿瘤切除后，他的头骨上留下了一个洞，用不合适的金属板盖着。这使他得以解除实习任务，并于1946年以光荣的医疗原因从军队退伍。

退伍后，为了与家人保持距离，他进入了纽约市的一所医学院学习。在那里，他帮助设计了一个更合适的金属板来替换他头上的那一块。但他发现医学院的学习让他很失望。他讨厌所有那些生搬硬套的知识，最终他退学了。

于是他又一次失去了方向，或者说几乎失去了方向。他仅存的一个兴趣是制作一套高保真音响设备。[1]于是他利用《退伍军人权利法案》(GI Bill)争取到一所无线电技术学校的入学名额。在那里，他遇到了生平中的"第一位好老师"。[2]

在那位老师的帮助下，巴克斯意识到自己真的很喜欢数学，而且在这方面也相当有天赋。于是他进入了哥伦比亚大学(Columbia University)的数学研究生项目。

5.2　令人着迷的彩色灯光

1949年春天，巴克斯在哥伦比亚大学攻读硕士学位期间，偶然发现了一件"有趣的事情"。他的一个朋友让他去看看位于麦迪逊大道(Madison Avenue)IBM展厅里的选择序列电子计算器(Selective Sequence Electronic Calculator，SSEC)。

这台机器的指示灯闪烁着，继电器发出咔嗒咔嗒的声响，在之后的几十年里，它

---

[1] 一种高保真、通常是立体声的音乐系统。通常基于唱片机，可能还有收音机。
[2] 见本章参考文献[8]，第24页。

为计算机的外观和声音设定了标准。想想《星际迷航》(*Star Trek*)里的计算机，或者《禁忌星球》(*Forbidden Planet*)里的机器人罗比(Robby)。

SSEC是托马斯·J. 沃森(Thomas J. Watson)对霍华德·艾肯(Howard Aiken)的报复，因为在向世界展示哈佛Mark I(Harvard Mark I)的研讨会上，艾肯曾轻视过沃森。沃森用SSEC来抢艾肯的风头。[1]

它是一个由21 000个继电器和12 500个真空管组成的庞然大物。这台机器就像科学怪人(Frankenstein)创造的怪物，由电子寄存器、继电器寄存器和在纸带上打孔的存储器组成。指令通常从纸带上执行，但也可以从电子寄存器或继电器寄存器中执行。寄存器宽度为76位，编码成19个BCD(binary-coded decimal，二进制编码的十进制)数字。加法运算时间为285微秒，乘法运算时间为20毫秒。它每秒大约能从纸带上执行50条指令。

尽管有些指令可以存储在寄存器中并从寄存器执行，但它实际上并不是一台存储程序的计算机。

这台机器并非用于销售，甚至也不打算再生产。在很大程度上，它只是沃森对艾肯的一种挑衅。它的使用方式与Mark I计算机大致相同，也和查尔斯·巴贝奇(Babbage)设想的机器的使用方式一样：用于计算数学用表。

在它运行的四年时间里，它计算了月球星历表，并为通用电气公司(GE)和原子能委员会(Atomic Energy Commission)进行了计算。原子能委员会将其用于NEPA[2]项目——用核发动机为飞机提供动力。它还被用于层流研究和蒙特卡罗(Monte Carlo)[3]建模。

不过在我看来，最终IBM从麦迪逊大道那个底层展厅中获益最多。展厅里陈列着令人震撼的机器：巨大的纸带卷轴、装满真空管的机柜、指示灯不断闪烁的未来感控制台，还有永不停歇地发出咔嗒声的继电器。如图5-2所示。

图 5-2

巴克斯对闪烁的灯光、咔嗒作响的继电器及这台机器显著的强大功能印象深刻。因此，在从哥伦比亚大学获得数学硕士学位后，他走进IBM的办公室，申请了一份工

1　见本章参考文献[8]，第30页。
2　用于飞机推进的核能。
3　参见术语表中的"蒙特卡罗分析"。

作——令人惊讶的是，他们真的给了他一份工作。他将成为SSEC的程序员之一——他后来将这份工作描述为"近身肉搏战"。

雇用他的是小罗伯特·雷克斯·西伯(Robert Rex Seeber, Jr)。还记得西伯曾被霍华德·艾肯雇用来参与Mark I计算机的开发工作吗？那时两人相处得并不愉快，可能是因为西伯在开始工作前要求休一些应得的假期，而艾肯拒绝了他的请求。西伯长时间努力工作以完成艾肯交给的任务，但两人之间的关系始终没有缓和，变得非常糟糕，以至于战争一结束，西伯就辞职了，然后在IBM找到一份设计SSEC的工作。似乎他和沃森在报复霍华德·艾肯这件事上有着相同的目标。

巴克斯被录用的那天，他还没有正式开始找工作，当时只是一位女性服务代表带着他在IBM的办公场所参观。他随口问了问她IBM是否在招人，她立刻安排他参加西伯的面试。于是，毫无准备且衣着不整的巴克斯与SSEC的发明者坐了下来。西伯让巴克斯解了一些数学谜题，然后当场就录用他为SSEC程序员。巴克斯当时根本不知道这份工作意味着什么。

为SSEC编程与为Mrak I编程非常相似。当然，细节上有所不同，但这两台机器本质上是一类的：都是由顺序指令(需要在纸带上精心打孔)驱动的巨型十进制计算机。[1] 这是一项艰难、复杂且需要耗费大量脑力的工作，但在两年的时间里，巴克斯全心投入。他就此入了行，成为一名程序员。

5.3 快速编码与701计算机

1952年，IBM公司推出了"国防计算器"，也就是IBM 701，这是IBM公司的首款大规模生产的大型计算机[2]。这就是约翰·巴克斯接下来要面对的机器。

IBM 701完全是电子计算机，使用了大约4000个真空管。它也是一台存储程序计算机，采用了72个静电威廉管[3]，每个管子可存储1024位数据。字长为36位，因此这台机器可以存储2048个字。通过添加另一组72个威廉姆斯管，存储容量可扩展到4096个字。这些管子可在12微秒的周期内读写内存，使得这台机器的加法运算时间约为60微秒，乘法运算时间约为456微秒。总体而言，这台机器每秒大约可以执行14 000条指令。

其外围设备包括磁鼓和磁带存储器、一台打印机以及一个卡片读卡器/打孔机。这台机器每月的租金为15 000美元。

这台机器有一个36位的累加器寄存器，还有一个36位的乘法器/商寄存器。指令宽

---

1 类似于如何通过将纸带的两端粘在一起形成一个环来创建Mark I。巴克斯描述了一次意外，当时不小心加了一个半扭，将环变成了莫比乌斯带。调试那个可真是个挑战！

2 他们建造了20到30台这样的机器。

3 参见术语表中的"威廉管(CRT)存储器"。

度为18位，包括一个符号位、一个5位的操作码和一个12位的地址。

为什么指令会有一个符号位呢？很高兴你提出这个问题。你看，这台机器是半字可寻址的。也就是说，静电存储器中的每个18位半字都是可寻址的。然而，每个全字也是可寻址的。一个偶数负地址表示一个全字。

一个偶数正地址表示该地址处的左半字，相邻的奇数地址表示右半字。

如果安装了第二组威廉姆斯管，必须在程序控制下设置一个特殊的"触发"位来指定该组管子。很简单，是吗？

这台机器使用二进制数学运算，但数据是以符号/数值的形式(而不是补码或反码的形式)存储的。因此，一个字的低35位是该数字的绝对值。当然，这意味着存在正零和负零。

IBM 701没有变址寄存器，也没有间接寻址的方法。如果你想对存储器进行变址操作，就必须编写程序来修改访问内存的指令。

数据可以通过前面板的开关输入IBM 701中，也可从打孔卡片的前72列[1]输入。打孔卡片上的12行中，每行包含72位数据，因此一张卡片可包含24个36位的字。

IBM 701是为满足军事领域所需的科学和数学计算工作而设计的。它的任务是计算弹道、射击解决方案、导航表等。因此，巴克斯必须完成的大部分工作都是数值计算，而且必然涉及分数运算。但IBM 701使用的是定点数学运算。程序员的任务是记录小数点的位置。

当时没有编译器，对于IBM 701来说，只有最原始的汇编器。所以巴克斯必须制作打孔卡片，这些卡片对应于一个简单的加载程序可以正确读取的数字指令。

这项任务极其枯燥乏味，最终促使巴克斯[2]编写了一种新的程序。他称之为"快速编码(Speedcoding)"，并给出了以下理由：

> "纯粹是因为懒惰。编写程序太麻烦了——你必须处理大量细节，而且要处理一些本不该处理的事情。所以我想让它变得更简单。"[3]

快速编码是一个占用310个字内存的浮点解释器。它将剩余的内存划分为大约700个72位的字。每个字可以存储一个72位的浮点数或一条72位的指令。每条指令被拆分为两个操作：一个数学操作和一个逻辑操作。数学操作使用三个地址，逻辑操作使用另一个地址。后者通常是跳转或条件跳转指令，但也可以是递增或递减变址寄存器的操作。

没错，变址寄存器！巴克斯的虚拟机拥有由变址寄存器控制的真正的间接寻址功能。遍历一组数字列表不再需要程序员修改指令！

---

1 你有没有想过为什么80列卡片的后8列是未使用的？这是因为 701 可以从前 72 列读取两个36位字。
2 在John Sheldon的指导下，Backus 负责构建快速编码系统的团队。
3 见本章参考文献[8]，第49页。

还有一些输入/输出(I/O)操作,极大地提高了打印、读取和写入卡片及在磁鼓或磁带上存储数据的便利性。

巴克斯甚至实现了一个具有三个不同跟踪级别的简单日志记录/跟踪系统。这大大缩短了调试时间。

不利的一面是,其语法仍然与汇编器密切相关,并且与打孔卡片紧密相连。卡片上有用于十进制地址、标志和符号操作码的固定字段。如图5-3所示。

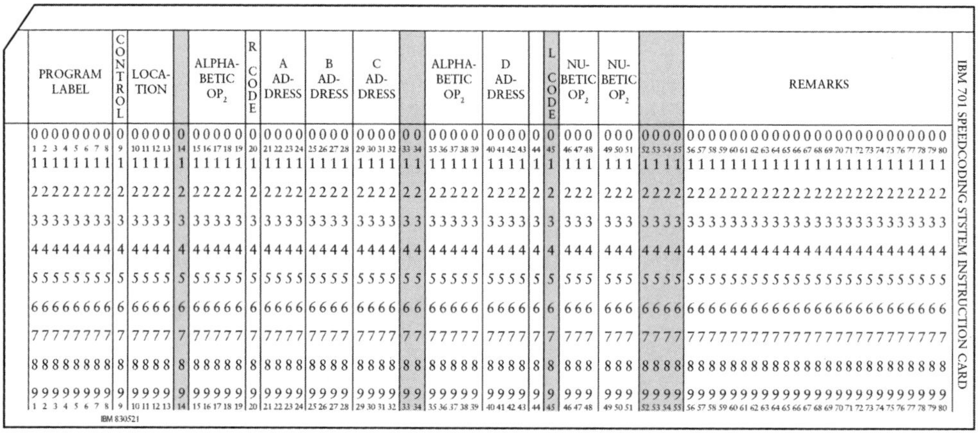

图 5-3

更糟糕的是,这个解释器的运行速度很慢。加法运算需要4毫秒。即使是一个简单的跳转指令也需要700微秒。使用快速编码编写的应用程序比经过高效编码的IBM 701程序的运行速度慢得多。

尽管如此,其优势还是很明显的。编程时间从数周大幅缩短到几小时。

对于许多应用程序来说,在编程时间和执行时间之间进行权衡是有意义的。但对于其他许多应用程序来说,并非如此。IBM 701是一台昂贵的机器,而且租用计算机的时间成本高昂,通常比同样时间的人力成本高得多。

但事情发展得很快。磁芯存储器显然是威廉姆斯管的理想替代品,而且由于巴克斯在快速编码方面取得的成就,越来越明显的是,计算机需要更大的地址空间、变址寄存器和浮点处理器。于是,IBM在1954年推出了IBM 704计算机,而基于固态晶体管的IBM 7090计算机也在4年后问世。

5.4 对速度的需求

1953年期间,巴克斯越来越关注编程成本的问题。计算机虽然仍然庞大且昂贵,但价格逐渐降低。晶体管即将问世,而且磁芯存储器比威廉姆斯管速度更快、密度更高、更可靠。因此,租用或购买计算机的成本开始下降,而编程成本却在明显上升。

巴克斯也非常清楚格蕾丝·霍珀(Grace Hopper)关于自动编程的理念，尽管巴克斯曾贬低过[1]她的A-0编译器，但巴克斯开始对这一整体概念产生兴趣。他在快速编码(Speedcoding)方面的经验让他明白，编程抽象层的微小改变，可能会极大地提高程序员的工作效率。

所以，在那年年底，巴克斯给他的老板卡斯伯特·赫德(Cuthbert Hurd)写了一份备忘录，建议IBM为即将推出的IBM 704计算机开发一个编译器。他认为可能需要6个月的时间来完成。值得注意的是，赫德批准了这个提议。于是，约翰·巴克斯开始组建一个团队。

巴克斯明白，执行速度将是一个关键因素。当时的程序员不会容忍像快速编码那样慢10倍的解释器。实际上，他们可能连慢2倍甚至1.5倍都无法接受。在那个时代，程序员们以自己能够巧妙地从一系列指令中节省出几微秒的时间而自豪[2]。

所以，这项新的自动编程工作的首要原则是创建一个能够生成高效代码的编译器。实际上，与这个目标相比，语言设计是次要的。执行效率是高于一切的目标。

鉴于这个目标，他们的任务是为程序员创造一种方式，让他们专注于问题本身，而不是计算机。本质上，他们试图在不影响执行时间的前提下，将计算机的细节从程序员的工作中抽象出来。但是，正如团队后来发现的那样，IBM 704计算机的细节并不是那么容易被忽略的。

巴克斯的团队成员包括欧文·齐勒(Irving Ziller)、哈兰·赫里克(Harlan Herrick)和鲍勃·尼尔森(Bob Nelson)。这是一个有点杂牌的团队。IBM是一个相当循规蹈矩、要求"穿白衬衫打领带"的公司——这几乎是公司的规定。但是，巴克斯和他的团队在十九楼顶层的附属办公室里，着装就没那么正式了。甚至电梯操作员都拿他们的穿着开玩笑。[3]

他们在一个没有隔断的大房间里一起工作。办公桌"彼此紧密相连"。巴克斯后来回忆说："我们在一起工作得非常愉快。这是一群非常优秀的人。我的主要工作是在午餐时间打断他们下国际象棋，因为他们不会主动罢手。"与此同时，IBM的管理层对他们不加干涉。管理层认为这个项目是开放式的研究项目，并没有真的期望能取得什么成果。

时不时地，会有人问他们进展如何，团队成员总是回答："六个月后再来问吧。"

他们考虑的语法非常简单，而且在任何意义上都没有经过预先规划。巴克斯曾经说过："我们只是在编写过程中创造了这种语言。"[4]由于效率是首要目标，而且目标计算机是IBM 704，所以这种语言的发展方式是为了在IBM 704上实现高效运行，而没有考虑其他计算机。

---

1 他说这"笨拙、运行缓慢且难以使用"，后来又说"她的想法只是些荒谬的东西"。
2 问我怎么知道的。
3 见本章参考文献[8]，第75页。
4 见本章参考文献[8]，第76页。

巴克斯预计整个项目需要六个月，而实际拖到近一年后团队才准备发布他们的"初步报告"。注意，这还不是一个编译器，甚至不是一个语言规范，只是一份初步报告。但在报告发布之前，它需要一个名字。是巴克斯选择了"公式翻译(FORmula TRANslation)"这个名字。赫里克的回应是，这个名字听起来像是倒着拼写的某个词。

这份报告概述了这种语言背后的基本理念，但它绝不是一个语言规范。团队决定允许同时使用定点和浮点数学运算，并且变量可以有一个或两个字符的名称。变量的类型由名称的第一个字符决定。因此，以I到N开头的名称表示整数，其余的表示浮点"实"数。

巴克斯和他的团队想要实现一维和二维数组，并且非常关注矩阵操作。他们希望能够使用运算符、下标和括号来构建复杂的表达式。

他们选择用行号来标记代码行，因为在数学推理中通常也是这样做的。他们的if语句包括逻辑比较运算符，如=、<和>，并会指定条件为真和为假时跳转的行号。他们想出了一个复杂的循环结构，涉及多达七个参数。

他们没有考虑I/O操作。

对于一个只有四五个人的团队来说，近一年的工作成果似乎并不多，但重要的是要记住，在此之前从未有人做过类似的事情，甚至都没有人想过。他们进入了一个全新的领域。

但随后他们开始认真工作，团队也开始壮大，最终成员包括罗伊·纳特(Roy Nutt)、谢尔顿·贝斯特(Sheldon Best)、彼得·谢里丹(Peter Sheridan)、大卫·塞尔(David Sayre)、洛伊斯·海布特(Lois Haibt)、迪克·戈德堡(Dick Goldberg)、鲍勃·休斯(Bob Hughes)、查尔斯·德卡洛(Charles DeCarlo)和约翰·麦克弗森(John McPherson)。

他们是程序研究小组，他们认为自己是一个由非常独特的人组成的小家庭，是命运让他们走到了一起。他们都在约翰·巴克斯"润物细无声"的领导下工作，巴克斯营造了一个"宁静的小环境"，在这个环境中，团队发明了有史以来第一个高效的高级语言。

他们早期的任务之一是决定如何表示编译器的输入。我们现在习惯将源代码看作文本文件。这些文件有名称，并且存储在我们文件系统的目录中。但是巴克斯和他的团队没有文本文件，没有目录，也没有文件系统。

在他们看来，一个程序就是一卷打孔纸带或一叠打孔卡片。IBM 704计算机使用打孔卡片作为主要输入设备，所以很明显，FORTRAN的源语句将被打孔到卡片上。但是，这些卡片应该采用什么格式呢？

在那个时代，我们把打孔卡片上72个可用列[1]看作一组具有固定位置的字段。如果

---

[1] 704只能读取 80列卡片的前72列，因为每一行孔都被读入一个两字(72 位)的寄存器。现在你知道卡片上的最后八列并不是真的用于序列号，它们只是无法被读取。

一张卡片上有五个数据元素，它们将被打孔到卡片上的五个字段中，每个字段都从特定的列号开始和结束。

例如，如果我想在一张卡片上显示我的名字、姓氏和出生日期，我可能会这样排列，如图5-4所示。

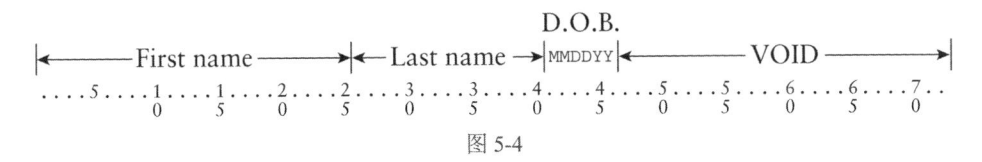

图 5-4

考虑到这种思维方式，他们决定以同样的方式布局FORTRAN语句，并让编译器依赖于这种布局，这也就不足为奇了。如图5-5所示。

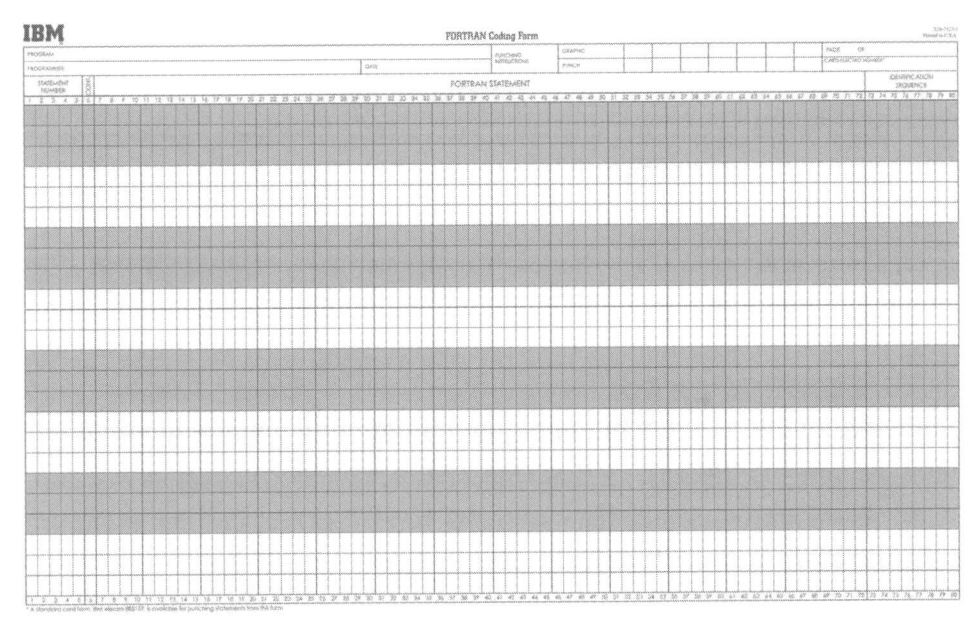

图 5-5

如上图所示，每张FORTRAN卡片的前5列用于表示语句编号。第6列是"续行"列。第7～72列用于编写FORTRAN语句。

语句编号是可选的，而且没有顺序要求。当程序员想要引用某条语句时会使用它。例如，"GO TO 23"这条语句会将控制转移到编号为23的语句。

续行列通常是空白的。然而，如果一条FORTRAN语句的长度超过了卡片上分配的66列，下一张卡片可以继续编写这条语句。为了表示这是续行，通常会在续行列中填入1～9的数字。

FORTRAN语句本身是自由格式的，空格会被完全忽略。例如，"GO TO 23"这条语句可以写成：

GOTO23

5.4.1 分工

在早期阶段，团队决定编译器扫描一次源代码，就能为IBM 704计算机生成一个可执行程序。

他们想要避免让程序员在后续的扫描过程中再次输入程序卡片组和(或)中间卡片组这种令人头疼的情况。因此，编译器必须将源代码简化为一组他们称为"表"的中间数据结构。

巴克斯将团队分成了6个工作小组，每个小组负责编译器的一个特定部分。每个部分都会为其他部分生成"表"。这些部分如下。[1]

(1) **解析器**——由赫里克(Herrick)、纳特(Nutt)和谢里丹(Sheridan)编写。它读取源代码，并将其分为可以立即编译的语句和那些必须稍后编译的语句。在这个部分，算术表达式会被解析，括号和运算优先级会被确定，并且操作会被转换为有序的表。这个部分还处理带下标的变量。

(2) **代码生成器**——由尼尔森(Nelson)和齐勒(Ziller)编写。它根据创建好的表生成最优的机器代码。循环会被分析和重组，以去除那些不需要重复执行的语句。这个部分开始了对索引寄存器使用情况进行标记的过程。在这个阶段，他们假设IBM 704计算机拥有无限数量的索引寄存器。

(3) **未命名部分**——作者不详。这个部分整合了第(1)部分和第(2)部分的输出，在某种程度上是后来才考虑添加的。它是为了给第(4)部分提供一致的输入而拼凑起来的。

(4) **程序结构**——由海布特(Haibt)编写。这个部分接收来自第(1)部分和第(2)部分(由第(3)部分整合)的输入，并将可执行代码分成具有单个入口和单个出口的代码块。[2] 这些代码块会通过蒙特卡罗(Monte Carlo)[3]模拟运行，以确定哪些索引寄存器标记使用得最为频繁。

(5) **标记分析**——由贝斯特(Best)编写。它应用第(4)部分的结果，以最优的方式将索引寄存器的数量减少到IBM 704计算机实际拥有的三个。然后，它创建一个程序的可重定位汇编版本。

(6) **后端**——由纳特(Nutt)编写。它将第(5)部分的可重定位程序进行汇编，并将最终的二进制代码输出到打孔卡片上。

需要记住的是，这些程序员是使用最原始的汇编语言进行工作的。这个汇编器名

1　参考文献[8]，第135页及以后。
2　有点像 Edsger Dijkstra，尽管当时团队对结构化编程一无所知。
3　参见术语表中的"蒙特卡罗分析"。

为SAP，是纳特在几年前编写的。

这6个部分的编写花费了大量时间，远远超过了6个月。第一个FORTRAN I程序直到1957年初才被编译并执行。

但结果证明，等待是值得的。FORTRAN I语言易于编写，并且为IBM 704计算机生成的代码效率极高。

而剩下的，就像人们常说的，都成为了历史。

5.4.2 我对FORTRAN的吐槽

我对FORTRAN语言的接触并不多。我只是偶尔摆弄一下，从来没有认真使用过它。比如，图5-6是我在1974年写的一个简单的FORTRAN IV程序——只是为了好玩。它计算前1000个阶乘。

```
        INTEGER*2 DIGIT(3000)
        DATA DIGIT/3000*0/
        DIGIT(1)=1
        NDIG=1
        DO 10 I=1,1000
        ICARRY=0
        DO 11 J=1,NDIG
        DIGIT(J)=DIGIT(J)*I+ICARRY
        ICARRY=0
        IS=DIGIT(J)
              IF (IS.LE.9) GO TO 11
              DIGIT(J)=IS-IS/10*10
              ICARRY= IS/10
    11     CONTINUE
     9     IF (ICARRY.EQ.0) GO TO 7
              NDIG=NDIG+1
              DIGIT(NDIG)=ICARRY-ICARRY/10*10
              ICARRY= ICARRY/10
              GO TO 9
     7     WRITE (6,1) I,NDIG,(DIGIT(NDIG+1-K),K=1,NDIG)
     1     FORMAT (1H0, 30('*'),1X,I4,' FACTORIAL CONTAINS ', I4,' DIGITS ',
              -30('*'),30(/1X,130I1))
    10     CONTINUE
           STOP
           END
```

图 5-6

在当时一台大型的IBM 370计算机上，这个程序运行需要15分钟的CPU时间。而在我的笔记本电脑上运行等效的Clojure程序只需要253毫秒。

那时的FORTRAN语言并不美观。即使到现在，它也不是特别美观。由于历史遗留的问题太多，FORTRAN无法成为一门真正现代的语言。即使在现在，关于FORTRAN的那句老话依然适用："一堆由语法拼凑起来的缺陷集合。"[1]

这门语言实现了它的目标。它表明，一门高级语言可以在执行时间仅小幅增加的情况下，节省大量的编程时间。但它不是我想用于任何重要工作的语言。从各方面看，它是一门已经消亡或几乎消亡的语言。

是的，我知道美国国家航空航天局(NASA)的一些人仍然在使用它，因为一些现有的库或者现有的太空探测器项目还依赖它。但我认为这门语言没有未来。

5.5 算法语言(Algol)及其他

巴克斯又在FORTRAN语言上工作了一段时间，为FORTRAN II添加了一些特

---

[1] 1982年全美计算机会议休斯敦先锋日纪念卡上的一句话。

性，比如可以独立编译和链接的子程序。这些特性使得FORTRAN II语言可用于比FORTRAN I大得多的项目。

但自那之后，他和团队的大多数成员都投身于其他项目中。巴克斯从一个项目辗转到另一个项目，但他发现没人征求他的建议，而且即使他提出建议，也不太受欢迎。有一段时间，他有点痴迷于试图证明四色地图定理。

FORTRAN取得了成功，但巴克斯认为它作为一门语言并不令人满意。他把它设计成一门在IBM 704计算机上高效执行的语言，对它作为一门更通用的抽象语言的用途表示怀疑。所以当美国计算机协会(ACM)决定成立一个委员会来探索通用编程语言的可能性时，他加入了这个委员会，但后来他说自己并没有真正做出太多贡献。但正如我们将看到的，事实并非完全如此。

就是这个委员会最终制定了ALGOL 60的规范，但在早期，委员会成员称他们的目标是开发国际代数语言(IAL)。

IAL委员会制定的规范全部用英语编写。巴克斯觉得这很令人沮丧，而且存在危险的模糊性："一团前后矛盾的乱麻。"[1]他担心"很可能会投入许多人力年的时间来开发大量的翻译程序，但这些程序却无法可靠地生成等效的机器程序"。

于是，巴克斯着手发明一种形式化方法来描述这门语言。这种形式化方法是一种符号元语言，由一组递归链接的产生式规则组成。每条规则都指定了一种将在其他规则中使用的结构。通过这种方式，复杂的语法可以从简单的基础构建起来。他使用这种后来被称为巴克斯范式(Backus Normal Form，BNF)的语言，在1959年发布了IAL的正式规范。

这份规范的发布就像一个沉重的铅球，没有激起任何波澜。委员会对它根本不感兴趣。他们继续使用英语编写规范。

但有一位成员注意到了它。他是彼得·诺尔(Peter Naur)，一位丹麦数学家。他和巴克斯一样对用英语编写规范感到担忧，于是他主动对巴克斯的表示法做了一些修改，并及时为1960年1月在巴黎举行的委员会会议制定了ALGOL 60的规范。这一次，这种表示法被接受了。

四年后，唐纳德·克努特(Donald Knuth)建议将BNF的名称改为巴克斯-诺尔范式(Backus–Naur Form)。从那以后，BNF成为描述语言语法的标准表示法，并且它大致上就是像yacc这样的解析器程序所用的输入格式。

在20世纪70年代，巴克斯也掉进了迪杰斯特拉(Dijkstra)几十年前陷入过的思想陷阱。他试图把编程变成一种数学形式体系，通过这种体系可以构建层层递进的数学证明和定理。不过，迪杰斯特拉选择以结构化编程作为理论基础，而巴克斯则选择了函数式编程。但就像我们之后会看到的迪杰斯特拉案例一样，这个思想陷阱同样牢牢困住了巴克斯。

---

1 见本章参考文献[8]，第230页。

巴克斯一直在IBM的研究部门工作，最终获得了美国国家科学奖章、图灵奖和查尔斯·斯塔克·德拉普尔奖(Charles Stark Draper Prize)[1]。

他于2007年去世。那一年，一颗小行星以他的名字命名：6830号小行星"约翰·巴克斯"。

参考文献

[1] Backus, John W. The IBM 701 Speedcoding System[J/OL]. Journal of the ACM, 1954, 1(4): 4-6 [2025-03-20]. https://dl.acm.org/doi/10.1145/320764.320766.

[2] Backus, John. Can Programming Be Liberated from the von Neumann Style? A Functional Style and Its Algebra of Programs[J]. Communications of the ACM, 1978, 21(8): 613–641. https://dl.acm.org/doi/10.1145/359576.359579.

[3] Beyer, Kurt W. Grace Hopper and the Invention of the Information Age[M]. Massachusetts: MIT Press, 2009. (中文版：BEYER，KURT W. 格雷斯·霍珀与信息时代的发明[M]. 包艳丽，刘珍，陈菲，译. 北京：机械工业出版社，2010).

[4] Computer History Archives Project ("CHAP"). Computer History: WORLD's LARGEST CALCULATOR: IBM's 1948 Giant Electronic Vacuum Tube Machine: SSEC[EB/OL]. YouTube, (2024-05-01) [2025-03-20]. https://www.youtube.com/watch?v=m1M3iGDboMg.

[5] DeCaire, Frank. Vintage Hardware—The IBM 701[EB/OL]. Frank DeCaire, (2017-05-27) [2025-03-20]. https://blog.frankdecaire.com/2017/05/27/vintage-hardware-the-ibm-701.

[6] International Business Machines Corporation. Principles of Operation: Type 701 and Associated Equipment[R/OL]. New York: IBM, 1953. https://archive.org/details/type-701-and-associated-equipment.

[7] International Business Machines Corporation. Speedcoding System for the Type 701 Electronic Data Processing Machines[R/OL]. New York: IBM, 1953. https://archive.computerhistory.org/resources/access/text/2018/02/102678975-05-01-acc.pdf.

[8] Lorenzo, Mark Jones. The History of the Fortran Programming Language[M]. [S.l.]: SE Books, 2019.

[9] Office of Naval Research, Mathematical Sciences Division. Digital Computer

---

1 查尔斯·斯塔克·德拉普尔奖(Charles Stark Draper Prize)是美国工程学界最高奖项之一。该奖由美国国家工程学院会每两年颁发，被认为是"工程学界的诺贝尔奖"(Nobel Prizes of Engineering)之一。该奖颁发给推进工程学及工程学教育发展进步的候选人。1993 年，巴克斯因发明 FORTRAN(第一种被广泛应用的高级计算机语言)而获得该奖。——译者注

Newsletter[J/OL]. 1953, 5(4): 1–18 [2025-03-20]. https://www.bitsavers.org/pdf/onr/Digital_Computer_Newsletter/Digital_Computer_Newsletter_V05N04_Oct53.pdf.

[10] Wikipedia. IBM 701 [EB/OL]. [2025-03-20]. https://en.wikipedia.org/wiki/IBM_701.

[11] Wikipedia. IBM SSEC [EB/OL]. [2025-03-20]. https://en.wikipedia.org/wiki/IBM_SSEC.

[12] Wikipedia. John Backus [EB/OL]. [2025-03-20]. https://en.wikipedia.org/wiki/John_Backus.

第 6 章

艾兹格·迪杰斯特拉：第一位计算机科学家

艾兹格·迪杰斯特拉(Edsger Dijkstra)是软件领域最著名的人物之一，是结构化编程之父，也是告诫我们不要使用GOTO语句的人。他发明了信号量(Semaphore)，还编写了许多实用的算法。他与人共同编写了首个可运行的ALGOL 60编译器版本，并且参与了早期多道程序操作系统的设计。

但这些成就不过是他在充满荆棘的道路上留下的一个个里程碑。迪杰斯特拉真正的贡献在于让抽象思维超越了具体的物理层面。这是一场他与自己、与同行及与整个行业的较量，而最终他取得了胜利。

他是一位先驱、一个传奇人物，也是一名程序员，或许他并不是特别谦逊。艾伦·凯(Alan Kay)曾评价他："在计算机科学领域，衡量傲慢的标杆是'纳迪杰斯特拉'(nano-Dijkstras)。"但他进一步解释道："对于任何有自我认知的人来说，迪杰斯特拉更多的是有趣，而非令人厌烦。"无论如何，迪杰斯特拉的故事都引人入胜。

6.1 生平

迪杰斯特拉于1930年5月11日出生在鹿特丹。他的父亲是一名化学教师，也是荷兰化学学会的会长。他的母亲是一位数学家。因此，这个男孩从小就生活在充满数学和科技氛围的环境中。

在德国占领荷兰期间，他的父母把他送到乡下，直到局势稳定下来才让他回城。战争结束后，许多东西都遭到了破坏，但同时充满了希望。

1948年，迪杰斯特拉以数学和科学科目全优的成绩从高中毕业。

和所有年轻人一样，他起初也应该是排斥父母所从事的技术领域，认为自己更适合学习法律，然后代表荷兰在联合国工作。但在莱顿大学就读时，他还是被技术的魅力所吸引，兴趣很快转向了理论物理学。

1951年，他的兴趣再次发生了改变。当时他的父亲安排他去英国剑桥参加一个为期三周的课程，课程内容是介绍EDSAC计算机的编程。他的父亲认为，了解当时的新技术工具会有助于他在理论物理学领域的发展。但结果却大相径庭。

尽管他在英语方面有些吃力，但他非常喜欢这门课程，并且学到了很多知识。他说那三周的时间改变了他的人生。在那里，他遇到了阿姆斯特丹数学中心的主任阿德里安·范·维恩加登(Adriaan van Wijngaarden)，后者为他提供了一份程序员的兼职工作。

1952年3月，迪杰斯特拉接受了这份工作。他成为荷兰的第一位程序员。他被计算机那种"规则至上，绝不通融"的特性所吸引。

当时，数学中心还没有计算机。他们正在尝试制造一台名为ARRA的机电式机器。他帮忙设计了指令集，并编写了一些程序，不过这些程序得等到机器造好后才能运行。

正是在这里，他遇到了格里特·布劳(Gerrit Blaauw)。布劳1952年在哈佛大学师从霍华德·艾肯(Howard Aiken)，后来与弗雷德·布鲁克斯(Fred Brooks)和吉恩·阿姆达尔(Gene Amdahl)一起参与了IBM 360的设计工作。布劳将艾肯实验室的许多材料和优秀的技术带到了数学中心。

迪杰斯特拉和布劳一起参与了ARRA[1]以及其他项目的工作。关于布劳，迪杰斯特拉曾讲过这样一个故事：[2]

> "他是一个非常守时的人，这是件好事，因为有好几个月的时间，我和他一起调试安装在史基浦机场(Schiphol Aircraft)的FERTA[3]设备。那个地方有点难到达，谢天谢地，他有一辆车。所以每天一大早，7点的时候，我就会骑上自行车，来到高速公路旁，把自行车停好，然后在路边等着布劳来接我。那是寒冷的冬天，多亏了加拿大军队的一条古老规定，也多亏了布劳是个非常守时的人，我才能每天这样做。我记得有一次非常糟糕的经历，我们一整天都在调试FERTA设备，到了晚上10点，他的车是停车场里最后一辆车了，天开始下雪，车却发动不起来了。我不太记得我们最后是怎么回家的了，我猜那天布劳又解决了一个问题。"

迪杰斯特拉喜欢那种"既需要巧思又需要精准"的挑战。但随着在数学中心的研究工作不断深入，他越来越担心编程这个领域不适合自己。毕竟，他当时是被当作一流理论物理学家来培养的，而那时的计算机编程根本算不上什么正经职业。

1955年，他向维恩加登表达了自己的担忧，此时他的个人困境达到了顶点。迪杰斯特拉说：

> "几小时后，当我离开他的办公室时，我已经脱胎换骨。(维恩加登)平静地解释

1　早期机电计算机。
2　"程序员的早期记忆"，作者 Edsger Dijkstra。
3　从ARRA生的早期电子计算机。

说，自动计算机将会一直存在，我们才刚刚起步，可以成为未来让编程成为一门受人尊敬的学科的先驱。这是我人生的一个转折点……"[1]

1957年，迪杰斯特拉与玛丽亚(里亚)·德贝茨(Maria (Ria) Debets)结婚，她是在数学中心担任"计算员"的女孩之一。阿姆斯特丹的官员拒绝承认迪杰斯特拉在结婚证上填写的"程序员"职业。对此，他说：

> "信不信由你，在我结婚证上'职业'一栏里，填的是'理论物理学家'，这真是荒唐至极！"

6.2　ARRA计算机：1952—1955年

维恩加登聘请迪杰斯特拉为数学中心新的ARRA计算机编写程序。问题是，ARRA计算机根本无法正常工作。五年前，维恩加登曾前往哈佛大学，见到了艾肯的Mark I计算机及其后续机型。深受触动的他聘请了一些年轻工程师来制造一台类似但规模小得多的机器：ARRA计算机。

ARRA被设计成一台存储程序的机电式机器。它有一个磁鼓存储器、1200个继电器，还有一些用于寄存器的真空管触发器。继电器需要定期清洁，但触点的老化速度非常快，导致开关时间不稳定，使得这台机器很不可靠。经过四年的研发和不断维修，这台可怜的机器显然只能用来生成随机数了。

这可不是开玩笑。他们编写了一个演示程序，模拟投掷一个13维的立体骰子。[2]有一次，一位政府部长来观看这个演示。他们紧张地启动了机器，难得的是，它开始打印出正确的随机数。机器竟然工作了！——不过只持续了一会儿，然后毫无预兆地停机了。维恩加登灵机一动，向部长解释道："这是一个极不寻常的情况，这个骰子正以一个角为支点保持平衡，不知道该朝哪个方向倒下。如果你按下这个按钮，就会给这个骰子一个小小的推力，ARRA计算机就会继续计算。"部长按下了按钮，机器又开始打印随机数了。部长回应道："这很有趣。"不久就离开了。

这台机器之后再也没有正常工作过。

沮丧的维恩加登招募了刚在哈佛大学获得博士学位的布劳，布劳当时正与艾肯一起致力于哈佛Mark IV计算机的研究。布劳加入团队后，很快就说服大家，他们的机器没有成功的希望，需要从头开始，使用电子元件而不是机电继电器。

于是，团队开始设计新的ARRA计算机。嗯，实际上，这是ARRA 2，但他们不想让人知道曾经有过ARRA 1。

1　Dijkstra, Edsger W. The Humble Programmer[C]// ACM Turing Lecture. New York: ACM, 1972. [2025-03-20]. 可参考"电子脚注"中列出的网页。

2　只有一群数学极客才能想出那个作为演示。

所以他们就把这台新机器仍称为ARRA，如图6-1所示。

作为"程序员"，迪杰斯特拉会向硬件工程师们提出一个指令集方案。而硬件工程师们则评估这个指令集在实际建造中是否可行。他们会做出修改，然后把方案交回给迪杰斯特拉。这样的反复过程一直持续到他们都准备好"立下字据"为止。然后硬件工程师们制造硬件，迪杰斯特拉则开始编写编程手册，并编写I/O原语。

图 6-1

这种分工方式确立了这样一种理念：硬件是执行软件的黑匣子，而软件独立于硬件的设计。这是计算机体系结构中的重要一步，也是早期依赖倒置的一个例子。硬件依赖于软件的需求，而不是软件从属于硬件的设计要求。

13个月后的1953年，他们成功完成了这台新机器的建造。而且，它还能正常工作——他们让它一天24小时不停地计算诸如风向、水流以及飞机机翼的性能等数据。这台机器完全取代了之前用台式计算器进行这些计算的女性"计算员"团队。那些女性后来成为这台新机器的程序员。

在某个时候，他们把一个扬声器连接到其中一个寄存器上，这样就能在机器运行时听到有节奏的声音。这是一个很好的调试工具，因为你可以通过听来判断它什么时候运行正常，什么时候陷入了循环。

在大多数计算机还在使用十进制(BCD)的时候，ARRA被设计成一台二进制计算机。它的电子元件是真空管，有两个工作寄存器，有1024个30位的磁鼓存储单元，每秒大约能执行40条指令。磁鼓的转速是每秒50转。主要的输入设备是五通道纸带，输出通常会发送到一台自动打字机上。

迪杰斯特拉为ARRA 2设计的指令集可以让我们了解他及与他同时代的人认为计算机应该具备的功能：这个指令集相当精简，更多地关注算术运算，而非数据操作。后来的计算机则改变了这一设计理念！

ARRA 2的指令宽度为15位，所以两个指令可以存储在一个30位的字中。这两个指令被称为a和b。因此，这台机器可以存储2048条指令。指令的前5位是操作码，最后10位是存储地址(或立即数)。

两个寄存器分别命名为A和S。它们可以独立操作，但也可以作为一个60位的双精度数来使用。

这台机器有24条指令。注意，指令集中没有I/O指令和间接寻址指令。还要注意的是，迪杰斯特拉使用十进制表示操作码。在当时，还没有八进制或十六进制的概念，如图6-2所示。

```
 0/n replace (A) with (A)+(n)
 1/n replace (A) with (A)-(n)
 2/n replace (A) with (n)
 3/n replace (A) with -(n)
 4/n replace (n) with (A)
 5/n replace (n) by -(A)
 6/n conditional control move to na
 7/n control move to after na
 8/n replace (S) with (s)+(n)
 9/n replace (S) with (S)-(n)
10/n replace (S) with (n)
11/n replace (S) with -(n)
12/n replace (n) with (S)
13/n replace (n) with -(S)
14/n conditional control move to nb
15/n control move to nb
16/n replace [AS] with [n].[s]+[A]
17/n replace [AS] with -[n].[S]+[A]
18/n replace [AS] with [n].[S]
19/n replace [AS] with - [n].[s]
20/n divide [AS] by [n]:, place quotient in S, remainder in A
21/n divide by -[n]:, place quotient in S, remainder in A
22/n shift A->S, i.e. replace [AS] with [A].2^(29-n)
23/n shift S->A, i.e. replace [SA] with [S].2^(30-n)
24/n communication assignment
```

图 6-2

两条条件控制转移(跳转)指令只有在最后一次算术运算的结果为正数时才会执行。ARRA是一台采用补码表示的机器，这意味着零有两种表示形式，一种是正零，另一种是负零。所以通过减法来测试零是很危险的。

注意，如果你想跳转到指令a或指令b，必须使用不同的跳转指令。当你在程序中插入一条指令时，处理这种情况肯定非常麻烦。

磁鼓存储器被划分为64个通道，每个通道包含16个字。我推测每个通道对应磁鼓上的一个磁道。我还推测有64个读头，并且每个读头通过继电器连接到电子元件上。这些继电器打开或关闭需要20~40毫秒的时间。所以注重效率的程序员必须注意，不要在不同磁道之间频繁跳转。

此外，似乎用于读写磁鼓的电子元件一次能够从两个磁道读取数据：一个用于读取指令，另一个用于读取数据。这使得程序员可以将指令集中存储在一个磁道上，将数据存储在另一个磁道上，而不必改变继电器的状态。

更复杂的是，实际上磁鼓上的每个磁道在圆周方向上只能容纳8个字，但每个读/写头实际上是一个双磁头，可以读取或写入相邻的两个磁道中的一个。因此，读取整个16个字的通道至少需要磁鼓旋转两圈。

想象一下，当你试图编写一个有趣的数学程序时，还得考虑到所有这些复杂的情况。

注意，这个指令集不支持间接寻址。要么是迪杰斯特拉当时还没有意识到指针的重要性，要么是硬件设计师难以实现间接寻址功能。所以，任何间接或索引访问都必须通过修改现有指令中的地址来实现。

这也是实现子程序的策略。指令集中没有"调用"指令,也没有任何记录返回地址的方法。所以,在跳转到子程序之前,程序员的任务是在子程序的最后一条指令中存储合适的跳转指令。

这些机器和指令集的原始特性可能对迪杰斯特拉产生了双重影响。被所有这些烦琐的细节和高度受限的环境所困扰,可能使他无法认真思考计算机科学的问题。但这也可能在他心中埋下了强烈的愿望种子,促使他摆脱所有这些细节,走向抽象化。正如我们将看到的,迪杰斯特拉正是走上了这样一条道路。

事实上,在迪杰斯特拉1953年撰写的《ARRA的功能描述》(*Functionele Beschrijving Van De Arra*)中,就已经透露出他在细节与抽象思维之间的这场较量的端倪。在那篇文章中,迪杰斯特拉不遗余力地阐述并解释了可调用子程序相较于霍珀在Mark I计算机中使用的那种"开放式子程序"(代码复制)的优势。

在描述如何调用子程序时,他说:"如果用同一组命令控制运行,那会很好",而不是在程序中一遍又一遍地复制这些命令,因为"那样做非常糟糕,而且浪费内存空间"。但随后他又抱怨说,以那种方式跳转到子程序会导致大量的磁鼓切换时间,每次调用和返回都会使磁鼓多旋转一整圈。

如何平衡这种矛盾,正是迪杰斯特拉的故事,也是他留下的思想财富。

6.3 ARMAC计算机:1955—1958年

数学中心(MC)还在持续改进设计,并在ARRA计算机的基础上制造了新的机器。

两年后(1955年),FERTA计算机制造完成,并安装在史基浦机场旁边的福克(Fokker)工厂,用于计算设计F27"友谊"号飞机机翼所需的矩阵。架构与ARRA计算机相似,但存储扩展到了4096个字(34位),速度提高了一倍,达到每秒约100条指令,这可能是因为磁鼓上每个磁道的密度增加了一倍的缘故。

一年后(1956年),ARMAC计算机问世,它是ARRA计算机的又一衍生产品。它每秒可以执行1000条指令,这是因为它使用了一小部分磁芯存储器来缓存磁鼓上的磁道数据。这台机器有1200个电子管,耗电量为10千瓦。

这是一个硬件密集实验和快速改进的时期,但软件架构(尤其是指令集方面)并没有太大的改进。然而,存储器和速度的提升让迪杰斯特拉能够思考一个以前难以解决的问题。

迪杰斯特拉算法：最短路径

"一般来说，从鹿特丹到格罗宁根，或者从一个城市到另一个城市，最短的路线是什么呢？这就是最短路径算法，我大约花了二十分钟就设计出来了。1956年的一个早晨，我和年轻的未婚妻在阿姆斯特丹购物，累了之后，我们坐在咖啡馆的露台上喝咖啡，我就在思考是否能解决这个问题，然后我就设计出了最短路径算法。就像我说的，这是一个二十分钟的发明。实际上，它在三年后的1959年才发表。那篇发表的文章现在读起来仍然很有价值，事实上，写得相当不错。它之所以很好，其中一个原因是我设计的时候没有用纸和笔。后来我了解到，不用纸和笔进行设计的一个好处是，你几乎不得不避免所有可以避免的复杂情况。最终，让我大为惊讶的是，这个算法成了我声名远扬的成果之一。"

——艾兹格·迪杰斯特拉，2001年

迪杰斯特拉选择这个问题，是因为他想用一个普通人都能理解的非数值问题来展示ARMAC计算机的能力。他编写了一个演示代码，通过荷兰64个[1]城市之间简化的交通网络，找到从一个城市到另一个城市的最短路径。

这个算法并不难理解。它有几个嵌套循环、一些排序操作，以及一点数据操作。但想象一下，在没有指针、没有递归、没有子程序调用指令的情况下编写这段代码。想象一下，你必须通过修改单个指令中的地址来访问数据。此外，再考虑一下优化这个程序的问题，要避免数据在核心缓冲区和磁鼓之间频繁地调入和调出。一想到这些，我就头疼！

完成演示代码后，迪杰斯特拉又创建了一个类似的算法来解决一个更实际的问题。下一台计算机X1的背板有大量的互联线路，而铜是一种贵金属。所以他编写了最小生成树算法，以尽量减少在那个背板上使用的铜线数量。

解决这类图算法问题是迈向我们如今所熟知的计算机科学的一步。迪杰斯特拉用计算机解决了本质上并非严格数值计算的问题。

6.4 ALGOL语言与X1计算机：1958—1962年

迪杰斯特拉在数学中心的努力正值计算机发展的形成时期。1954年格蕾丝·霍珀(Grace Hopper)举办的自动编程研讨会引起了很大的轰动。在那次研讨会上，J. H.布朗

---

[1] 是的，他用一个6位整数表示每个城市。

(J. H. Brown)[1]和J. W.卡尔三世(J. W. Carr III)[2]提交了一篇关于他们试图创建一种与机器无关的通用编程语言的论文。索尔·戈恩(Saul Gorn)[3]也提交了一篇类似的论文。这两篇论文都主张将语言的结构与硬件的物理结构分离开来。

这是一个革命性的概念，与当时的主流思想背道而驰。像FORTRAN、MATH-MATIC，甚至最终的COBOL等语言，都与当时机器的物理架构紧密相连。人们认为，这种紧密的结合对于实现高效执行是必要的。布朗和卡尔承认，通用语言可能运行速度较慢，但他们认为这些语言会缩短编程时间，减少程序员的错误。

举一个语言与物理架构紧密结合的例子，考虑C语言中的int类型。根据不同的机器，它可以是16位、32位或64位整数。我曾经在一台机器上工作过，在那台机器中int是18位整数。在C语言中，int类型与机器字紧密相关。当时的许多语言都简单地假定语言的数据格式就是机器的数据格式，包括内存布局。子程序的参数被分配在固定位置，这就排除了任何形式的递归或可重入性。

1958年5月，卡尔和其他几个人在苏黎世会面，开始定义一种通用的、与机器无关的编程语言。他们将其命名为ALGOL。[4]宣称目标是创建一种基于数学符号的语言，这种语言可用于算法的发布，并能通过机械方式翻译成机器程序。

约翰·巴克斯(John Backus)创建了一种形式化表示法来描述该语言的早期(1958年)版本。彼得·诺尔(Peter Naur)认识到了这种表示法的精妙之处，并将其命名为巴克斯范式(Backus Normal Form，BNF)[5]。然后他用这种范式来定义1960年版的ALGOL语言。

与此同时，迪杰斯特拉和数学中心正忙于制造X1计算机。这是一台完全晶体管化的机器，拥有多达32K个字(27位)的存储。地址空间的前8K是只读内存，包含引导程序和一个原始的汇编器。X1是最早拥有硬件中断的机器之一，迪杰斯特拉将战略性地利用这一特性。这台机器还拥有一个变址寄存器！终于有了真正的指针！除此之外，它在许多方面与ARRA和ARMAC计算机相似。

存储周期时间为32微秒，加法运算时间为64微秒。因此，它每秒可以执行超过10 000条指令。图6-3显示了X1计算机。

1959年，维恩加登(Wijngaarden)和迪杰斯特拉加入了定义ALGOL语言的工作。1960年，随着巴克斯范式规范的完成，迪杰斯特拉和他的亲密同事亚普·宗内维尔德(Jaap Zonneveld)迅速为X1计算机编写了一个编译器，这让计算机界大为震惊。

1　来自Willow Run研究中心。
2　John Weber Carr III (1923—1997)。
3　来自弹道研究实验室。
4　国际算法语言。
5　1964 年，Donald Knuth建议将名称改为Backus–Naur 范式。

图 6-3

"震惊"这个词可能都不足以形容。诺尔写道："1960年6月,荷兰项目成功的第一个消息传来,就像一颗炮弹在我团队中炸开。"[1]这颗"炮弹"或许可以解释后来出现的一些紧张气氛。我想迪杰斯特拉及其团队被视为突然冒出来的新人,抢了其他人的风头。

关于他们的成功,迪杰斯特拉写道:[2]"之前没有编译器编写经验,再加上一台没有既定使用方法的新机器(X1),这两者的结合极大地帮助我们用全新的思维方式来解决实现ALGOL 60的问题。"

迪杰斯特拉和宗内维尔德使用的一种技术是"双重编程"。他们各自独立实现一个功能,然后比较结果。迪杰斯特拉称这是一种"工程方法"。有人认为[3],这种方法显著缩短了调试和开发时间。

当时,大多数实现该语言的团队都在争论应该保留或舍弃哪些功能。而迪杰斯特拉和宗内维尔德没有舍弃任何功能。他们在六周内实现了完整的规范。

事实上,他们甚至实现了几乎所有人都计划省略的规范部分:递归。

这十分具有讽刺意味,因为递归功能曾被投票从语言中剔除。迪杰斯特拉和约翰·麦卡锡(John McCarthy)曾极力主张保留递归,但委员会的其他成员认为递归效率太低,而且没什么用处。然而,决议的措辞足够模糊,以至于迪杰斯特拉还是偷偷地将这个功能加了进去。

这让他与ALGOL团队的其他成员产生了一些矛盾。实际上,递归与效率的问题造成了相当紧张的气氛。在1962年的一次会议上,一位成员[4]站起来,对迪杰斯特拉、诺尔以及其他递归的支持者发表了一句尖刻的评论[5],这句话引起了一阵热烈的掌声和笑声:

"问题是——我再强调一次——我们想用这种语言来工作,是真正地工作,而不是拿它来玩,我希望我们不要成为ALGOL花花公子。"

---

1 见本章参考文献[6],第46页。
2 见本章参考文献[6],第57页。
3 与Tom Gilb的私人通信。
4 Gerhard Seegmüller。
5 见本章参考文献[6],第 44 页。

迪杰斯特拉和宗内维尔德成功了，而许多其他团队仍在苦苦挣扎，其中一个原因是迪杰斯特拉在语言和机器之间创建了一个抽象边界。编译器将ALGOL源代码转换为一种p-code[1]，再由一个与之关联的运行时系统解释该p-code。如今，我们把那个运行时系统称为虚拟机(VM)[2]。

这种划分使得语言编译器可以忽略机器本身，这也是卡尔、布朗、戈恩及ALGOL团队最初追求的目标之一。忽略机器使得编译器的编写变得容易许多。简而言之，迪杰斯特拉发明了一台非常适合ALGOL语言的机器，然后他在运行时系统中弥补了可能存在的差异。

当然，这也导致了一定的低效率。模拟p-code的运行速度总是比原始机器语言慢[3]。但迪杰斯特拉坚定地认为，不必在短期内担心效率问题，以此为自己的做法辩护。他更关注语言和计算机体系结构的长期发展方向。因此，他说：[4]

"为了尽可能清楚地了解程序员的真正需求，我打算暂时不考虑那些众所周知的标准，如'空间和时间'。"

他接着说：

"我深信，程序正确性问题比对特定机器特性的过度利用要紧迫得多……"

最后他还说：

"……递归是一个如此简洁优雅的概念，将来必然对新机器的设计产生显著影响。"

当然，他是对的。拥有各种出色变址寄存器(其中一个是专用堆栈指针)的PDP-11计算机，仅仅在十年后就问世了。

在ALGOL项目刚开始的时候，迪杰斯特拉和宗内维尔德担心维恩加登(按照他一贯的秉性)会过度揽功。所以这两位原本不留胡子的程序员密谋，在编译器成功运行之前都不刮胡子。只有留着胡子的人才能为编译器的成功邀功。六周后，编译器成功运行了，宗内维尔德刮掉了胡子，但从那以后，迪杰斯特拉就一直蓄着胡子。

6.5　阴霾如墨渐漫：1962年

凭借ALGOL 60的成功，迪杰斯特拉在1962年一篇题为"关于高级编程的一些思考"(Some Meditations on Advanced Programming)的论文中展望了未来。他的第一个主

1　可移植代码。通常是表示虚拟机指令的数字代码。
2　像JVM或CLR这样的虚拟机。
3　特别是由于即时编译器在几十年后才出现。
4　见本章参考文献[6]，第59页。

张是，软件是一门艺术，必须发展成为一门科学：

> "因此，我特别希望引起你们对那些努力和思考的关注，这些努力和思考试图提高编程的'艺术水平'，也许在未来的某个时候，我们可以谈论'编程的科学水平'。"

然后，他继续描绘了一幅关于"当前技术水平"相当悲观的图景。他说，从艺术到科学的这种转变"非常紧迫"，因为：

> "……程序员的世界仍然是一片黑暗，只有天边刚刚泛出的几缕曙光。"

为了解释这点，他描述了当时的情形：作为一名程序员，使用那些性能"几乎被发挥到极限甚至超出极限"的机器，去完成"几乎不可能完成的任务"。他解释说，在这种情况下，程序员会依靠"奇思妙想"来哄着他们的系统正常工作。

他称编程这门学科"极其粗糙和原始"且"不规范"，并抱怨说，程序员的创造力和精明反而鼓励硬件设计师"加入各种可用性存疑的奇特功能"。换句话说，糟糕的机器造就糟糕的程序员，而糟糕的程序员又催生更糟糕的机器。

他在抨击哪些机器呢？有传言说，他针对的是IBM制造的机器。

继续阅读这篇论文就会意识到，他抱怨的实际是当时的机器架构使得递归实现困难且效率低下，从而迫使编译器编写者限制语言以避免递归。

他在文章结尾呼吁"优雅"和"美感"，并声称，除非为程序员提供"迷人"且"值得喜爱"的语言，否则他们很可能无法创建"高质量"的系统。

这篇论文发表的时候，行业关注的焦点集中在一个截然不同的问题上。那是"软件危机"的早期阶段。越来越明显的是，即使项目最终交付了，也会超出预算和工期；项目效率低下、漏洞百出，不符合要求；而且难以管理和维护。

我想这听起来你很熟悉。软件危机从未真正结束。我们只是在某种程度上学会了接受并适应它。

迪杰斯特拉的解决方案是科学性、优雅性和美感。正如我们将看到的，他并没有错。

6.6 计算机科学的崛起：1963—1967年

有了可以正常运行的ALGOL编译器，迪杰斯特拉从此摆脱了物理硬件的束缚，得以对各种计算机科学问题展开实验研究。早期研究的问题之一就是多道程序设计。迪杰斯特拉在埃因霍温理工大学带领着由其他5名研究人员组成的团队，着手开发一个项目，旨在构建一个名为THE[1]的多道程序系统。

---

1 埃因霍温技术学校(荷兰语：Technische Hogeschool Eindhoven，缩写为THE)。

1968年，迪杰斯特拉向《美国计算机协会通讯》(Communications of the ACM)提交了一篇著名的论文[1]，对这个系统进行了阐述。该系统的结构在当时独树一帜，也显示出迪杰斯特拉相比他在ARRA计算机时期已经取得了巨大进步。

这个系统运行在X8计算机上，X8是X1计算机的衍生产品，速度更快，性能也更强。X8计算机至少有16K字(27位)的内存，可扩展至256K字。其磁芯存储器周期时间为2.5微秒，这使得它每秒能够执行数十万条指令。它具备间接寻址功能，以及包括I/O和实时时钟在内的硬件中断功能[2]。在那个时代，它是进行多处理实验的理想平台。

6.6.1 科学性

THE系统的架构相当现代化。迪杰斯特拉非常谨慎地将其分隔为多个黑盒层。他不希望高层级的层了解低层级层的复杂细节。

最底层(第0层)是处理器分配层——这一层决定将哪个处理器分配给特定的进程。在这一层之上，正在执行的程序并不知道自己运行在哪个处理器上。

上一层(第1层)是存储控制层。该系统具备基本的虚拟存储功能。磁芯存储中的页面可以与磁鼓进行交换。在这一层之上，程序只需要假定所有程序和数据元素在存储中都是可访问的。

再上一层(第2层)控制着系统控制台[3]。它负责确保各个进程能够通过键盘和打印机与用户进行通信。在这一层之上，每个进程只需要假定自己可以独占访问控制台。

第3层控制I/O及I/O设备的缓冲。在这一层上，用户程序只需要假定进出各种设备的数据是连续的数据流，不必进行管理。

第4层是用户程序执行的层级。

在20世纪60年代中期，精心设计一个具有分层结构的操作系统所需的方法和理念是全新的。创建将高层策略与低层细节相隔离的抽象层的理念具有革命性。这正是计算机科学最出色的方面。

6.6.2 信号量

在开发过程中，迪杰斯特拉团队遇到了并发更新和竞态条件的问题。为了解决这个问题，迪杰斯特拉提出了我们现在熟知并广泛应用的抽象概念——信号量

---

1 "THE多道程序系统的结构"。见本章的参考文献。

2 他称之为"一个值得爱上的中断系统"。我想这是最后一次有人这样谈论中断。

3 为单个IO设备专门设置一个完整的层次结构可能看起来很奇怪。但系统控制台是唯一一在所有进程之间共享的设备，因此值得特别关注。如今，我们可能以不同方式处理这个问题，但当时更好的解决方案并不明确。为单个IO设备专门设置一个完整的层次结构可能看起来很奇怪。但系统控制台是唯一一在所有进程之间共享的设备，因此值得特别关注。如今，我们可能以不同方式处理这个问题，但当时更好的解决方案并不明确。

(semaphore)。

信号量本质上就是一个整数，允许对其执行两种操作[1]。如果信号量小于或等于零，P操作会阻塞调用进程；否则，它会将信号量减1并继续执行。V操作会将信号量加1，如果结果为正数，它就直接继续执行。否则，在继续执行之前会释放一个被阻塞的进程。

在迪杰斯特拉关于信号量的论述中，他创造了临界区(critical section)和不可分割动作(indivisible action)(也称"原子操作")这两个术语。临界区是一段代码区域，程序在其中操作共享资源时，不可以被其他程序中断。也就是说，它不允许并发更新。不可分割动作是指在允许硬件中断之前必须完全完成的动作。特别是，对信号量的增减操作必须是不可分割的。

当然，如今我们程序员对这些概念都很熟悉。在我们刚开始学习编程的早期阶段就接触到这些概念。但迪杰斯特拉和他的团队必须从基本原理出发推导出这些概念，并将它们形式化为我们现在习以为常的抽象概念。

6.6.3 结构化编程

迪杰斯特拉采用的另一个极具科学性的概念是，程序是由顺序过程构成的结构。每个这样的过程都有单一的入口和出口，相邻过程都将其视为一个黑盒。这些过程可以是顺序执行的，即一个接一个地执行；也可以是迭代执行的，即一个过程在循环中执行多次。

这种由顺序和迭代过程构成的黑盒结构使得迪杰斯特拉的团队能够独立测试各个过程，并创建合理的证明来验证这些过程的正确性。

这种结构化方法所实现的测试非常成功，以至于他自豪地宣称：

"在测试过程中出现的唯一错误都是微不足道的编码错误(出现的频率为每500条指令有一个错误)，通过机器的(传统)检查，每个错误都能在10分钟内定位到，并且每个错误都很容易修复。"

迪杰斯特拉坚信，这种结构化编程是良好系统设计的重要组成部分，也是THE系统取得显著成功的原因。为了反驳那些声称该系统的成功是因为其规模较小的批评者，迪杰斯特拉写道：

"……我想冒昧地提出这样的观点，项目规模越大，结构化就越重要！"

6.6.4 数学证明的迷思

然而，接下来的论述就有点奇怪了。在迪杰斯特拉对THE系统的描述中，他提出

---

[1] 由于历史原因命名为P和V。

了一个惊人的论断：

> "……我们保证这个系统完美无缺。当系统交付时，我们不必再时刻担心系统会在某些极端情况下崩溃。"

迪杰斯特拉提出这个论断，是因为他相信他和他的团队已经从数学上证明了这个系统是正确的。在他的余生中，他一直秉持、推广并极力宣扬这一观点。在我看来，这也是他最大错误的根源。在他看来，编程就是数学。

事实上，在"论程序的可靠性"(On the Reliability of Programs)[1]一文中，迪杰斯特拉断言："编程将越来越成为一种具有数学性质的活动。"在我看来，迪杰斯特拉在这一点上大错特错。

6.7 数学：1968年

将软件视为数学的一种形式，这个观点很有吸引力。毕竟，两者之间有许多关联之处。格蕾丝·霍珀和她在哈佛大学的团队早期编写的程序都是数值型的，本质上具有很强的数学性。使用哈佛Mark I计算机来计算描述"胖子"原子弹钚核心内爆的偏微分方程组的解，确实需要极高的数学能力。

毕竟，是图灵声称程序员是"有能力的数学家"。而巴贝奇也是因为想要减轻编制数学用表的负担而投身于计算机的研究。

所以，当迪杰斯特拉道出软件将越来越成为数学问题时，他是有相当坚实的历史依据的。因此，他将精力集中在从数学角度证明程序的正确性上。

可以在他的"结构化编程笔记"(Notes on Structured Programming)[2]中清楚地看到这一点，他在书中展示了证明一个简单算法正确性的基本数学方法。他将这些方法概括为枚举、归纳和抽象。

他使用枚举法来证明两个或多个顺序的程序语句在保持既定不变量的同时实现了预期目标。他使用归纳法来证明关于循环的相同情况。他将抽象作为构建黑盒结构的主要动机。

然后，他运用这三种方法，对以下计算a/d的整数余数的算法进行了证明，如图6-4所示。

这是一个很棒的小算法，采用移位和减法的方法，运行时间为对数级。任何PDP-8程序员都会为此感到自豪。

迪杰斯特拉给出的证明长达两页，后面还附有一

$a \geqslant 0$ and $d > 0$.
"integer r, dd;
$r := a; dd := d;$
while $dd \leqslant r$ do $dd := 2*dd;$
while $dd \neq d$ do
  begin $dd := dd/2;$
    if $dd \leqslant r$ do $r := r - dd$
end".

图 6-4

---

1 见本章参考文献[5]，第3页。
2 见本章参考文献[5]，第12页。

页注释。我基于迪杰斯特拉的证明所做的证明稍短一些，但同样令人印象深刻(见下一页)。

很明显，没有哪个程序员[1]会接受将这样的证明作为编写软件的可行过程的一部分。正如迪杰斯特拉自己所说：

> "上述证明的烦琐和冗长让我很恼火……我不敢建议(至少目前不敢！)程序员在编写任何一个简单程序时都有责任提供这样的证明。如果这样的话，他根本就不可能编写出任何规模的程序！"如图6-5所示。

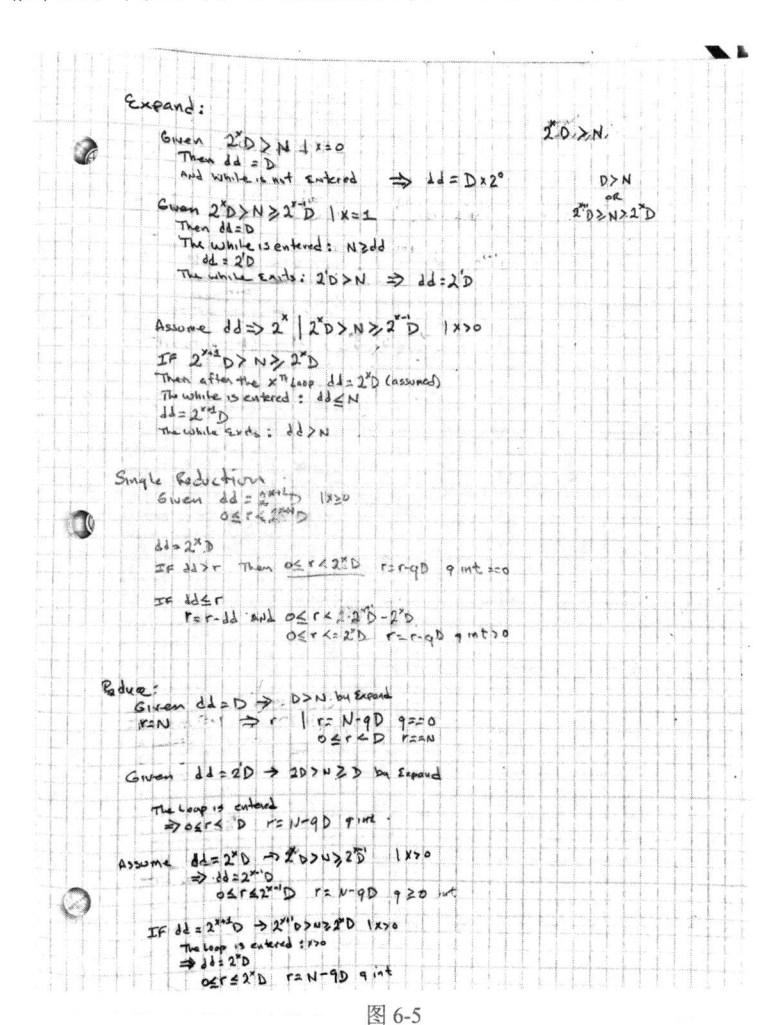

图 6-5

但随后他又说，当他研究欧几里得平面几何的早期定理时，也有过同样的"愤怒"感。而这正是迪杰斯特拉梦想的开端。

---

1 除了可能在学术环境中进行算法形式证明和研究的人。

迪杰斯特拉梦想着，有一天会有一系列的定理、推论和引理供程序员借鉴。他们不必再去如此烦琐地证明自己代码的正确性，而是可以使用那些已经被证明的技术，并能够基于已有的证明创建新的证明，而无需那些"烦琐和冗长"的过程。

简而言之，他认为软件将会像欧几里得的几何原本(Elements)一样，成为一个由定理构成的数学上层结构，一个庞大的证明体系，而程序员除了从这个庞大的体系中选取资源来构建自己的证明之外，几乎不必做其他事情。

但如今，在2023年即将结束的这几个月里，我并没有看到这样的体系。没有由定理构成的上层结构。软件领域的几何原本尚未被编写出来。而且我也认为它永远不会出现。

在这方面，希尔伯特(Hilbert)和迪杰斯特拉之间存在一种奇特的相似之处。他们都在追求修建一个根本不可能存在的宏伟真理大厦。

迪杰斯特拉的梦想尚未实现。而且很有可能，它永远也无法实现。原因就在于，软件并不是数学的一种形式。

数学是一门实证性学科——我们使用形式逻辑来证明事物的正确性。而事实证明，软件是一门证伪性学科——我们通过观察来证明事物的错误性。如果你对此观点略有共鸣，这是合乎情理的。软件本质上就是一门科学。

在科学领域，我们无法证明理论的正确性，只能通过观察发现其存在的错误。我们通过精心设计和严格控制的实验来进行这些观察。同样，在软件领域，也永远不要试图去证明程序的正确性，而应该通过精心设计的测试，来找到它们的错误之处。

迪杰斯特拉曾抱怨过测试，他说："测试只能显示错误的存在，而不能证明错误的不存在。"当然，他是对的。但在我看来，他忽略了一点，他的这句话恰恰证明了软件不是数学，而是一门科学。

6.8 结构化编程：1968年

1967年，尽管迪杰斯特拉取得了不小的成就，但数学中心(MC)还是解散了他所在的团队，因为他们认为计算机科学没有发展前景。出于这个原因及其他一些原因，迪杰斯特拉陷入了长达6个月的严重抑郁，还因此住院治疗。

康复后，迪杰斯特拉开始真正地引发一系列讨论和变革。

具有讽刺意味的是，正是迪杰斯特拉对数学的追求，引领他做出了或许是他对计算机科学和软件工程领域最有价值的贡献：结构化编程。事后看来，我们认识到了这一贡献的价值，但在当时，它引发了相当大的争议。

1967年，迪杰斯特拉在田纳西州加特林堡举行的美国计算机协会操作系统原理会议上发表了演讲。他与一些与会者共进午餐，讨论中谈到了迪杰斯特拉对GOTO语句的看法。迪杰斯特拉向他们解释了为什么GOTO语句会给程序带来复杂性。

与会者对这次讨论印象深刻，鼓励他就这个话题为《美国计算机协会通讯》(The Communications of the ACM)撰写一篇文章。

于是，迪杰斯特拉写了一篇简短的文章阐述自己的观点。他将文章命名为"反对GOTO语句的理由"(A Case Against the Go To Statement)。他把文章提交给了编辑尼克劳斯·维尔特(Niklaus Wirth)[1]，维尔特非常兴奋，遂于1968年3月跳过完整的同行评审流程，直接以"编辑来信"的形式匆匆发表了。维尔特还将文章标题改为"GOTO语句有害论"(Go To Statement Considered Harmful)。

这篇文章的标题在过去几十年里一直备受争议，引起了广泛的讨论，时至今日仍意义深远。

这个标题也激怒了整整一代程序员，他们对这个观点感到震惊。我不清楚这些程序员在表达不满之前是否真的读过这篇文章。不管怎样，编程期刊一下子热闹起来，就像一棵点亮的圣诞树。

当时我还是一个非常年轻的程序员，我清楚地记得随后引发的那场争论。那时还没有脸书(Facebook)或推特(Twitter，现名X)，所以当时的激烈争论是通过给行业内各个期刊编辑写信的方式展开的。

大约过了五到十年，这件事才逐渐平息下来。最终，迪杰斯特拉赢得了这场争论的胜利。通常情况下，我们程序员都不再使用GOTO语句了。

迪杰斯特拉的观点

1966年，科拉多·博姆(Corrado Böhm)和朱塞佩·雅科皮尼(Giuseppe Jacopini)写了一篇题为"流程图、图灵机及仅含两条构成规则的语言"(Flow Diagrams, Turing Machines, and Language with Only Two Formation Rules)的论文。在这篇论文中，他们证明了"每一台图灵机都可以简化为，或者在某种确定的意义上等同于，用一种仅采纳组合和迭代作为构成规则的语言所编写的程序"。换句话说，每一个程序都可以简化为顺序语句或循环语句。仅此而已。

这是一项了不起的发现。但由于它过于学术化，基本上被人们忽视了。但迪杰斯特拉非常重视这个发现，而且他在文章中阐述的观点很难被反驳。

简而言之，如果你想理解一个程序——而且你想证明这个程序是正确的——你需要能够可视化并检查该程序的执行过程。这意味着你需要将程序转化为一系列按时间顺序排列的事件。这些事件需要用某种标签[2]来标识，以便将它们与源代码联系起来。

对于简单的顺序语句，这个标签只不过是源代码语句的行号。对于循环语句，

---

[1] 是的，那个 Niklaus Wirth。你知道的：Pascal 的发明者。
[2] 他使用了术语坐标。将其与Babbage的动力学符号结合起来考虑。

这个标签是带有循环状态的行号；例如，第1行的第n次执行。对于函数调用，它是表示调用顺序的行号栈。但是，如果任何语句都可以使用GOTO语句跳转到其他任何语句，你要如何构建一个合理的标签呢？

是的，有可能构建这样的标签，但它们必须由一长串行号组成，每个行号都要带有系统的状态信息。

使用如此难以管理的标签来构建证明是根本不合理的。这要求太高了。

所以，迪杰斯特拉建议通过消除无限制的GOTO语句，并将它们替换为我们熟知并常用的三种结构来保持程序的可证明性：顺序结构、选择结构和迭代结构。这些结构中的每一个都是具有单一入口和单一出口的黑盒，并且每个结构很可能由相同的结构以递归下降的方式组成。

举一个简单例子，考虑一个工资算法，如图6-6所示。

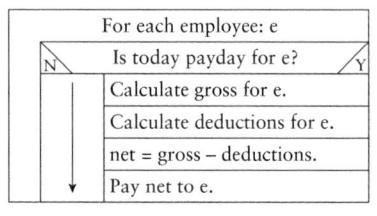

For each employee: e		
N	Is today payday for e?	Y
	Calculate gross for e.	
	Calculate deductions for e.	
	net = gross – deductions.	
	Pay net to e.	

图 6-6

这是纳西-施奈德曼图(Nassi–Shneiderman diagrams)[1]，可将算法限制在上述三种结构之内。最外层是"迭代结构"，迭代结构的第一个元素是"选择结构"，沿着选择结构的Y路径有四个"顺序结构"。这四个顺序结构中的每一个都是子序列，它们本身又由顺序结构、选择结构和迭代结构组成。

既然不打算遵循迪杰斯特拉关于编程即是数学证明的观点，那么为什么结构化编程的策略仍然有价值？因为即使我们不需要为代码编写证明，也希望代码是可证明的。所谓可证明的代码，就是指可以分析和推理的代码。实际上，如果函数短小、简单且可证明，那么我们甚至都不必创建迪杰斯特拉所说的标签。

无论如何，迪杰斯特拉毫无疑义地赢得了这场争论；GOTO语句几乎已经从现代编程语言体系中完全消失了。

然而，如果认为迪杰斯特拉对结构化编程的主张仅仅是"不使用GOTO语句"的话，那就错了。诚然，这个鲜明的主张广为人知，但他的意图远不止于此。这涉及架构的层次及依赖关系的方向等方面。但是，亲爱的读者，我就此打住，你可以自己从他精彩的著作中发现这些内容。

---

[1] 纳西-施奈德曼图(Nassi–Shneiderman diagram，NSD)，简称 NS 图或盒图，是结构化编程中的一种可视化建模。1972 年由艾萨克·纳西及其学生本·施奈德曼提出。NS图类似流程图，但所不同之处是 NS 图可以表示程序的结构。——译者注

参考文献

[1] Apt, Krzysztof R., and Hoare, Tony (Eds).. Edsger Wybe Dijkstra: His Life, Work, and Legacy[M]. New York: ACM, 2002.

[2] Belgraver Thissen, W. P. C., Haffmans, W. J., van den Heuvel, M. M. H. P., and Roeloffzen, M. J. M. Unsung Heroes in Dutch Computing History[EB/OL]. (2007) [2025-03-20]. https://web.archive.org/web/20131113022238/http://www-set.win.tue.nl/UnsungHeroes/home.html.

[3] Computer History Museum. A Programmer's Early Memories by Edsger W. Dijkstra[EB/OL]. YouTube, (2022-06-10) [2025-03-20]. https://www.youtube.com/watch?v=L5EyOokcl7s.

[4] computingheritage. Remembering ARRA: A Pioneer in Dutch Computing (English)[EB/OL]. YouTube, (2015-06-04) [2025-03-20]. https://www.youtube.com/watch?v=ph7KyzFafC4.

[5] Dahl, O.-J., E. W. Dijkstra, and C. A. R. Hoare. Structured Programming[M]. London: Academic Press, 1972.

[6] Daylight, Edgar G. The Dawn of Software Engineering: From Turing to Dijkstra[M]. [s.l.]: Lonely Scholar Scientific Books, 2012.

[7] Dijkstra, E. W. Functionele Beschrijving Van De Arra[R]. Amsterdam: Mathematisch Centrum, 1953. https://ir.cwi.nl/pub/9277.

[8] Dijkstra, Edsger. The Structure of the 'THE' -Multiprogramming System[J]. Communications of the ACM, 1968, 11(5): 341-346 [2025-03-20]. https://www.cs.utexas.edu/~EWD/ewd01xx/EWD196.PDF.

[9] Dijkstra, Edsger W. Edsger Dijkstra - Oral Interview for the Charles Babbage Institute - 2001[EB/OL]. YouTube, (2023-01-03) [2025-03-20]. https://www.youtube.com/watch?v=K9t-zE99GQY.

[10] Markoff, John. Edsger Dijkstra, 72, Physicist Who Shaped Computer Era[N]. New York Times, (2002-08-10) [2025-03-20]. https://www.nytimes.com/2002/08/10/us/edsger-dijkstra-72-physicist-who-shaped-computer-era.html.

[11] University of Cambridge, Computer Laboratory. EDSAC99, EDSAC 1 and After: A Compilation of Personal Reminiscences[C]// Proceedings of the EDSAC 99 Conference. Cambridge: University of Cambridge, 1999. https://www.cl.cam.ac.uk/events/EDSAC99/reminiscences.

[12] Van den Hove, Gauthier. Edsger Wybe Dijkstra, First Years in the Computing Science (1951-1968)[D]. Namur: Universitēde Namur, 2009. https://pure.unamur.be/ws/

portalfiles/portal/36772985/2009_VanDenHoveG_memoire.pdf.

[13] Van Emden, Maarten. Dijkstra, Blaauw, and the Origin of Computer Architecture[EB/OL]. A Programmer's Place, [2025-03-20]. https://vanemden.wordpress.com/2014/06/14/dijkstra-blaauw-and-the-origin-of-computer-architecture.

[14] Van Emden, Maarten. I Remember Edsger Dijkstra (1930-2001)[EB/OL]. A Programmer's Place, [2025-03-20]. https://vanemden.wordpress.com/2008/05/06/i-remember-edsger-dijkstra-1930-2002.

[15] Wikipedia. Dijkstra's algorithm [EB/OL]. [2025-03-20]. https://en.wikipedia.org/wiki/Dijkstra's_algorithm.

[16] Wikipedia. Edsger Dijkstra [EB/OL]. [2025-03-20]. https://en.wikipedia.org/wiki/Edsger_W._Dijkstra.

第 7 章

尼加德与达尔：第一种面向对象编程语言

面向对象编程是软件行业最重大的变革之一，它是两位截然不同的人物共同努力的成果：腼腆且书生气十足的奥莱-约翰·达尔(Ole-Johan Dahl)，以及个性张扬、行事鲁莽的克里斯滕·尼加德(Kristen Nygaard)。这对奇特的搭档，通过一系列机缘巧合、政治手段及深刻的见解，共同开创了一种软件范式，引领着编程语言设计走入21世纪。

他们的故事引人入胜，也为我们展示了两种截然不同的才华如何相互融合，进而改变世界。

7.1 克里斯滕·尼加德

尼加德1926年出生于挪威奥斯陆。他的父亲威廉·马丁·尼加德(William Martin Nygaard)是一名高中教师，还曾担任过挪威国家广播电台的节目秘书，并为卑尔根国家剧院提供文学方面的咨询服务。

尼加德是个聪明的孩子，对很多事物都感兴趣，包括科学和数学。小学时，他就开始听大学水平的讲座，还曾荣获全国数学竞赛奖。

他在纳粹占领期间上了高中，经历了奥斯陆的轰炸及纳粹对教育系统的接管。

战争结束后，尼加德进入奥斯陆大学学习理科，获得了天文学和物理学学士学位。

1948年，他在挪威国防研究所(NDRE)获得了一个全职职位，在那里他结识了奥莱-约翰·达尔。在机构的最初几年里，他专注于数值分析和计算机编程。

1952年，他加入运筹学(OR)研究组，很快成为负责人。他主导了多个国防相关的研究项目。例如，在战争结束后不久，他接到任务要研究士兵的作战效能，确定他们在复杂地形下的行军距离，以及携带多少食物和饮用水才能在数天后仍具备战斗力。为确保研究结果的准确性，尼加德带领团队与士兵同住同吃，士兵走多远他们就跟多远，士兵吃什么他们就吃什么。

尼加德曾明确表示，他的志向是"在挪威将运筹学发展成为一门实验性和理论性的科学……在三到五年内跻身世界顶尖研究小组之列"。在这一努力过程中，他成为挪威运筹学领域的顶尖专家之一。后来，他还帮助创立了挪威运筹学会，并在1959年至1964年间担任该学会的主席。

1956年，他从奥斯陆大学获得了数学硕士学位。他的论文题目是"蒙特卡罗方法的理论方面"(Theoretical Aspects of Monte Carlo Methods)。你很快就会明白，这个主题对我们的讨论来说十分重要。

从各个方面看，尼加德都是一个热衷于政治的人。他雄心勃勃，富有创业精神，而且政治嗅觉敏锐。在他的晚年，他曾竞选挪威工党的公职，利用自己的专业知识支持挪威工会，并成为"反对加入欧盟"组织的全国领导人。

他喜欢采取有争议的立场。他曾写道："最近有没有人对你的工作内容表示不满？如果没有，你该作何解释呢？"

艾伦·凯(Alan Kay)曾这样描述尼加德："在几乎任何方面，他都是一个极具个性的人。"

7.2 奥莱-约翰·达尔

1931年10月，达尔出生在挪威的航海小镇曼达尔(Mandal)的一个航海世家。他的父亲芬恩是一名船长，他的几乎所有的男性亲属也都是船长。这个家族的航海传统可以追溯到好几代人之前。

芬恩希望他的儿子能成长为一名真正的航海人，但现实情况往往会让这样的愿望落空。达尔是个安静、书生气的男孩，与周围环境有些格格不入，他更喜欢弹钢琴和阅读数学方面的书籍。

他对大海、运动，或者父亲的梦想都没什么兴趣。

曼达尔是挪威最南端的小镇，那里的人有自己独特的说话方式。达尔7岁时，全家搬到北面200英里外的德拉门(Drammen)，就在奥斯陆郊外。那里的方言与曼达尔的大不相同，而达尔始终没能掌握这种方言。在他的余生中，他都在为自己的口音而苦恼，并且对此很在意。

达尔在学校表现很好。其他同学给他起了个绰号叫"教授"，因为他有时会帮助老师讲解数学概念。他还是一名出色的钢琴演奏者。

然后，纳粹来了。

达尔13岁时，他的表弟被德国士兵开枪打死，全家人逃到了瑞典。在那里，他提前一年进入高中，成绩优异。

战后，1949年，达尔进入奥斯陆大学。他学习数学，并在那里接触到了计算机——考虑到当时的时代因素，他是用机器语言进行编程的。1952年，作为义务兵役的一部分，他在大学期间开始在挪威国防研究所(NDRE)兼职工作，毕业后则转为全职工作。

他在挪威国防研究所的上司正是克里斯滕·尼加德。他们两人注定会成就一番伟业。

达尔一生都带有学者气质，在社交方面有些笨拙，而且很腼腆。他羡慕尼加德的人际交往能力，但他对自己的能力也很有信心，会坚持自己的激进观点，即便受到压力时也不会退缩。

这使得他与尼加德的职业关系非常有效——尽管有时可能会火辣辣的。

达尔保持着对音乐的热爱还不断精进技艺，但很少公开独奏。他更喜欢与他人合奏室内乐。事实上，他还曾加入一个国际业余音乐爱好者俱乐部，随团在欧洲各地巡回演出。

音乐是达尔偏爱的社交方式。他可以通过音乐进行交流，而不会像说话时那样感到不自在。他经常带着乐谱去参加会议，试图找到人和他一起二重奏。正是在音乐的环境中，他遇到了自己的妻子，并结交了许多一生的挚友。

7.3 SIMULA语言与面向对象编程

SIMULA 67是第一个面向对象编程语言。它不仅影响了比雅尼·斯特劳斯特鲁普(Bjarne Stroustrup)创造C++，也启发了艾伦·凯(Alan Kay)开发Smalltalk。尼加德和达尔创造这门语言的过程堪称传奇。请准备好纸笔记录时间和缩写词，因为这趟旋风般的冒险将穿越斯堪的纳维亚官僚体系的迷宫、美国资本主义的丛林，以及尼加德纯粹的野心。

到20世纪50年代初，大多数国家的政府领导人都意识到，他们需要掌握计算领域的专业知识，否则就会在计算军备竞赛中落后。在挪威，有两个组织满足了这一需求：挪威国防研究所(NDRE)和新成立的挪威计算中心(NCC)。

1952年，奥莱-约翰·达尔作为一名军人来到挪威国防研究所，并为该机构的Ferranti Mercury计算机担任程序员。Mercury是一台有2000个真空管和一个浮点处理器的磁芯存储计算机。

它的磁芯存储为1024个字，每个字40位，还有四个磁鼓存储单元作为备份，每个磁鼓存储单元可容纳4K个字。

在接下来的几年里，达尔为Mercury计算机编写了一个汇编器。然后，受到早期关于ALGOL语言报道的启发，他编写了一个名为MAC(Mercury自动编码)的高级编译器。到那个十年结束时，达尔已经成为挪威最顶尖的计算机编程专家之一。

1948年，尼加德也作为一名军人来到挪威国防研究所。他使用手动蒙特卡罗方法帮助运行和研究挪威的第一座核反应堆。他在这方面的成功使他负责挪威国防研究所的运筹学工作，并成为挪威国内该领域的专家。

蒙特卡罗方法依赖于对所研究系统的模拟。手动模拟既耗费人力，又容易出错。

尼加德意识到可以利用计算机进行这种强力模拟工作。于是，尼加德带领他的团队为墨丘利计算机创建了几种不同的模拟程序。这段经历让他思考是否可以将模拟的概念形式化为一种数学语言，这种语言既能让计算机更容易理解，也能让分析师更容易编写。到1961年，他整理出了一组笔记，他称之为蒙特卡罗编译器。

尼加德的想法基于两种数据结构：一种他称之为客户(customer)，这是一种被动的属性存储库；另一种他称之为站点(station)。客户被插入站点内的队列中。站点对这些客户进行操作，然后将它们插入不同站点的队列中。客户每次插入站点队列都是由一个事件驱动的。由事件驱动的站点和客户组成的网络被称为离散事件网络。

尼加德并不是编程领域的专家。编写编译器并不是他能胜任的事情。所以，他寻求了他所认识的最优秀的程序员的帮助：达尔。两人合作创建了一种他们称为SIMULA的语言的正式定义，并于1962年5月完成。

早期，他们决定以ALGOL 60语言为基础开展工作。他们的计划是让SIMULA成为预处理器，将离散事件网络的描述作为输入，并生成ALGOL 60代码来执行模拟。

他们设想的语法包含像station、customer和system这样的关键字，通过特定的排列方式定义模拟网络。例如，以下是尼加德和达尔在1981年的论文中给出的一些代码片段。[1]从这段语法中可以明显看出ALGOL语言的影响，如图7-1所示。

```
system Airport Departure := arrivals, counter, fee collector,
    control lobby;
customer passenger (fee paid) [500]; Boolean fee paid;
…more customers…
station counter;
    begin accept (passenger) select:
    (first) if none: (exit);
    hold (normal (2, 0.2));
    (if fee paid then control else fee
    collector) end;
station fee collector …
```

图 7-1

与此同时，尼加德发现自己的职业环境越来越糟糕。他强烈反对挪威国防研究所的管理方向。这导致他与该机构的负责人产生了严重的个人恩怨。于是，在1960年5月，他接受了挪威计算中心的一个职位，负责建立一个民用运筹学部门。

尼加德从他在挪威国防研究所的原班人马中挖人，说服了其中六个人加入他的新项目。达尔又在挪威国防研究所待了几年，最终在1963年也加入了挪威计算中心。

挪威计算中心在1958年购置了一台英国制造的机器，名为数字电子通用计算引擎(DEUCE)[2]。它使用水银延迟线存储384个32位字，并配备一个能存储8K字的磁鼓。这台机器速度很慢。操作时间以数百微秒或毫秒来计算。这种机器并不适合尼加德的

---

1 见术语表中的"蒙特卡罗分析"。
2 见本章参考文献[6]中的The Development of the SIMULA Languages。

SIMULA语言。

1962年2月，挪威计算中心与哥本哈根的丹麦计算中心(DCC)达成协议，购置一台名为GIER(大地测量研究所电子计算机)的新计算机。尼加德对这笔交易并不满意，因为这台计算机并不比DEUCE好多少。但由于经济原因，这笔交易还是达成了。

挪威计算中心根本买不起尼加德想要的那种价值数百万美元的机器。

更糟糕的是，挪威计算中心对尼加德和达尔关于SIMULA语言的想法并不特别感兴趣。他们提出的反对意见如下：

- 这种语言没有什么用处。
- 如果有用的话，肯定之前就已经有人做过了。
- 达尔和尼加德没有能力开展这样的项目。

这样的工作应该是资源更丰富的大国来做的。换句话说，那些官僚和精打细算的人不支持这个项目。

但历史总是充满了机缘巧合。斯佩里·兰德公司(Sperry Rand)刚刚开始推销其新的UNIVAC 1107计算机，该公司希望吸引欧洲客户。于是，在1962年5月，就在尼加德因SIMULA语言被挪威计算中心斥责的时候，他收到了去美国参观这台新机器的邀请。

尼加德接受了邀请，但他的目的与其说是购买一台机器，不如说是推销SIMULA语言。他一到美国，就开始把SIMULA语言作为一种适用于UNIVAC计算机的语言来推广。鲍勃·贝默(Bob Bemer)参加了那些会议，并听了尼加德的推销演讲。

贝默在FORTRAN语言开发期间曾为约翰·巴克斯(John Backus)工作，在COBOL语言开发期间曾与格蕾丝·霍珀(Grace Hopper)共事。他还在ASCII码的创建过程中发挥了重要作用，并且因为提出分时系统的概念而差点被IBM公司解雇。

但在1962年5月，贝默已经成为一名ALGOL语言的狂热支持者，并在寻找推广ALGOL语言以超越FORTRAN语言的方法——而SIMULA语言看起来是一个不错的策略。

斯佩里·兰德公司的人对尼加德的演讲印象深刻，他们邀请他在1962年于慕尼黑举行的下一届IFIP(国际信息处理联合会)[1]世界大会上介绍SIMULA语言。就这样，SIMULA语言的概念几乎立刻在全球范围内获得了认可。

与此同时，斯佩里·兰德公司的人认为SIMULA语言会让他们在竞争中占据优势。于是，一天晚上，他们在一家希腊夜总会"听着布祖基琴音乐，看着一位美丽的肚皮舞者的表演"的时候，向尼加德提出了一个计划。[2]他们需要一个在欧洲展示1107计算机的场地，所以他们向挪威计算中心提出给予50%的折扣——条件是挪威计算中心要开发SIMULA语言。

UNIVAC 1107是一台固态计算机，拥有16K到64K的36位磁芯存储器。它配备一个能存储300K字的磁鼓。它使用薄膜存储器作为内部寄存器，磁芯存储器的周期为4微

---

[1] 国际信息处理联合会(International Federation for Information Processing)。
[2] 见本章参考文献[6]，第2.5节。

秒。这对尼加德和SIMULA语言来说是一台理想的机器。

可以想见，这使尼加德和斯佩里·兰德公司成为共谋，试图让挪威计算中心(NCC)撕毁与丹麦计算中心(DCC)关于GEIR计算机的协议。如果成功，斯佩里·兰德将获得展示场地，并得到SIMULA语言——这能帮他们吸引诸多需要蒙特卡罗模拟的客户(如核能实验室)。而尼加德将获得开发SIMULA所需的计算机，该语言也将通过斯佩里·兰德的全球客户网络推广，署满他的名字。这带来的声望价值不可估量。

这样的机会不是每天都有的，尼加德可不会让它从自己手中溜走。于是，尼加德开始在挪威计算中心四处游说，传播关于UNIVAC计算机交易的想法。大多数人都认为他疯了，对这个想法不屑一顾。

然后，1962年夏天，斯佩里·兰德公司派了一个代表团到挪威计算中心正式介绍这笔交易；但挪威计算中心仍然犹豫不决。50%的折扣很诱人，但即便如此，这台机器的价格还是比GIER计算机贵。而且，他们还得为SIMULA语言的开发提供资金。于是，鲍勃·贝默提出通过签订合同的方式为SIMULA语言的开发提供资金，让这笔交易更具吸引力。

这个决定对挪威计算中心来说太重大了，所以他们将此事上报给挪威皇家工业与科学研究委员会(NTNF)。

尼加德之前已经向NTNF的人宣传过这个想法，所以他们马上让尼加德写一份报告，以帮助该委员会做出决定。

猜猜尼加德给出了什么建议。当然，他用了恰当的措辞来表达。他的论点是，许多不同领域对计算能力的需求正在迅速增长，像UNIVAC 1107这样的机器在未来很长一段时间内都能满足需求。诸如此类。

NTNF决定取消GIER计算机的订单，并同意接受UNIVAC 1107计算机。斯佩里·兰德公司非常渴望达成这笔交易，他们做出了非常激进的交货承诺，并在合同中规定了违约罚款来支持这些承诺。

但这些交货承诺并没有兑现。原本承诺在1963年3月交付的机器直到8月才交货。承诺的操作系统软件直到1964年6月才达到可接受的水平。罚款数额很大，所以斯佩里·兰德公司同意升级硬件，而不是支付现金。

就这样，尼加德得到的机器比他预期的要好得多。这可真是一大成功。

但挫折也随之而来。当初促使尼加德离开挪威国防研究所的那些状况，现在又阻碍了他在挪威计算中心的工作。这些状况很简单，挪威计算中心需要收入，而研究并不能带来收入。此外，尽管SIMULA语言的开发由斯佩里·兰德公司提供资金，但这项开发并没有带来新的收入。更糟糕的是，挪威计算中心没有开发合同软件的经验，也不认为自己是一家软件承包商，所以该中心不知道如何处理与斯佩里·兰德公司关于SIMULA语言的合同。

这种情况持续恶化了将近一年。和以前一样，尼加德在职业上的挫折导致了个人恩怨，最终导致了高层人员的解雇和辞职。但这一次离开的不是尼加德。相反，当一切尘埃落定，挪威计算中心的董事会成立了一个新的特殊项目部门，并任命尼加德为研究主任。

SIMULA I

当尼加德忙于那些政治权谋之事时，达尔则在努力开发SIMULA编译器，但进展并不顺利。困扰他的问题与栈有关。

ALGOL 60是一种块结构语言。这意味着函数可以有存储在栈上的局部变量。我们都深知这一点。看看下面这段Java程序：

```
public static int driveTillEqual(Driver... drivers)
{
    int time;
    for (time = 0; notAllRumors(drivers) && time < 480; time++)
        driveAndGossip(drivers);
    return time;
}
```

time变量存放在哪里呢？我们都知道它存放在栈上。我们大多数人从小就知道局部变量是存放在栈上的常识。

但在20世纪50年代末，这可是个"激进"的概念。当时的计算机没有栈，也没有可以用作栈指针的变址寄存器。很多计算机甚至没有间接寻址功能。

我对此记忆犹新。即便到了70年代末，我在为英特尔8085微处理器和类似PDP-8的计算机工作时，将变量存放在栈上的想法既陌生又让人反感。之所以反感，是因为管理栈要消耗的机器周期超出了我的承受范围。想到要通过栈指针的偏移量来访问每个变量，就让人害怕。

所以我觉得，设计ALGOL 60的人把栈作为主要存储介质，实在是了不起。

然而，正是栈让达尔烦恼不已，而且原因很有趣。

块结构语言允许声明局部变量，还允许声明局部函数。

下面是用一种类似Java的虚构语言编写的程序，这种语言允许使用局部函数：

```
public int sum_n(int n) {
    int i = 1;
    int sum = 0;

    public int next() {
        return i++;
    }

    while (n-- > 0)
        sum += next();
    return sum;
}
```

next函数是sum_n函数的局部函数。此外，next函数可以访问sum_n函数的局部变

115

量。只有sum_n函数可以调用next函数。

达尔把像sum_n这样的函数块看作一种数据结构，其中包含可以操作它的函数。这与SIMULA定义中的"站点"概念非常相似。"站点" 是一种数据结构，包含客户队列，并可以对这些队列中的客户进行操作。

所以达尔的计划是编写一个预处理器，生成ALGOL 60块，这些块将充当他和尼加德模拟模型中的"站点"和"客户"。

然而，问题出在队列上。队列的行为与栈不同。栈上一个对象的生命周期严格长于栈上位于它之上的对象的生命周期。这就是栈的后进先出特性。

然而，队列中对象的生命周期则相反。队列中的第一个对象是第一个出队的。

达尔无法让队列中对象的生命周期与ALGOL 60块的生命周期相匹配。所以他不得不考虑另一种策略：垃圾回收。

他的想法是在堆(而非栈)上分配ALGOL 60块。实际上，他想让ALGOL 60的工作方式类似于下面这段Java程序：

```java
class Sumer {
    int n; int i = 1;
    int sum = 0;

    public Sumer(int n) {
        this.n = n;
    }

    public int next() {
        return i++;
    }

    public int do_sum() {
        while (n-- > 0) sum += next();
        return sum;
    }

    public static int sum_n(int n) {
        Sumer s = new Sumer(n);
        return s.do_sum();
    }
}
```

达尔仍然以ALGOL 60块的方式思考，但现在他计划把这些块放到一个有垃圾回收机制的堆中，而不是栈上。

达尔的垃圾回收器并非是我们所熟悉的通用解决方案。确切地说，它是栈和堆之间的一种折中方案，由几组内存块组成。一组包含许多大小相同的连续块。这些组本身是不连续的，并且每组包含不同大小的块。

每个单独的块在开头和结尾都有位来标记其已使用还是处于空闲状态。因此，回收组内的存储空间非常容易。

而且，把任何特定的组当作栈来处理也很容易。最后，像这样的存储分配器不会像传统堆那样产生碎片。

块的回收是通过引用计数和一种最后的垃圾回收手段来实现的。

一旦存储分配器设计完成，很明显，SIMULA不能再是一个生成ALGOL 60代码的预处理器了。相反，达尔需要做的是修改ALGOL 60，使其使用新的存储分配器，并在该编译器中实现SIMULA的特性。

这个决定对SIMULA本身产生了巨大影响。一旦堆上的块的生命周期不受栈的限制，各种可能性就会出现。例如，为什么"客户"只能是被动的数据结构呢？为什么所有活动都要集中在"站点"上呢？实际上，"客户"和"站点"之间的活动可以被看作准并行处理。

随着这种概念的泛化，又有了另一个认识。"站点"和"客户"都只是模拟中更广泛的一类准并行"进程"的实例。达尔和尼加德都逐渐意识到，SIMULA可能会发展成为一种通用语言，而不仅仅是用于蒙特卡罗模拟的语言。

现在，请停下来想想：仅仅是打破ALGOL 60语言栈的生命周期限制这个举动，就引发了一系列的泛化与突破，这是多么了不起。我能想象，达尔和尼加德面对突然涌现的可能性时，该是多么心潮澎湃。事实上，他们这样描述那段岁月：那是"半疯狂[…]高强度工作、挫败与狂喜交织"的时光。

SIMULA预想的语法发生了巨大的变化。他们不再使用"客户"和"站点"，而是选择了更通用的"活动"概念：

```
SIMULA begin comment airport departure;
set q counter, q fee, q control, lobby (passenger);
  counter office (clerk);…
activity passenger; Boolean fee paid; begin
  fee paid := random (0, 1) < 0.5…
    wait (q counter) end; activity clerk;

begin
counter: extract passenger select
  first (q counter) do begin
  hold (normal (2, 0.3));
    if fee paid then
    begin include (passenger) into: (q control);
          incite[1] (control office) end
    else
    begin include (passenger into: (q fee); incite
          (fee office) end;
  end
  if none wait (counter office);
  goto counter
end…
end of SIMULA;
```

注意wait、hold和incite这些动词。它们是SIMULA中进程调度部分的控制语句。从本质上讲，SIMULA程序中的"活动"是由一个非抢占式任务切换器管理的独立进程。

那是1964年3月，到那时为止，SIMULA的设计还都停留在纸面上。要知道，在那个年代，编程可不是在屏幕上敲敲代码，每隔几分钟运行一堆单元测试那么简单。编

---

[1] 后来改为activate，但我喜欢incite。

译和测试可能要花上好几个小时，甚至好几天，而且计算机时间非常昂贵。所以，前期进行大规模的设计是唯一经济可行的解决方案。

软件完全由达尔编写，不过他从斯佩里·兰德公司的肯·琼斯(Ken Jones)和约瑟夫·斯佩罗尼(Joseph Speroni)那里得到了一些关于ALGOL的帮助。到1964年12月，SIMULA I的第一个原型完成了。

在接下来的两年里，达尔和尼加德四处奔波，向全欧洲的UNIVAC客户教授SIMULA I。其他计算机公司也注意到了这一点，并开始计划为他们的机器开发SIMULA编译器。

此时，SIMULA I仍然是一种模拟语言，随着越来越多的程序员用它进行模拟，很明显需要做出一些重大改变。其中一些改变会增强模拟的创建能力，但另一些改变会推动该语言向通用方向发展。

他们的一个发现对我们特别有意义。他们注意到，在他们编写的许多模拟程序中，有些进程有很多共同的属性和操作，但在其他方面又有所不同。于是，类和子类的概念就诞生了。

存储分配器也被重新考虑，因为使用固定大小的块浪费了大量空间。随着模拟规模的不断增大，这个问题变得越来越严重。所以他们采用了约翰·麦卡锡(John McCarthy)在Lisp语言中首创的紧凑式垃圾回收器。

1967年5月，达尔和尼加德在国际信息处理联合会(IFIP)模拟工作会议上发表了一篇关于"类"和子类声明的论文。这篇论文概述了SIMULA 67的第一个正式定义，并使用"对象"一词来指代类和子类的实例，它还引入了虚(多态)过程的概念。会议发布的报告受到了广泛好评。几周后，在另一次会议上，达尔和尼加德提出"类型"和"类"的概念是相同的。到1968年2月，SIMULA 67的规范最终确定。

SIMULA 67的语法与C++、Java和C#等语言非常相似。在下面的例子中，你应该能看出这种相似性：

```
Begin
   Class Glyph;
      Virtual: Procedure print Is Procedure print;;
   Begin
   End;

   Glyph Class Char (c);
      Character c;
   Begin
      Procedure print;
         OutChar(c);
   End;

   Glyph Class Line (elements); Ref
      (Glyph) Array elements;
   Begin
      Procedure print;
         Begin
```

```
            Integer i;
            For i:= 1 Step 1 Until UpperBound (elements, 1) Do elements
                (i).print;
            OutImage;
        End;
    End;

    Ref (Glyph) rg;
    Ref (Glyph) Array rgs (1 : 4);

    ! Main program;
    rgs (1):- New Char ('A');
    rgs (2):- New Char ('b');
    rgs (3):- New Char ('b');
    rgs (4):- New Char ('a');
    rg:- New Line (rgs);
    rg.print;
End;
```

尽管有这种相似性，SIMULA 67仍然是一种模拟语言，并且仍然保留了SIMULA I的许多特征，比如用于管理任务切换器的hold和activate等关键字。最终，这也导致它无法成为一种通用语言。

斯佩里·兰德公司希望在1107计算机上使用这种新语言，于是委托自己的程序员罗恩·克尔(Ron Kerr)和西古德·库博施(Sigurd Kubosch)对现有的ALGOL 60编译器进行修改。这项工作进展顺利，直到1969年9月，他们被告知放弃1107计算机，转而使用新的UNIVAC 1108计算机。[1]

1108计算机要好得多。它有集成电路、绕接式背板、更快的磁芯存储、内存保护、多处理器能力、256KB的存储容量，以及更好的大容量存储设备。它还有一个分时操作系统。在很多方面，1108计算机处于新旧技术的过渡阶段。

SIMULA 67的第一个商业版本终于在1971年3月发布，并取得了巨大成功。它在许多其他机器上都得到了实现，比如IBM 360、控制数据公司的3000和6000系列，以及PDP-10。许多大学，尤其是欧洲的大学，都将其作为讲授计算机科学的优秀语言。

在它首次发布仅仅几年后，比雅尼·斯特劳斯特鲁普(Bjarne Stroustrup)在丹麦奥胡斯大学，后来又在爱丁堡使用了这种语言。他对类可以用来创建结构良好的模块化程序的方式印象深刻。但他也对SIMULA 67程序的实际性能及SIMULA 67编译器本身深感失望。实际上，他担心自己的一个重大项目因为这些问题而失败。

所以，1979年，比雅尼·斯特劳斯特鲁普决定为C语言编写一个预处理器，让它具有"类似SIMULA"的特性。这个预处理器后来就成了C++。

参考文献

[1] Berntsen, Drude, Knut Elgsaas, and Håvard Hegna. The many dimensions of Kristen

---

1　这是我高中时使用的一台机器。这台机器位于伊利诺伊理工学院，我的高中在遥远的北郊，通过300波特调制解调器拨入，我们使用电传打字机和纸带编写IITRAN程序，我玩得很开心。

Nygaard, creator of object-oriented programming and the Scandinavian school of system development[C] //International Federation for Information Processing, 2010. [2025-03-20]. https://dl.ifip.org/db/conf/ifip9/hc2010/BerntsenEH10.pdf.

[2] Dahl, O.-J., E W, Dijkstra, Hoare C A R. Structured Programming[M]. London: Academic Press, 1972.

[3] Holmevik, Jan Rune. Compiling SIMULA: A historical study of technological genesis[J]. IEEE Annals of the History of Computing, 1994, 16(4): 25-37.

[4] Lorenzo, Mark Jones. The History of the Fortran Programming Language[M]. [s.l.]: SE Books, 2019.

[5] Nygaard, Kristen. Curriculum vitae for Kristen Nygaard[EB/OL]. (2002) [2025-03-20]. http://kristennygaard.org/PRIVATDOK_MAPPE/PR_CV_KN.html.

[6] Nygaard, Kristen, Ole-Johan Dahl. SIMULA Session IX: The development of the SIMULA languages[C]//ACM, 1981. [2025-03-20]. https://www.cs.tufts.edu/~nr/cs257/archive/kristen-nygaard/hopl-simula.pdf.

[7] O'Connor J J, Robertson E F. Biography of Kristin Nygaard[EB/OL]. St Andrews: University of St Andrews, (2008) [2025-03-20]. https://mathshistory.st-andrews.ac.uk/Biographies/Nygaard.

[8] Owe, Olaf, Stein Krogdahl, Tom Lyche. From object-orientation to formal methods: Essays in memory of Ole-Johan Dahl[M]. Berlin: Springer, 1998.

[9] Stroustrup, Bjarne. The design and evolution of C++[M]. Reading: Addison-Wesley, 1994. (中文版：STROUSTRUP，BJARNE. C++语言的设计和演化[M]. 裘宗燕，译. 北京：人民邮电出版社，2020).

[10] University of Oslo. Biography of Ole-Johan Dahl[EB/OL]. (2013-10-10) [2025-03-20]. https://www.mn.uio.no/ifi/english/about/ole-johan-dahl/biography.

[11] Wikipedia. Bob Bemer[EB/OL]. [2025-03-20]. https://en.wikipedia.org/wiki/Bob_Bemer.

[12] Wikipedia. English Electric DEUCE [EB/OL]. [2025-03-20]. https://en.wikipedia.org/wiki/English_Electric_DEUCE.

[13] Wikipedia. Monte Carlo method[EB/OL]. [2025-03-20]. https://en.wikipedia.org/wiki/Monte_Carlo_method.

[14] Wikipedia. Ole-Johan Dahl [EB/OL]. [2025-03-20]. https://en.wikipedia.org/wiki/Ole-Johan_Dahl.

[15] Wikipedia. Simula [EB/OL]. [2025-03-20]. https://en.wikipedia.org/wiki/Simula.

[16] Wikipedia. UNIVAC 1100/2200 series [EB/OL]. [2025-03-20]. https://en.wikipedia.org/wiki/UNIVAC_1100/2200_series.

第 8 章

约翰·凯梅尼：第一种"大众化"编程语言——BASIC

BASIC语言是一群坚信编程应该普及大众的程序员的杰作。这是一个关于不可能之梦的传奇，闪耀着天才的火花。

8.1 约翰·凯梅尼的生平

和约翰·冯·诺伊曼(John von Neumann)一样，亚诺什·哲尔吉(约翰·乔治)·凯梅尼(János György (John George) Kemeny)出生于匈牙利布达佩斯的一个犹太家庭。1926年他出生时，反犹主义和法西斯主义的思潮已甚嚣尘上。1938年希特勒入侵奥地利时，凯梅尼年仅11岁。他的父亲蒂博尔意识到匈牙利将是下一个被侵略的目标。蒂博尔从事进出口贸易，在美国有一些人脉。于是，他带着全家人前往纽约，走得十分匆忙，几乎抛下了一切。

凯梅尼非常早熟。13岁时，他还不会说英语，就作为高二学生进入了纽约的一所高中。三年后的毕业典礼上，他作为代表上台致辞。后来他成为了美国公民，并在普林斯顿大学学习数学。1945年，19岁的他在洛斯阿拉莫斯国家实验室找到了一份工作，参与曼哈顿计划，为理查德·费曼(Richard Feynman)工作，与约翰·冯·诺伊曼共事。

凯梅尼在计算中心工作，那里有17台IBM打孔卡片计算机(前文有提及)，由20名工作人员操作。他们让这些机器每周工作六天，每天24小时运转，以求解与第一颗原子弹钚核心内爆相关的偏微分方程。求解一个方程，需要20名工作人员和17台机器连续工作整整三周。

这些机器以打孔卡片作为输入，对卡片中的数据执行简单的数学运算，然后输出打孔卡片。一个典型的问题需要在三维空间中追踪大约50个点，每个点都由一张卡片表示。

每台机器都通过插接板进行编程，卡片需要在不同机器之间来回传递，每台机器都要进行正确的设置，而且正确的卡片组要送到正确的机器上，整个过程要持续400

多个小时。

正如我们前面了解到的，约翰·冯·诺伊曼深度参与了这些计算工作，并且经常向计算中心咨询。这些计算所需的时间和精力让他倍感沮丧。这种沮丧，再加上他与哈佛Mark I(Harvard Mark I)和ENIAC团队的合作经历，促使他产生了一个激进的新想法，并在1945年6月非正式地撰写成一篇论文。他的论文"EDVAC报告草案"(First Draft of a Report on EDVAC)震撼了整个计算机领域。

1946年，凯梅尼还在洛斯阿拉莫斯工作时，参加了冯·诺伊曼的一次演讲[1]。冯·诺伊曼在演讲中探讨了那篇论文中的观点。演讲中，冯·诺伊曼描绘了这样一幅计算机愿景：

- 全部电子化
- 用二进制表示数字
- 拥有大容量的内部存储器
- 程序和数据存储在同一存储器中
- 通用化

如果巴贝奇听到这场讲座，肯定会大力点头表示赞同。这场讲座也在凯梅尼心中激起了一些想法。他觉得这就像一个乌托邦式的梦想，甚至怀疑自己是否能活到梦想成真的那一天。[2]但仅仅过了7年，这个梦想就实现了。

听完那场讲座后不久，凯梅尼回到普林斯顿大学继续攻读学位。他的博士论文题目是"类型论与集合论"(Type-Theory vs. Set-Theory)，导师是阿隆佐·丘奇(Alonzo Church)。在读博期间，他被任命为阿尔伯特·爱因斯坦的数学助理。

1953年，在为兰德公司做咨询工作时，凯梅尼终于有机会使用冯·诺伊曼的JOHNNIAC计算机，后来又用上了早期的IBM 700系列计算机，他的梦想得以实现。"玩"这个词最能形容他当时的状态。谈到那段时光，他说："学习计算机编程让我乐在其中，尽管当时使用的编程语言是为机器设计的，而不是为人类设计的。"[3]

这种对编程语言设计的看法，最终成为了凯梅尼的主要使命之一：让每个人都能使用计算机。

在漫长而辉煌的职业生涯之后，他于1984年获得了纽约科学院奖(New York Academy of Sciences Award)，1986年获得电气工程师协会计算机奖章(Institute of Electrical Engineers Computer Medal)，1990年获得路易斯·罗宾逊奖(Louis Robinson Award)。他还获得了20个荣誉学位。

据说，他还曾匿名给贫困学生捐助学费。

---

1 见本章参考文献[3]，第5页。
2 同上。
3 见本章参考文献[3]，第7页。

8.2 托马斯·库尔茨的生平

如果说凯梅尼是蝙蝠侠，那么托马斯·库尔茨就是罗宾。库尔茨1928年出生于伊利诺伊州的橡树园。他小时候就对科学非常感兴趣，在伊利诺伊州盖尔斯堡的诺克斯学院学习物理和数学。

1950年，在加州大学洛杉矶分校参加暑期课程时，他接触到了SWAC计算机[1]，这是美国最早的电子计算机之一，由美国国家标准局制造。这台计算机使用了2300个真空管，拥有256个37位字长的存储单元。库尔茨为这台机器编写了自己的第一个程序，从此便迷上了编程。

他从普林斯顿大学获得数学博士学位后，被凯梅尼招募到达特茅斯学院，帮助推动该校的计算机事业发展。他们两人的合作持续了很长时间，这也是BASIC语言故事的核心。

8.3 革命性的想法

1953年(我出生的前一年)，凯梅尼受雇重建位于新罕布什尔州Upper Valley地区的达特茅斯学院数学系。

当时该系的人员老化严重，急需注入年轻的活力和新的视角来重新发展。年轻的凯梅尼得到了爱因斯坦和冯·诺伊曼的推荐，获得了这个职位。

凯梅尼渴望让达特茅斯学院增设计算机专业，所以当麻省理工学院购置了一台IBM 704计算机时，凯梅尼申请使用这台机器。他招募托马斯·库尔茨，让他每两周在马萨诸塞州的剑桥市和新罕布什尔州的汉诺威市之间往返，搬运装满打孔卡片的铁箱。

你能想象要等两周才能完成一次编译吗？

几年后，很明显他们需要更快的处理速度，不能总是等上两周。于是，凯梅尼从家具预算中拿出3.7万美元，购买了一台LGP-30[2]"台式"计算机。

这台机器在磁鼓上存储了4096个字，每个字31位。它有113个真空管和1450个固态二极管[3]。这是一台单地址计算机，具备内置的乘法和除法运算功能。它的时钟频率为120 kHz，内存访问时间为2~17毫秒。输入输出设备是一台电传打字机和一台纸带读写器。你可以用一种非常简单的机器语言对它进行编程，或者使用一种非常奇特的名为ACT-III的语言，这种语言用撇号来界定所有内容。[4]

---

1 机器全名 Standards Western Automatic Computer。
2 机器全名 Librascope General Purpose 30。这台机器让我想起了ECP-18。参见第9章。
3 二极管逻辑是一种制造与门和或门的方式，耗能高且处理困难。
4 可参考"电子脚注"中列出的网页。

少数被允许使用这台机器的学生都很喜欢它。有个学生甚至为它编写了一个类似ALGOL语言的编译器。还有个学生编写了一个程序，成功预测了1960年新罕布什尔州总统初选的结果。这个预测引起了媒体的关注，为学校带来了一些正面报道。

但由于同一时间只能有一名学生使用这台计算机，使用机会非常有限。所以他们还继续使用麻省理工学院的704计算机。在库尔茨一次往返于汉诺威和剑桥搬运打孔卡片和程序清单时，他遇到了约翰·麦卡锡(John McCarthy)[1]，抱怨LGP-30计算机的使用机会太少。麦卡锡回应说，达特茅斯学院应该考虑采用分时技术。

于是有一天，库尔茨决定做一个实验。他在五组学生之间对LGP-30计算机进行了物理上的分时操作。每组5名学生有15分钟时间，尽可能多地进行编译和测试，大家共享使用这台机器。每个学生大概有一分钟的时间来加载、编译和打印程序。然后轮到下一个学生，如此循环。

奇怪的是，这个策略居然奏效了。只要协调得当，这台机器是可以共享使用的。这让库尔茨想到，一台配备多个终端和合适软件的计算机，可以供许多学生——甚至全校学生大规模共享使用。库尔茨设想，计算机的使用可向所有人开放。

8.4 看似不可能的任务

库尔茨对凯梅尼说："你不觉得，每个学生都应该学习如何使用计算机的时代即将到来吗？"[2]凯梅尼很喜欢这个想法。于是，大约1963年，他委托库尔茨和托尼·克纳普(Tony Knapp)前往凤凰城，与通用电气公司洽谈捐赠计算机的事宜。但进展并不顺利，之后他们又向IBM、NCR和宝来公司提出了类似请求。后来，通用电气公司给出了一个相对便宜的方案(30万美元)，提供两台机器：一台DATANET-30和一台DATANET-235。

DN-30是用于连接128个终端的前端通信处理器，它有8K个18位字长的存储单元。DN-235是用于批量处理[3]的机器，实际执行程序，它有8K个20位字长的存储单元。该系统还包括两个磁带驱动器和一个容量在5MB到10MB左右的硬盘。

1957年苏联发射人造卫星"斯普特尼克号"(Sputnik)，引发了美国对STEM(科学、技术、工程和数学)领域的新一波政府资助热潮。于是，库尔茨写信给美国国家科学基金会(NSF)申请资助。申请书中表示，他们将让十几名本科生担任程序员，从零开始编写一个分时系统。NSF的工作人员认为编写这样一个系统是专家的工作，而非本科生能胜任，因此对这个计划持怀疑态度。但凯梅尼坚持不懈，最终说服了他们。

---

1 是的，就是那个John McCarthy。除了发明Lisp语言，他还有许多成就。
2 见本章参考文献[4]，第3页。
3 批处理机从头执行到尾，一次一个作业。一个作业由一批顺序执行的程序组成，包含操作员挂载和卸载磁带等指令。

1963年夏天，机器订购完成。1964年2月，机器到货，同年5月1日，达特茅斯分时系统和BASIC编译器诞生。

这个时间上的奇迹能够实现，是因为在机器到货前的几个月里，本科生们和编写BASIC编译器的凯梅尼一起编写了所有代码。凯梅尼通过借用通用电气公司波士顿办公室计算机的一点时间，调试了编译器的部分代码。然而，绝大多数代码是由本科生们用铅笔和纸编写的，完成后只能等待机器到位。

现在，让我们回顾一下这个过程。凯梅尼、库尔茨和一群痴迷计算机的本科生，用汇编语言在两台原始且独特的通用电气计算机上，从零开始编写了一个前端终端管理系统，该系统与后端分时系统和编译器进行通信，而且他们在不到一年的时间内就完成了这项工作，并且在这一年的最后三个月才开始使用机器。他们完成了专家认为不可能完成的任务，做到了比他们规模更大、经验更丰富的团队都未能做到的事情，而且这一切都是利用他们的"业余"时间完成的。

这简直就是一个奇迹。

个人回忆

我对DATANET-30计算机有一点点了解。这台机器庞大无比，占满了整个房间，运行起来噪声很大。它的磁盘由6个左右36英寸厚半英寸的盘片组成。磁盘启动时会震动地板，发出的声音就像喷气发动机一样。DN-30的串行通信设备允许它同时与128个终端进行通信。但我记得，处理通信端口的汇编语言代码是由串行线路传入的每一位数据触发的中断来驱动的。由于通用电气公司无法在这个旧庞然大物中装入128个通用异步收发传输器(UART)[1]，软件必须将这些位组装成字符。

8.5 BASIC语言

库尔茨原本希望使用的编程语言是FORTRAN，但凯梅尼坚持认为，现有的编程语言与"每个学生都应该学习计算机编程"这一理念不符。于是，凯梅尼着手设计一种全新的、更简单且更具包容性的编程语言。我猜测他是先选好了名字，然后才想出了缩写词BASIC。BASIC代表初学者通用符号指令代码(Beginners All-purpose Symbolic Instruction Code)。

BASIC是凯梅尼的心血结晶。他之前从未见过编译器，对编译器理论也一无所知。即便如此，他还是在购买计算机和机器交付的几个月时间里编写了编译器。

而且这确实是一个编译器。它能在DN-235上运行，并将BASIC程序编译成机器

---

1 通用异步收发传输器将串行比特流转换为并行字节流。在20世纪60年代初，这样的设备会占据一块大型印刷电路板，且价格不菲。到20世纪70年代，单个芯片就能容纳，价格只有几美元。

语言。

BASIC的设计初衷是简单易用、通用、交互式、运行快速且具有抽象性，始终牢记它是为"每个学生"设计的。

行编号方案使得在电传打字机上进行编辑变得轻松。每条语句都以一个关键字开头，这使得语法简单，进而也让编译器变得简单。学生们能够输入一个程序，并在几秒钟内看到程序执行结果，这使得BASIC成为有史以来第一种广泛普及的交互式语言。

当然，那是1964年，当时不得不对硬件做出一些妥协。在那个年代，存储极其昂贵，所以变量名被限制为一个字母，并且可以选择再加上一个数字。没有命名函数，没有命名行，也没有文件输入输出功能。有IF语句，但没有ELSE语句；有DO语句，但没有WHILE语句。所有这些功能后来才陆续出现，但1964年问世的BASIC也是一个奇迹。

8.6 分时系统

但更大的奇迹是，这个系统能够支持几十台终端。二十、三十或四十名学生可以同时输入BASIC程序，并在几秒钟内看到结果。这才是真正的分时系统，而且它改变了游戏规则。

所有人都注意到了这一点！越来越多的人希望在办公室、教室、高中甚至家中都配备终端。终端如雨后春笋般出现在各个地方。

当然，学生们编写了游戏，其他学生则玩这些游戏。有橄榄球游戏和井字棋游戏。我的意思是，当你让一所大学的学生自由编写代码时，他们肯定会编写游戏。

通用电气(GE)公司大为震惊。他们原本认为这是不可能的，或者至少认为这需要许多人花费数十年的时间才能实现。他们从达特茅斯学院获得了分时系统和BASIC软件的许可；作为交换，他们提供了更多的硬件设备，并在全国各地乃至世界各地开设了分时服务中心。

政府、企业、科学、金融等各个领域，只要你能想到的，大家都想要一台分时终端。

个人回忆

1966年，我的父亲是一名理科教师，他带着暑期学校的学生参观了国际矿物与化学公司(International Minerals and Chemicals)，该公司推出了Accent，这是最早的面向消费者的味精调味料[1]之一。其中一位研究人员正在使用电传打字机工作。我悄悄走到他身边，他向我展示了分时系统和BASIC是如何运行的。我一下子就被迷住了。回到家后，我假装自己有一台电脑。我会把命令写在纸上，然后写下我期望电脑做出的反应。我和朋友们玩这个游戏。他们会写下命令，而我扮演"电脑"角色并写下答案。

1　monosodium glutamate，即味精。

在小型计算机出现之前的那些疯狂的早期岁月里，美国提供BASIC语言的分时服务数量增长到了大约80家。到那时，可能已经有500万人学习了BASIC语言。

8.7 操作计算机的青少年

越来越多的高中配备了分时终端，越来越多的孩子迷上了计算机。这是计算机少年的时代。

20世纪60年代后期，我在读高中期间与芝加哥伊利诺伊理工学院(IIT)的一台UNIVAC 1108计算机建立了分时连接。我们使用的语言是IITRAN，它比BASIC更像ALGOL语言。

我和我的朋友们接管了那台唯一终端(一台带有调制解调器并连接到传统电话的ASR-33)的操作。电话有一个拨号锁，但任何一个优秀的极客都知道，可通过在叉簧开关上敲击出电话号码来拨打被锁住的电话。

数学老师们很高兴我们接管了这些操作。他们当然不想以每秒十个字符的速度将几十盘纸带装入机器中。他们当然也不想撕下一张又一张的清单并把它们放进输出篮里。但我们愿意！我们就是操作员！当我们完成了所有的装载和撕下清单的工作后，就开始尽情玩耍。我们可以自由使用这台分时终端，而且可以随心所欲地使用它。天哪，我们可真是充分利用了这个机会！

而我们的经历只是成千上万类似经历中的一个。在全国各地的高中里，计算机少年们都在接管分时终端，如饥似渴地学习和使用它们。

当所有那些计算机少年进入职场后，整个行业发生了变化，这有什么奇怪的吗？

8.8 转型

但计算机革命才刚刚开始。小型计算机如雨后春笋般出现在各个地方，它们的用户希望使用BASIC或类似BASIC的语言来编写快速的小型交互式程序。于是，分时系统迅速兴起又迅速衰落。

那些位于巨大机房中的大型计算机，它们将终端连接延伸到全国各地，如今已被小型计算机所取代，这些小型计算机的大小如同小型冰箱或微波炉；最终又被个人计算机所取代。

但是编译器很难编写，而解释器相对容易编写。于是，BASIC解释器如野火般蔓延开来。

当个人计算机加入这场竞争后，这种传播速度更是加快了。最终，尽管解释型BASIC方言无处不在，但达特茅斯学院的BASIC编译器却收缩回达特茅斯学院，并且一直留在那里，成为一个小众的存在。

8.9 盲目先知

起初，达特茅斯学院的团队对BASIC语言大规模扩展到小型计算机领域，然后又进入个人计算机领域的情况视而不见。

他们只是不断对自己版本的BASIC进行现代化改进，以跟上行业标准。他们增加了结构化编程、绘图、文件操作、命名函数、模块等许多功能。到20世纪80年代中期，达特茅斯学院的BASIC已经是一种功能非常强大的语言，可能可以与Pascal语言相媲美。

但它仍然是BASIC语言。其开发者从未放弃该语言基于关键字的特性。每增加一个新功能，就会增加一组新的关键字。开发者们从未接受C语言的理念，即一切都是函数，并且所有的输入输出都应该由函数来处理。

当达特茅斯学院的团队最终环顾行业，看到所有的BASIC解释器以及各个供应商为该语言添加的各种修改以消除缺陷时，他们感到震惊。他们的解决方案是发明另一个版本的BASIC，他们称之为"真正的BASIC(True BASIC)"。他们向世界推出了这个版本，但世界沉默以对。没有人在意。

令我感到惊讶的是，拥有凯梅尼和库尔茨这样卓越才华的程序员，他们开启了分时系统革命，将计算机普及到大众之中，却陷入了"非我发明症(NIH)[1]"这个由来已久的陷阱。面对C语言的成功，他们怎么还能继续推广一种基于关键字的语言呢？实际上，在他们为"真正的BASIC"进行的论证中[2]，他们将其与FORTRAN、COBOL和Pascal进行了比较，但甚至从未提及C语言。然而，到1984年，C语言不仅已经成为行业内的首选语言，[3]而且C++和Smalltalk也已经初露锋芒。

8.9.1 共生关系？

1972年，凯梅尼写了一本书，名为《人与计算机》(*Man and the Computer*)。这本书的核心论点是，计算机是一种与人类共生的新生命物种。这听起来可能很荒谬，但看看你周围。

触手可及之处有多少台计算机？你每天与计算机交互多少次？你的手表是计算机吗？你的手机是计算机吗？你的耳机是计算机吗？你的车钥匙是计算机吗？你难道不

---

[1] Not Invented Here，非我发明症。(译者注：这一术语源于企业管理与创新领域，指组织或个人过度偏好自身内部开发的产品、技术或方法，对外来成果无端排斥，即便外部方案更优也拒绝采用。)

[2] 见本章参考文献[4]，第89页及以后。

[3] 苹果公司是个例外，它又坚持使用了几年Pascal。

是完全被计算机包围着，每时每刻都在与它们交互吗？而且这种趋势难道不是在急剧增加吗？

也许按照我们对生命的严格定义，计算机并非有生命的。但没有人能否认，它们已经与我们形成了一种日益深化的协同关系，即便不是共生关系。

在整本书中，凯梅尼一直认为分时系统是让每个人都能使用计算机的解决方案。他没有谈论家用计算机，而是谈论连接到世界各地大型数据中心的家用终端。他似乎无法预见(谁又能责怪他呢？)，在50年内，计算机的计算能力将远远超过他的想象，数量将达到数万亿台，并成为我们日常生活中不可或缺的一部分。

8.9.2 预言

在书中，凯梅尼做出了一些预测。以下只是其中的一部分。

1. 人工智能

> "20世纪60年代的经验表明，这项任务比一些人工智能的倡导者所猜测的要困难得多。
>
> "尽管已经取得了一些显著的成功，但在许多情况下，人类教计算机学习的努力被证明是极其艰巨的，而且计算机模拟人类智能所需的工作量大得令人沮丧。通常情况下，会达到一个点，即这种努力根本不值得。"[1]

我觉得很有意思的是，1972年的这一说法在今天和当时一样正确。我在编辑这段话时，使用的机器会不断检查我的拼写和语法，并为我提供修改建议，即便如此，我仍然觉得凯梅尼的话很有道理。

我还觉得很有意思的是，凯梅尼的观点与当时更为普遍的观点截然相反，当时人们普遍认为计算机在几年或几十年内就会变得智能。例如，想想当时流行的电影作品：斯坦利·库布里克执导的《2001太空漫游》(*2001: A Space Odyssey*)中的HAL 9000，《巨人：福宾计划》(*The Forbin Project*)中的巨人(Colossus)，或者《霹雳五号》(*Short Circuit*)中的强尼五号(Johnny #5)。

在如今这个拥有ChatGPT等大型语言模型的时代，我们仍然将这些令人印象深刻的工具视为工具，而不是智能生物。2023年最经典的贬低言论之一就是，在共和党第一次初选辩论中，克里斯·克里斯蒂指责维韦克·拉马斯瓦米说话像ChatGPT。

2. 电话

> "……在按键式电话上，完全有可能'输入'对方的姓名和大致地址，然后让电话公司的计算机找到他的电话号码并拨出。当然，这将意味着更多地使

---

[1] 见本章参考文献[3]，第49页。

用计算机，因此应该对这项服务收取额外费用……"[1]

要是他能看到我们如今所认为的"电话"是什么样子就好了。我们不仅可以输入对方的姓名，还可以直接说出姓名。我们的手机里保存着所有联系人的名单。我们现在都不再费心去记电话号码了，尽管电话号码仍然存在！

而且，如今我们更倾向于发短信、聊天，或者在X(原推特)或Instagram上发布内容，或者……

3. 隐私

"如果允许大企业侵犯我们的隐私，那是我们自己的错，因为是我们允许他们这么做的。即使没有计算机，他们也完全有能力这么做，尽管计算机使得追踪变得更加容易。计算机降低了大企业的监控的本，但并没有改变其本质。"[2]

"……数据泄露就像明天的天气预报一样常见，因为没有人能够(或者愿意)看到像SQL这样的技术中明显存在的漏洞。"

"……我们的私人数据始终面临着被收集和传输的风险，与此同时，我们也无法保护我们的孩子免受虚假信息和宣传的影响。"

凯梅尼的话切中要害。是我们的错。是我们自己的错。

4. 摩尔定律的终结

"有人说，既然计算机的运算速度在25年内提高了一百万倍，那么在接下来的25年内也可以预期有类似的速度提升，这听起来似乎有道理。然而，这使我们面临着自然界的一个绝对限制，即光速。"[3]

当然，他是对的。20世纪70年代早期1微秒的周期时间，到现在也只提高了几千倍，而不是一百万倍。而且我们的时钟频率也不太可能比现在提高太多。在过去20年里，我们一直停留在大约3GHz的水平，而且从目前来看，似乎没有什么东西[4]能够改变这种状况。

"我完全期望，在下一代，我们将看到计算机存储能够容纳世界上最大图书馆的全部藏书。"[5]

天哪，我觉得我的手机都能装下1972年美国国会图书馆的全部藏书。凯梅尼预计内存的容量和速度会提高，但他根本想不到，现在我们只需要花很少的钱就能拥有TB

---

[1] 见本章参考文献[3]，第55页。
[2] 同上。
[3] 见本章参考文献[3]，第63页。
[4] 量子计算可以在某些非常受限的应用中极大提升效率，不能提升通用计算的效率。
[5] 见本章参考文献[3]，第64页。

级别的存储。

5. 终端/控制台/屏幕

"在成本降低方面，落后于其他方面的一个非常重要的领域是计算机终端。一台计算机终端的租赁和维护费用通常是每月100美元。而且这些终端还相当原始。……我完全有理由相信，完全可以制造出一种非常可靠的计算机终端，其售价与一台黑白电视机相当。如果要让计算机进入家庭，这是必要的。"[1]

这一预测在五年后就完全实现了。辛克莱ZX-81是一款小型计算机，它有一个薄膜键盘，可以连接到你的黑白电视机上。它于1981年发布(从名字就可以看出来)。我曾经拥有过一台这样的小机器。它很有趣，但不是很可靠。

当然，凯梅尼当时想到的并不是真正意义上的家用计算机。他想到的是一台放在厨房柜台上、通过电话连接到数据中心的终端。

6. 网络

"未来十年可能会见证计算机网络的巨大发展。事实上，今天已经存在几个小规模的网络……现代计算机的全部影响只有在全美各地建立起大型多处理器计算机中心，并有效地与现有的通信网络连接时，才能被大多数人感受到。"[2]

凯梅尼对这一点的预测相当准确。20世纪70年代末和80年代初是公告板服务(Bulletin Board Services)的时代。拥有调制解调器和终端(例如德州仪器的Silent 700打印机)的人们可以拨号进入这些小小的"数据中心"并共享软件。这些服务从1980年开始被CompuServe等拨号服务取代。最终，这些服务让人们能够访问电子邮件。1998年，电子邮件的普及程度如此之高，以至于汤姆·汉克斯和梅格·瑞恩主演的浪漫喜剧电影《电子情书》(*You've Got Mail*)大获成功。

但"全部影响"呢？凯梅尼几乎无法想象这种全部影响究竟是什么。我们的手机、手表、冰箱、恒温器、安全摄像头和汽车都连接到了一个全球范围的高速无线网络中。

7. 教育

"……到1990年，每个家庭都可以成为一个迷你大学。"[3]

COVID-19疫情无疑证明了这一点——尽管这是否真实仍有争议和担忧。无论如何，可以肯定的是，任何能够访问互联网并有学习意愿的人都可以获得大学水平的教育。

1　见本章参考文献[3]，第66页。
2　见本章参考文献[3]，第67页。
3　见本章参考文献[3]，第84页。

8.10 雾里看花

约翰·凯梅尼是一名程序员。1946年，当他开始憧憬冯·诺伊曼的存储程序计算机乌托邦时，就注定了这个身份。他用"石刀与熊皮"[1]般的简陋工具，带领本科生团队编写BASIC编译器，打造首个实用的分时系统，充分证明了自己的大师级编程技艺。他的目标是计算机民主化——让计算触达大众。他坚信每个人都能且应该使用计算机。他在达特茅斯提供免费计算机访问，建议所有教育机构效仿，甚至提议将免费计算机访问作为教育认证的必备条件。

凯梅尼雾里看花般预见未来——虽不清晰，却真切望见了轮廓。他将毕生奉献于这个愿景。

约翰·凯梅尼是一名真正的程序员。

参考文献

[1] Dartmouth. Birth of BASIC[EB/OL]. (2014-08-05) [2025-03-20]. YouTube. https://www.youtube.com/watch?v=WYPNjSoDrqw.

[2] IEEE Computer Society. Thomas E. Kurtz: Award Recipient[EB/OL]. [2025-03-20]. https://www.computer.org/profiles/thomas-kurtz.

[3] Kemeny J G. Man and the computer[M]. New York: Charles Scribner's Sons, 1972.

[4] Kemeny J G, Kurtz T E. Back to BASIC[M]. Reading: Addison-Wesley, 1985.

[5] Lorenzo M J. Endless loop: The history of the BASIC programming language[M]. [New York]: SE Books, 2017.

[6] O'Connor J J, Robertson E F. John Kemeny: Biography[EB/OL]. [2025-03-20]. https://mathshistory.st-andrews.ac.uk/Biographies/Kemeny.

[7] The Quagmire. Richard Feynman lecture -"Los Alamos from below."[EB/OL]. (2016-07-12) [2025-03-20]. YouTube. https://www.youtube.com/watch?v=uY-u1qyRM5w.

[8] Von Neumann John. First draft of a report on the EDVAC[R]. Philadelphia: University of Pennsylvania, 1945.

[9] Wikipedia. John Kemeny G[EB/OL]. [2025-03-20]. https://en.wikipedia.org/wiki/John_G._Kemeny.

[10] Wikipedia. LGP-30[EB/OL]. [2025-03-20]. https://en.wikipedia.org/wiki/LGP-30.

[11] Wikipedia. Thomas Kurtz E[EB/OL]. [2025-03-20]. https://en.wikipedia.org/wiki/Thomas_E._Kurtz.

---

1 原文是"stone knives and bearskins"，典故出自《星际迷航》，形容原始文明。此处指当时计算机编程使用的工具(如打孔卡片、打孔纸带等)非常简陋。——译者注

第 9 章

朱迪思·艾伦

这个故事对我而言意义非凡。它既是我人生中第一台亲眼所见、亲手触碰的二进制电子计算机的故事,也是朱迪思·艾伦(Judith Allen)这位50年代末投身编程的年轻女权主义者的传奇——一个充满启发性,偶尔也令人不安的故事。

关于她的女权主义主张,她这样写道:

"[我们]为女儿、孙女和全体女性而奋斗。我们涂着口红、穿着职业套装和高跟鞋,带着卓越的技能、知识和经验,以及我们珍视的洞察力与直觉,还有对人际关系的重视而非利益至上,昂首挺胸地站了出来。我们要求同工同酬,要求尊严,要求通过法律保护我们的权益。我们走上街头抗议,在法庭和国会作证。

"当拒绝'闭嘴做记录'时,我们激怒了男同事。我们抓住每一个晋升机会,常常牺牲个人时间,有时甚至顾不上家庭。我们从未因怀孕、经期不适、单亲母亲身份或疲惫而要求特殊照顾。我们不断遭受轻视:不被尊重、被忽视、被无视。每次升职都要斗争,必须比同职级的男性更优秀、学历更高、工作更拼命。即便如此,争取同工同酬也只能换来微调。我们发起的战役多年后才见分晓。经过数十年坚持,我们却输掉了关键一役:《平等权利修正案》的通过。"

若你觉得这番言论有些夸张,她的故事或许能改变你的看法。

9.1 ECP-18计算机

这台机器名为ECP-18。它是一台简单的单地址计算机,磁鼓存储器拥有1024个15位字长的存储单元。控制面板酷似《星际迷航》(*Star Trek*)中的设备,按钮按下时会发光。面板上有15个按钮用于累加器,另外两组分别对应地址寄存器和程序计数器。这些按钮安装在控制台上，下方桌面上放着一台ASR 33电传打字机。如图9-1所示。

图 9-1

1967年，我高一那年，这样一台机器被推进了学校食堂。推销这款机器的公司要来做演示。

当时的我已是个计算机迷，这台机器让我如痴如醉。即使它处于关机状态，我也要耗尽所有意志力才能离开它去上课。

自习课时，我会借口去洗手间溜回来看它。有次销售工程师正在调试机器，我像只烦人的蚊子般围着他转，看他操作按钮。

关于我与这台小机器的互动细节将在后续章节中详述。简而言之，通过观察工程师的操作，我推测出了机器架构和简单程序的编写方法。甚至趁人不备偷偷操作了十分钟，成功运行了一个小程序。这次经历对我影响深远，尽管之后再也没机会碰它。

约一周后，ECP-18被推出校园，再未归来。那天我备受打击。直到五十多年后的今天，我才了解到接下来要讲述的故事。

9.2 朱迪思的经历

以下内容整理自朱迪思2012年春撰写的回忆录，当时她正在接受乳腺癌第五次复发的治疗。我不确定她是否撑过了那年。随着回忆录的推进，内容从对她生活的描述变成了一个戛然而止的虚构故事。

朱迪思1940年出生于俄勒冈州，在哥伦比亚河河口附近。她的父亲特拉维斯是一位水仙花球茎种植户，她在农场长大，帮忙做农活。但她的母亲对她有着不同的期望。

她很早熟，有写作的天赋，数学也很好。因此，她获得了俄勒冈州立学院的奖学金。

她的父亲坚决不让她去上大学。

"你不需要这个。"他说，"你不用去上大学，那纯属是浪费我们本就不多的钱。你才16岁，会失去你的纯真。他们会给你灌输不切合实际的想法，让你质疑你所相信的一切。你回来的时候脑子里会充满各种离奇的想法。你不需要上大学也能成为妻子和母亲。把你那自命不凡的想法从脑子里去掉。"[1]

但她的母亲把她拉到一边说："我会搞定你爸爸的。"于是，1956年秋天，朱迪思去上了大学。

她主修家政学，还选修了数学和写作课程。

她的第一堂写作课是由一位已出版过小说的小说家授课，他对她"产生了兴趣"。起初，她以为这种兴趣只是学术上的。他称赞她的写作能力，这让她很兴奋。但随着时间的推移，他更卑劣的意图变得明显起来，在她拒绝了他的求爱后，她不得不逃离他的办公室。从那以后，他对她在学术上的兴趣就消退了。

另一方面，她的数学老师阿维德·隆塞思(Arvid Lonseth)是一位绅士，他注意到了她在数学方面的天赋，并敦促她换专业。于是，17岁的她成了一名数学专业的学生。

1957年秋天，数学系购置了他们的第一台计算机。那是一台ALWAC III-E计算机。这是一台32位计算机，配备4K的磁鼓存储器。内部寄存器和其他工作存储寄存器都存放在磁鼓的一个特殊区域。这台机器有大约200个真空管和约5000个硅二极管。它的加法运算时间为5毫秒，乘除运算时间为21毫秒。输入输出设备是一台电传打字机和纸带机。给这台机器编程需要拨动前面板上的一排排开关。这很可能是一项极具技术挑战性的工作。图9-2是她工作时的情景。

图 9-2

朱迪思是俄勒冈州立学院首次开设的计算机编程课上唯一的女生。男同学们围在机器旁，不让她靠近。她通过观察和倾听来学习，却从来没有真正亲手操作过。即便如此，她还是得了A，然后又重修了这门课。

这次，她比男生们抢先一步，然后"挤"到控制台前，在男生们还没反应过来怎么么回事的时候就拨动了开关。

1　见本章参考文献[1]，第4章"纯真的堕落"。

她爱上了编程。她被迷住了。

18岁时，她嫁给了数学系的另一位学生唐·爱德华兹(Don Edwards)。她离开了学校，接连生了三个孩子。1962年，22岁的她回到学校完成了学位。

她的一门课程是计算机编程。正是在这门课上，她遇到了由艾伦·富尔默(Allen Fulmer)教授发明的计算机。

那就是ECP-18计算机。[1]

她再次被迷住了。她喜欢使用这台机器，喜欢用二进制机器语言编程。

但生活琐事接踵而至。她完成了学位，开始了教师生涯。但随着孩子们渐渐长大，她决定"尝试做一名全职母亲"[2]，于是她辞去了教师工作，留在家里照顾家庭和孩子。

但五个月后，她迫切地想要做些别的事情。做家庭主妇并不是她想要的生活。就在这时，电话响了。

打电话的是富尔默博士，他有个计划，打算把ECP-18计算机推销给高中和大学，但需要有人编写一个符号汇编程序。她愿意做这件事吗？

好了，先停一下。我们说的是一台只有1024字磁鼓存储器的机器。一台只能通过前面板以二进制方式拨动程序来编程的机器。一台唯一的输入输出设备是一台ASR 33电传打字机，其纸带读取器/打孔器的运行速度为每秒10个字符的机器。

他要朱迪思用二进制编写一个符号汇编程序，而且不能使用间接寻址。这可不是件容易的事。

当然，她答应了。她可以在家里完成这项工作，只是偶尔需要去实验室做测试。

当然，他无法付给她薪水，但她接受了公司40%的股份作为报酬。

她的丈夫对此并不高兴，但还是默许了："我没意见，只要家里的事情别落下就行。我可不想回到家看到一个乱糟糟的房间。"[3]

两个月后，她编写的汇编程序运行成功了。这是一个两遍扫描的程序。我想它在某些方面可能和埃德·尤登(Ed Yourdon)为PDP-8编写的PAL-III汇编程序类似，只不过尤登的有4K的磁芯存储器、间接寻址功能和自动变址寄存器可用。

她学会了焊接，还帮助富尔默博士在车库里制作了一个原型机，用作销售演示机。

然后，1965年，朱迪思在只拿着用于购买衣物和差旅的津贴，仍然没有实际收入的情况下，踏上了推销之路。从西雅图到旧金山，她带着那台在车库里制作的机器，前往各个大学、高中和教师大会进行推销。她甚至把机器带到了纽约市的一个贸易展览会上，在那里她惹恼了工会成员，因为她竟敢自己拆箱并插上电源，他们毁掉了那台机器。

---

[1] 富尔默是在他母亲的车库里用泰克公司捐赠的晶体管制造了这台机器。
[2] 见本章参考文献[1]，第6章"蜕变"。
[3] 同上。

到1966年，她和富尔默博士已经以每台8000美元的价格卖出了八台这种机器。他们还把公司卖给了得克萨斯州的GAMCO工业公司。对于从那次交易中获得的40%股份，她只是简单地说："这一切都是值得的。"

到这个时候，她已经成为美国在向高中生和大学生讲授计算机知识方面的顶尖权威。她备受青睐，能拿到的薪水是两年前她连做梦都不敢想的。

她的职业生涯蒸蒸日上，后来还获得了博士学位，从20世纪70年代到90年代，她在计算机教育领域有着举足轻重的话语权。

9.3 辉煌的职业生涯

我想以某种"从此过上幸福生活"的结尾来结束这个故事。在某些方面，这样的描述或许是恰当的。她有着辉煌的职业生涯，过着充实而丰富的生活。

不幸的是，朱迪思与那些"心怀不轨"的男人的纠葛还没有结束。其中一次遭遇以暴力收场，而她的男性同事们还掩盖了这件事。她与癌症的斗争才刚刚开始。而且，她为实现女权主义目标的斗争从未停止。图9-3显示了她的另一个工作情景。[1]

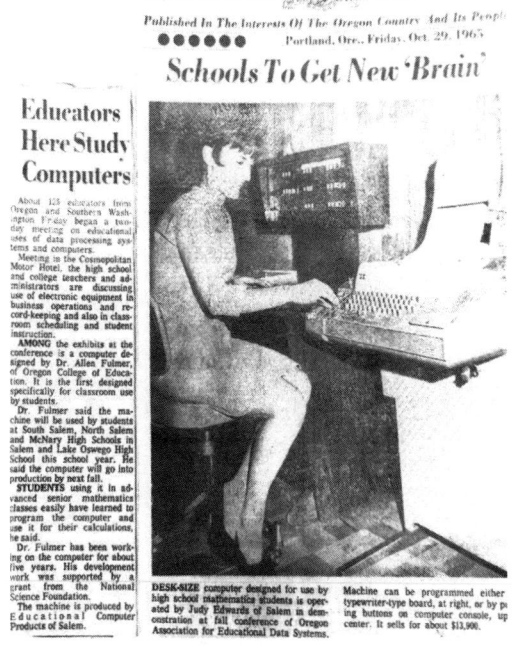

图 9-3

1　图片取自《俄勒冈日报》的文章，由艾伦·富尔默提供。

这本书不是讲述她那些更不堪和令人不安故事的地方；我建议你去读她的回忆录，里面充满了这些故事。有些故事相当吓人。

就我而言，我满心感激的是，我能够触碰那台她倾注了大量心血的小机器。那轻轻一触对我的生活和未来的职业生涯产生了深远的影响。

我从未见过朱迪思·艾伦，但因为那台ECP-18计算机，她对我的影响非常深远。

参考文献

[1] Allen, Judy. New writing: A memoir of a life and a career in the sixties and seventies[EB/OL]. (2012-05-25) [2025-03-20]. https://lookingthroughwater.wordpress.com/2012/05/25/foreword-a-memoir.

[2] Edwards, Judith B. Computer instruction: Planning and practice[R]. Portland: Northwest Regional Educational Laboratory. https://files.eric.ed.gov/fulltext/ED041455.pdf.

[3] Fulmer, Allen. Ancillary documents and brochures about the ECP-18[Z]. Private correspondence.

第 10 章

汤普森、里奇与克尼汉

UNIX操作系统和C语言诞生于1968年至1976年间,这或许是计算机行业历史上最重大的事件。从服务器集群到恒温器,UNIX的衍生系统几乎无处不在,并且其中的软件几乎肯定是用C语言的某种衍生版本编写的。

C语言和UNIX是紧密相连的发明,它们的诞生仿佛处于某种奇特的递归循环之中。UNIX催生了C语言的发明,而C语言又促使UNIX进行了重新设计。这种紧密的联系是必然的,并且一直持续到今天。从某种意义上说,这就像衔尾蛇欧罗巴洛斯(Ouroboros),那条吞食自己尾巴的蛇。然而,这个良性的创造循环并没有自我消耗,反而孕育出了一系列令人惊叹且极为实用的理念和发明。

这个循环背后的故事涉及的人远不止我在这里所能讲述的,所以我将重点介绍其中影响最深远的三个人:肯·汤普森(Ken Thompson)、丹尼斯·里奇(Dennis Ritchie)和布莱恩·克尼汉(Brian Kernighan)。

10.1 肯·汤普森

肯·汤普森于1943年初出生在新奥尔良。他是一个海军子弟,在人生的头二十年里,他游历了美国乃至世界各地。他在一个地方居住的时间从来没有超过一两年。

小时候,他就对数学和逻辑问题很感兴趣。那时他一定就被计算机吸引了,因为他有时会用二进制来解数学题。他还对电子学感兴趣,这在他整个青少年时期都是他的爱好。

六年级时,他在得克萨斯州加入了国际象棋队。他读了很多国际象棋方面的书籍。他曾打趣说:"我想六年级的时候大概没人读过国际象棋方面的书,因为只要你读了一本,你就会比其他人都厉害。"[1]然后他就不再下棋了,再也没有亲自下过,因为虽然他喜欢赢,但他不喜欢让别人输。

---
1 见本章参考文献[5]。

汤普森在加利福尼亚州丘拉维斯塔高中毕业，之后在加州大学伯克利分校学习电气工程。在伯克利分校期间，他接触到了计算机，并彻底为之着迷。"我沉浸在计算机的世界里，我爱它们。"[1]他说道。

当时学校还没有计算机科学(CS)课程，所以他继续学习电气工程(EE)专业，并在1965年获得了学士学位，一年后又获得了硕士学位。

在校外，他没有什么雄心壮志。事实上，毕业这件事对他来说都有些意外，他根本没怎么关注过这类细节。他自己没有申请研究生院，是他的一位导师帮他申请的。在他不知道已经提交申请的情况下，他就被录取了。

他的计划很简单，就是继续不去理会那些琐事，留在伯克利分校。"我感觉自己就像这儿的主人，这里的一切我都了如指掌。[……]就计算机方面而言，我几乎掌管着这所学校。[……]学校里那台主要的大型计算机[2]会在午夜关机，然后我会拿着钥匙进来把它打开，在早上8点之前，它就是我的私人计算机。我很开心，没有什么野心。我是个工作狂，却没有什么目标。"图10-1显示了当时布置的大型计算机[3]。

图 10-1

获得硕士学位后，他的老师们在他不知情的情况下合谋为他在贝尔实验室找了一份工作。在老师们的推荐下，贝尔实验室多次试图招募他，但都失败了，因为他总是错过招聘面试。最后，一位招聘人员亲自来到了他的家门口。汤普森让他进了屋，还拿出了姜饼和啤酒招待他。

招聘人员提出让他飞往贝尔实验室，并承担相关费用。他同意了，因为他有一些东海岸的高中同学，他想去拜访他们。他明确地告诉招聘人员，他不会接受这份工作。

1　见本章参考文献[22]。

2　IBM 7094是价值300万美元的晶体管计算机，周期时间为2微秒，具备浮点和定点乘除运算功能，拥有 32K字(36位)的内存。它是第一台会唱歌的计算机。唱的是《黛西贝尔》(*Daisy Bell*)，也就是电影《2001：太空漫游》中 HAL 9000 在被关闭时唱的那首歌。7094 计算机在20世纪60年代的美国国家航空航天局(NASA)双子座和阿波罗计划，以及导弹防御系统中发挥了重要作用。

3　图片中的IBM 7094计算机来自哥伦比亚大学。

他在贝尔实验室计算机科学研究实验室的走廊里闲逛，这里给他留下了深刻印象。办公室的门一个接一个，上面的名字他都认识。"这太令人震惊了。"他说。但随后他还是离开了，沿着海岸驱车去看望他的朋友们，他们分散在沿途的不同居所。

在他大约到第三站的时候，有一封录用信在等着他。不知怎么的，贝尔实验室还是找到了他[1]。

他接受了贝尔实验室的职位，并于1966年开始参与Multics项目的工作。

汤普森是一个狂热的飞行员，他说服了很多同事学习飞行并考取飞行员执照。他会组织飞行活动，前往餐厅和其他地方。1999年冬天的某一天，他和弗雷德·格兰普(Fred Grampp)付钱给一家俄罗斯机构，让他们教自己驾驶米格-29战斗机。

10.2 丹尼斯·里奇

丹尼斯·里奇于1941年9月9日出生在纽约州的布朗克斯维尔。他的父亲名叫阿利斯泰尔·里奇(Alistair Ritchie)，是一位科学家，在贝尔实验室从事交换系统方面的工作。

尽管他六年级的老师曾评价他在数学方面的表现"时好时坏"，但他还是在1959年从新泽西州萨米特的萨米特高中毕业，并于1963年从哈佛大学毕业，获得了物理学学士学位。在哈佛大学期间，他修了一门名为"Univac I编程"的课程。这激发了他对计算机的兴趣，也为他后来在研究生院的学习奠定了基础。

毕业后，里奇被哈佛大学应用数学研究生项目录取。他的研究领域是计算设备的理论与应用。

1967年，里奇追随父亲的脚步来到了贝尔实验室，并开始参与Multics项目，还参与了为驱动Multics系统的通用电气(GE)635计算机创建BCPL编译器的工作。当时他还在攻读博士学位，并且在父母家的阁楼和地下室里生活和工作[2]。

里奇几乎获得了博士学位。我说"几乎"，是因为尽管他的论文已经完成并通过了审核，但他从未提交过装订好的论文副本，而这是获得学位的必要条件。为什么不提交呢？关于这一点存在一些争议。有人认为是因为装订费用不低，而里奇坚决不想支付这笔费用。也有人认为里奇只是懒得去做这件事。他的哥哥约翰说，里奇已经在贝尔实验室获得了一份令人羡慕的研究员工作，而且"他从来都不太喜欢处理生活中的琐事"。

阿尔伯特·迈耶(Albert Meyer)是里奇在研究生学习期间的合作者之一，他这样评价里奇："(里奇)是一个很可爱、随和、谦逊的人。他显然很聪明，但也有点沉默寡

---

1 这是2019年版本的故事。在2005年版本的故事中，他说那封信是在他回家时看到的。这种说法更有可能，但趣味性稍逊。这两个在不同时间讲述的故事，为我们了解汤普森的心理和记忆提供了有趣的视角。

2 他的卧室在阁楼，办公室在地下室。

言。[……]我很想(继续)和他合作[……]。但是，你知道的，他已经在做其他事情了。他整晚熬夜玩《太空战争》游戏！"[1]

一年后，贝尔实验室开始关注里奇的博士学位情况，于是在1968年2月，他们写信给哈佛大学[2]：

> "先生们，…… 能否请您为我们核实一下，里奇是否于1968年2月获得数学哲学博士学位。非常感谢。"

两周后，哈佛大学回复道："关于您1968年2月7日的询问，现在告知您，里奇先生不会在1968年2月获得哲学博士学位。"

哎呀！

里奇的一个哥哥比尔怀疑可能发生了某种创伤性事件，导致他的弟弟不愿再提起那篇论文。他说[3]：

> "[……]发生了一些事情…… 从1968年2月那个时候起，所有关于那篇论文或与之相关的事情都被掩埋了，直到他去世后才被提起。这包括图灵奖委员会或日本奖委员会正式宣称他拥有博士学位，而里奇从未反驳过。这不仅仅是50年前发生的事情，这是他一生的行为。而且这与里奇在大多数情况下的生活方式非常不同，很难想象他为什么要把博士学位的事情隐瞒得这么深，但他确实这么做了。"

另一方面，里奇的另一位哥哥约翰说[4]：

> "[他]在很多方面肯定是一个神秘的人，而没有获得博士学位就是这种神秘感的完美体现。没有人知道真正的原因是什么[……]。我不认为这是像比尔推测的那样，是因为某种创伤性事件，不过也许是吧。也许是因为装订费用。也许是他一想到要在评审小组面前为论文辩护就感到恐慌。我们永远也不会知道了。"

不管怎样，这其实并不重要。里奇就这样加入了我们这些程序员的行列，我们这些人虽然没有真正的博士证书，却被称为[5]"博士"。

里奇的论文失传了近半个世纪。在他去世后，通过他妹妹林恩(Lynn)的努力，找到了一份副本，现在可以在网上看到[6]。这篇论文值得一看，哪怕只是为了看看他用打字机打出所有数学符号时所倾注的大量心血。据他的兄弟们说，他说服贝尔实验室给

---

1 见本章参考文献[3]。这句话让我不寒而栗，因为：我也有过类似经历……
2 见本章参考文献[6]。
3 私人通信。
4 私人通信。
5 想知道我是怎么知道的话，不妨来问我。
6 可参考"电子脚注"中列出的网页。

了他一台IBM 2741 Selectric打字机终端，以及一条租来的WATS[1]数据线连接到里奇家地下室的办公设备，这样他就可以一直工作到凌晨4点——他确实这么做了。显然，他也用那台终端来准备他的论文。天知道他可能用了什么软件，或者自己编写了什么软件，因为在当时，具备处理数学公式能力的文字处理器还需要很多年才会出现。

关于那些年，里奇写道[2]："我的本科经历让我相信，我不够聪明，无法成为一名物理学家，而计算机非常有趣。我的研究生经历让我相信，我不够聪明，无法成为算法理论方面的专家，而且我更喜欢过程式语言，而不是函数式语言。"

还有一次，他说："当我完成学业的时候，已经很明显……我不想继续从事理论方面的工作。我只是对真正的计算机以及它们能做什么更感兴趣。而且特别让我印象深刻的是……与使用打孔卡片等方式相比，交互式计算是多么令人愉快。"

汤普森曾经这样评价里奇："他很敏锐，比我更擅长数学。一旦他有了一个想法，他就像斗牛犬一样执着。他会一直钻研，直到成功为止。"

克尼汉曾经说过："我看到了(里奇)的很多不同方面，但所有这些方面基本上都围绕着工作，而不是社交生活。他不是那种喜欢参加聚会的人，但他绝对是非常出色的工作伙伴。他有一种非常棒的冷幽默，经常会表现出来。他很注重隐私，很善良，而且非常有趣。[……]我会把他描述成一个非常好的人，他可能看起来有点害羞，但在内心深处，他是我很久以来见过的最善良、最乐于奉献的人之一。"

他确实非常注重隐私。在极少数情况下，当他写关于自己的事情时，也只是用最简短、最谦逊的方式。他的兄弟姐妹们把他内向的、对隐私的需求称为他的"力场"，这个"力场"阻止了任何亲密的讨论。

为了说明这一点，他的哥哥约翰讲述了一个21世纪初的故事。里奇的三个兄弟姐妹很担心他，于是合谋让这个内向的弟弟谈谈自己的感受。一天早上，当四个人一起坐在他们位于波科诺山脉的门廊上时，约翰实施了他们的计划[3]，他建议大家轮流从1到10给自己的生活状态和幸福程度打分。林恩说大约是7分。比尔说大约是8分。约翰也编了个类似的分数。然后他们转向里奇，里奇沉默了很久，看起来很痛苦，然后说："嗯，直到大约四分钟前，我会说8分。"

约翰还写了一首关于里奇的歌。他在2012年贝尔实验室的"里奇赞赏日"上演唱了这首歌：

> 他是谦逊的化身
> 在地下室工作到凌晨
> 妈妈有点疑惑
> 她到底生了个怎样的孩子

1　广域电话服务(Wide Area Telephone Service)，一种固定费率的长途电话连接服务。
2　见本章参考文献[2]。
3　约翰将其描述为"你能想象到的最愚蠢、最做作的噱头"。

她一直对互联网感到困惑
作为他的兄弟姐妹
我们很幸运别让我们解释他到底做了什么
他的散文显示出他是一个优雅的文学家
我隐约觉得那和编译器有关
[合唱]
里奇，我们的兄弟
独一无二
太阳系中最不可思议的明星。

丹尼斯·里奇于2011年10月去世。他的哥哥比尔这样悼念他：

"他有着非凡的智慧，极具创造力，是一位天生具有远见卓识的人，他有着非凡的倾听和吸收能力，他内心充满了同情和善良，而且几乎从出生起，他就总是在正确的时间、正确的地点，和正确的人在一起。"

哦，顺便说一下，据他的哥哥比尔说，里奇最喜欢听的东西，"非常符合他的口味"，是苹果垃圾佬乐队(Apple Gunkies)[1]的音乐和麻省理工学院学生电台播放的《夜间航空》广播节目。

10.3　布莱恩·克尼汉

布莱恩·克尼汉(Brian Kernighan)1942年出生于多伦多。

他的父亲是一名化学工程师，经营着自己的小生意，生产"各种供农民使用的杀虫剂"。小生意"很辛苦"，克尼汉并不想接手。

年轻时，克尼汉对业余无线电很着迷。所以，在他高中的时候，他用"各种各样的希思套件"搭建了一个小型的摩尔斯电码业余无线电装置。

他擅长组装希思套件电子产品。在后来的日子里，他的项目包括一个音频系统、一台彩色电视机和一台示波器[2]。

他在高中数学方面表现出色，以至于他的数学老师建议他申请多伦多大学的工程物理专业。他以典型的自谦风格，将这个专业描述为"一个为那些不知道自己真正想专注于什么的人设立的综合专业"。

1963年，他看到的第一台计算机是IBM 7094。他说那台计算机在一个很大的空调房间里，周围都是看起来很专业的人。"普通人(尤其是学生)根本无法接近它。"他说。

1　可参考"电子脚注"中列出的网页。
2　和我的经历很像。

他在学校试图学习FORTRAN语言。他研究了《FORTRAN II手册》[1]，理解了语法，但不知道如何开始编程。

1963年，他在帝国石油公司(现在的埃克森公司)实习，试图编写一个COBOL程序，但他无法让它运行起来[2]。他把它描述为"一连串没完没了的IF语句"。

1966年，他在麻省理工学院(MIT)参加了一个暑期实习，使用CTSS[3]系统，用MAD[4](密歇根算法译码器)语言为Multics系统开发工具。

第二年，他在贝尔实验室获得了一个实习机会，并编写了"非常紧凑"的GE 635汇编代码，为FORTRAN语言实现了一个列表处理库。正是这次经历最终让他迷上了编程。

1969年，他被贝尔实验室正式聘用，并开始参与几个与Multics和UNIX无关的项目。但汤普森和里奇的办公室就在附近。理查德·汉明(Richard Hamming)[5]的办公室也在附近，汉明让克尼汉深刻认识到了写作的重要性及写作风格的重要性。

汉明喜欢说："我们给他们一本字典和语法规则，然后说，'孩子，你现在就是一名优秀的程序员了。'"汉明认为，在编写程序时，应该像写散文一样，体现出一种"风格"。

正是从汉明那里，克尼汉受到感染，点燃了他的写作热情。这在后来变得非常重要。

10.3.1　Multics系统

> "麻省理工学院有一个非常不错的分时系统，然后他们决定要做一个更好的——这简直是自寻死路。"
>
> ——肯·汤普森[6]

多路复用信息与计算服务(Multiplexed Information and Computing Service，简称Multics)系统是一个由通用电气(GE)、贝尔实验室和麻省理工学院(MIT)共同参与开发的第二代分时系统。Multics旨在接替麻省理工学院的兼容分时系统(Compatible Time-Sharing System，简称CTSS)。

1　作者是丹尼尔·D.麦克拉肯(Daniel D. McCracken)，这个名字在我记忆中挥之不去。

2　对他跳入COBOL的坑，我深有同感。1970年我也写过一个大型COBOL程序，但始终没能让它运行起来。我差点因此丢了工作。不过一位资深同事说服了我的老板，说我更擅长汇编语言而非COBOL，这才让我保住了工作。

3　兼容分时系统(Compatible Time Sharing System)。

4　如果MAD程序的编译错误数超过阈值，编译器就会打印出一整页阿尔弗雷德·E.诺伊曼(Alfred E. Neumann)的ASCII图像。就这？那我怕啥？

5　没错，就是那位汉明(Hamming)。

6　见本章参考文献[22]。

1954年，约翰·巴克斯(John Backus)提出了分时系统的概念。他说："如果每个用户都有一个输入终端，那么一台大型计算机可以当作几台小型计算机来使用。"当时的计算机还不够强大，无法处理这种操作。内存和真空管处理器的限制太大了。

但这个想法一直在酝酿。1959年，克里斯托弗·斯特雷奇(Christopher Strachey)发表了一篇题为"大型快速计算机中的分时系统"(Time Sharing in Large Fast Computers)的论文，在论文中他描述了一个系统，在这个系统中，一个程序员可以在自己的终端上调试程序，而另一个程序员在另一个终端上运行不同的程序。麻省理工学院的约翰·麦卡锡(John McCarthy)对这个想法很感兴趣，并写了一份备忘录，促使[1]麻省理工学院开发一个真正的分时系统。

1961年，实验性分时系统开始运行。起初它使用的是IBM 709计算机[2]，但后来被7090计算机[3]取代，再后来又换成了7094计算机。

这个系统后来发展成了CTSS，它很可能是第一个投入运行的分时系统。它于1963年开始常规服务。

CTSS是那些最终投入实际使用的原型系统之一。它成为一个真正的系统。但设计者们野心勃勃，他们想要一个更宏伟的系统，想要Multics系统。

Multics系统的初步规划始于1964年。通用电气公司负责制造一台比IBM 7094更大、更好的计算机。贝尔实验室和麻省理工学院将合作开发软件，麻省理工学院负责大部分设计工作，而贝尔实验室更多负责实施工作。

Multics的概念非常宏大。也许，在当时来说，甚至有些过于宏伟。它包括内存映射、动态链接、文件映射到内存及内存映射到文件等功能。当添加或移除新硬件时，它可以在不停止系统的情况下动态重新配置自身。

根据肯·汤普森的说法，这是一个庞大的项目，旨在开发出"终结所有分时系统的分时系统。它的设计过度复杂，而且非常不经济。"克尼汉说它是"第二系统效应"[4]的一个例子。

原本打算用于Multics的主要语言是PL/1。但是，编写PL/1编译器及用PL/1编写程序的难度，促使马丁·理查兹(Martin Richards)在丹尼斯·里奇的帮助下，开发了一种简单得多的语言，叫做基本组合编程语言(Basic Combined Programming Language，简称BCPL)。

最终，在1966年至1969年经过三年的努力后，贝尔实验室决定终止对该项目的参与。这使得汤普森、里奇以及其他许多人有了更多的闲余时间——尽管在20世纪60年代末的贝尔实验室，这不一定是件坏事。

---

1 就像他后来激励达特茅斯学院的库尔茨(Kurtz)和凯梅尼(Kemeny)一样。

2 真空管计算机，有 32K 字(36 位)磁芯存储，每秒执行42000次加法运算和5000次乘法运算。FORTRAN语言就是在这台机器上开发出来的。

3 709的晶体管化版本。

4 布鲁克斯. 人月神话[M]. 汪颖，译. 北京：清华大学出版社，2002。选自第 5 章"画蛇添足"。

10.3.2　PDP-7与《太空旅行》游戏

> "UNIX是为我而构建的。我构建它不是为了给其他人做操作系统,而是为了玩游戏和做我自己的事情。"[1]
>
> ——肯·汤普森

在贝尔实验室,与其说被分配去做某个项目,不如说要自己去寻找项目做。所以当Multics项目结束后,肯·汤普森找到了其他可做的事情。

如果你是他,你会做什么呢?你会编写一个太空旅行游戏吗?会生成音乐吗?里奇[2]和汤普森就做了这些事[3]。他们有一段时间可以使用那些大型的Multics计算机,所以就拿来玩了。

他们先为Multics编写了《太空旅行》游戏,然后为标准的通用电气操作系统(GECOS)编写了这个游戏。但他们不喜欢这个游戏在这些系统上的运行方式。首先,显示效果会"卡顿",其次,玩一局游戏耗费不少运行时间,需要的费用是75美元[4]。

不过,当时有一台很少使用的1965年生产的PDP-7[5]计算机,它配备了一个不错的DEC 340矢量图形显示器。这台机器用作一个电路分析系统的远程作业输入终端。工程师们会用光电笔在显示器上绘制[6]电路,然后将其发送到一台更大的计算机进行分析。

所以汤普森和里奇用PDP-7汇编语言编写了他们自己的浮点数学例程、字体和字符显示子例程,以及调试器,以便让太空旅行游戏能在PDP-7上运行。图10-2显示了当时的工作情景。

图 10-2

1　参考文献[22],2019。
2　我感觉是汤普森编写了这些游戏,而里奇则在基础设施和实用子程序方面提供支持。
3　我也是。只不过我玩的与其说是太空旅行,不如说是太空战争。可参考"电子脚注"中列出的网页。
4　那个时候,是按CPU使用时长收费的。
5　当时DEC公司大约售出了 120 台这种机器。1964 年,每台售价约72 000美元。这台 PDP-7计算机的序列号是34。
6　没错,早在1969年,就已经有带指针的图形终端了。我猜那个指针是一支光电笔。

里奇这样描述这个游戏："它完全就是对太阳系主要天体运动的模拟，玩家可以在其中操控一艘飞船四处飞行，欣赏风景，并尝试在各个行星和卫星上着陆。"

克尼汉说："这个游戏有点让人上瘾，我花了好几个小时玩它。"

里奇的哥哥比尔在十几岁时曾经玩过这个游戏，他说："我记得里奇让我玩过一次。让我印象深刻的是，距离非常遥远，你真的需要加速；然后，就很难再足够快地减速了。"

汤普森还编写了一个三维多人太空战争游戏。DEC 340显示器有一个可以安装的双目护罩。

汤普森的游戏利用这个护罩，让玩家在太空中飞行并互相射击时有深度感。贝尔实验室里有几台这样的PDP-7远程作业输入站，所以汤普森用2000波特的数据集(调制解调器)将两台机器连接起来，以便进行双人太空对战。

里奇的哥哥比尔讲述了这样一个故事："当然，《太空战争》比《太空旅行》更有趣。里奇偶尔会让我晚上带朋友来实验室参观并玩《太空战争》游戏。"

汤普森和里奇在GECOS机器上为PDP-7进行开发工作，GECOS机器有一个用于PDP-7的交叉汇编器[1]。我推测他们是在霍列瑞斯卡片上打孔录入源代码。GECOS会将代码编译成PDP-7的二进制代码，并打出一个纸带。他们会把纸带拿到PDP-7那里并加载运行。

PDP-7计算机的字长为18位，标准配置是4K的磁芯存储。汤普森和里奇使用的那台机器额外增加了4K内存，并有一个大磁盘[2]。从物理尺寸看，这个磁盘很大，因为它的外壳有6英尺高，而且磁盘盘片像飞机螺旋桨一样垂直旋转。有人建议他们不要站在磁盘前面，以防磁盘"出故障"。

从存储容量看，这个磁盘在当时也很大，可以存储100万个18位的字。

PDP-7的指令集非常简单[3]。指令码占4位(共16条指令)，有一位用于间接寻址，还有13位用于引用内存地址。所以它可以直接寻址全部8K的内存，如图10-3所示。

```
== Op ==  I  ========address=========
[][][][]  []  [][][][][][][][][][][][][]
```
图 10-3

它只有一个寄存器(累加器)，还有一个溢出位(称为链接位)，用于保存加法运算的进位。

PDP-7没有减法指令。要进行减法运算，需要先对减数取反，然后将其与被减数相加。PDP-7是一台采用补码运算的机器，所以对累加器取反就是用CMA指令将每一

---

1 里奇在"C语言开发"(The Development of the C Language)一文中将其描述为 GE-635 计算机上 GEMAP 汇编器的一组宏，以及一个能打出与 PDP-7 兼容纸带的后处理器。

2 DEC RB09 磁盘，和RD10磁盘一样，基于宝来(Burroughs)公司的硬件。

3 本质上是一台 18 位的PDP-8计算机。

位取反，然后加1。

在当时，PDP-7的磁盘传输速度非常快。它每2微秒可以传输一个字。它使用直接内存访问(DMA)[1]硬件将数据传输到内存中。PDP-7的磁芯存储周期时间为1微秒，执行大多数指令需要2微秒。这之所以可行，是因为DMA会在指令执行的间隙插入并占用一个周期。

然而，使用间接寻址位来操作指针的指令需要三个周期。如果在DMA试图从磁盘读取或写入数据时执行间接寻址指令，DMA就会被迫等待太长时间，并会发出溢出错误。

这给汤普森带来了一个挑战。他能否编写一个通用的磁盘调度算法，尤其是能在这台挑剔的机器上正常工作的算法呢？于是他开始着手证明自己能够做到。

10.4　UNIX操作系统

> "……不知怎的，我突然意识到，在这之前我都没意识到，我距离做出一个操作系统只有三周时间了。"

——肯·汤普森

汤普森深受他在Multics项目中的经历影响，Multics拥有树状结构的文件系统、独立进程的架构、简单的文本文件，以及作为独立进程运行的shell命令。汤普森将文件系统视为一个调度和吞吐量的问题。他希望在最短时间内让磁盘尽可能多地读写数据。

当然，其中的挑战在于如何将物理磁盘上的数据结构转换为文件和目录，并尽可能高效地对这种转换进行管理。

磁盘是一个旋转的盘片，表面涂有一层磁性薄膜。读写磁头沿磁盘表面径向移动。写入数据时，这些磁头会在圆形磁道上留下磁化点的流。这些磁道通常被细分为扇区，扇区就是圆形磁道内的一段弧。读写磁头的向内和向外"寻道"操作使得磁道在盘片上呈同心圆状。有些磁盘有许多像盘子一样堆叠起来的盘片。每个盘片都有自己的读写磁头。如图10-4所示。

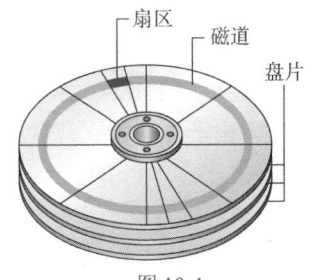

图 10-4

所以要访问磁盘上的某些数据，你需要知道四件事：选择哪个磁头、寻道到哪个磁道、读取哪个扇区，以及数据在该扇区内的位置。

汤普森想要将这种复杂的机械结构转换为文件的抽象概念，文件只是一个由18

1　直接内存访问(Direct memory access)。硬件可将磁盘中的数据直接传输到内存中，不需要计算机干预。不过，DMA会"窃取"计算机的周期，所以在数据传输过程中，计算机和磁盘会争夺核心内存资源。

位字组成的线性数组(PDP-7计算机不使用字节)。因此,一个文件可能由许多扇区组成,这些扇区可能位于许多不同的磁道和不同的盘片上。必须以某种方式将它们链接在一起,并且必须对它们进行索引,以便能够找到它们。

inode结构就这样诞生了,并且从那以后一直存在于UNIX系统中。

这个想法很简单。磁盘上的每个扇区(块)都被分配一个相对整数[1](块指针),通过这个指针可以计算出磁头、磁道和扇区的参数。预留固定数量的特定块用于索引节点(inode),每个inode都有自己的编号。

每个inode包含一些元数据[2],后跟一个指向包含文件数据的块的指针列表,指针数量为n[3]个。如果文件需要的块数超过n个,inode的最后一个元素是一个指向另一个块的指针,该块包含更多的块指针。目录是一个文件,其中包含名称列表和相关的inode编号。

就是这样,很简单。而且这一切都是用PDP-7汇编语言实现的。

让这个结构能够正常工作后,需要一些程序来测试它。目标是创建几个相互竞争的程序来访问磁盘,并对"调度"算法施加负载。当然,这需要进行一些任务切换。

这就引出了本节开头的那句话。因为就在这个时候,他意识到自己距离做出一个操作系统只有三周时间了。

为什么是三周呢?因为他需要三个程序:一个文本编辑器、一个汇编器,以及一个shell/kernel。他估计每个程序需要一周时间——特别是因为他的妻子即将去加利福尼亚看望她的父母,进行为期三周的旅行。

三周后,UNIX诞生了——它是Multics的"私生子",源于一个磁盘调度的挑战和一次三周的假期。

早期的UNIX不是基于字节的。PDP-7的18位字长主导了它的结构。所以文件是由18位字组成的序列——但这种情况很快就改变了。

按照当时的标准,PDP-7并不是一台快速的机器,而且它的内存严重受限。操作系统占用了4K内存,只剩下4K给用户使用。Multics和GECOS系统都是构建在比PDP-7快十倍且容量大得多的机器上的。然而,这台PDP-7上的简单小操作系统,尽管只有一台ASR 33电传打字机作为终端,却不知为何使用起来更方便、更有趣。

汤普森编写了一个名为scribble-text的程序,它允许DEC 340显示器充当第二个终端,使PDP-7能够同时支持两个用户。

"我开始吸引到一些非常厉害的用户。"汤普森谈到那个时期时说道。这些用户包括布莱恩·克尼汉、丹尼斯·里奇、道格·麦克罗伊(Doug McIlroy)和罗伯特·莫里斯(Robert Morris)。

---

1 我也经历过。
2 用于描述文件的权限和所有者信息。
3 在PDP-7中可能是11个。

"UNIX"这个名字显然是克尼汉和彼得·诺伊曼(Peter Neumann)共同想出来的,不过他们两人对这件事的记忆有所不同。

克尼汉认为将Multics简化为Unics是对"多(multi-)"与"单(uni-)"的一种文字游戏。诺伊曼则想出了UNiplexed Information and Computing Service(单路复用信息与计算服务)的缩写词。有传言说,贝尔实验室的律师们认为Unics这个词与"eunuchs(太监)"太接近了,所以UNIX就成了大家接受的名字。

尽管PDP-7系统既有趣又高效,但它仍然有很大的局限性。所以这群少数用户开始游说贝尔实验室,希望能得到一台更大、更好的机器。

在那个时候,委婉地说,贝尔实验室可谓是"财源滚滚"[1]。其理念是实验室里的任何一个人都应该能够用他们丰厚的薪水去购买所需的东西。所以可以召集四五个人,一起购买一些相当重要的设备。但确实需要得到上级的批准。

起初,这群人直接要求购买一台PDP-10计算机来进行操作系统的研究。这将是一个庞然大物,字长为36位,价格也将高达50万美元。他们被明确告知,不会有资金用于操作系统的研究。Multics项目已经是一场惨败,浪费了大量资源,没有人希望重蹈覆辙。

于是这群人开始谋划,在乔·奥萨纳(Joe Ossanna)的帮助下,他们提出了一个非常有创意的提议[2]。

贝尔实验室的专利办公室有一个问题。用打字机编写专利申请极其耗费人力。申请文件必须按照特定的格式排版,包括行号。如果有一个能够理解专利申请特定格式(包括所有行号要求)的计算机化文字处理器,那不是很好吗?

事实上,专利办公室正在认真考虑一家供应商,这家供应商承诺为他们提供这样的产品。供应商的产品目前还做不到,但他们承诺假以时日……

所以,由狡猾的奥萨纳带领的UNIX用户群体不断壮大,他们提议购买一台PDP-11计算机,并开发相应的软件,使专利办公室能够编辑、存储和打印格式正确的专利申请文件。

这简直太完美了。正如汤普森所说:"第二个提议是为了节省资金,而不是花钱。真的不是为了研究操作系统!而且这是为了别人。这是一个三赢的局面。"

10.5 PDP-11计算机

"借口是文字处理,但真正的原因是为了玩乐。"

——肯·汤普森

---

[1] 实际上,是美国电话电报公司(AT&T)赚得盆满钵满。他们处于垄断地位。为避免联邦政府的监管,他们拿出一小部分资金投入贝尔实验室。

[2] 或者,更简洁地引用肯·汤普森的话来说,这就是一个"谎言"。

于是，在1970年，他们购买了PDP-11(/20)计算机[1]。中央处理器在夏天到货，其他外围设备在接下来的几个月里陆续送达。

他们使用PDP-7上的交叉汇编器[2]，让一个面向字节的UNIX基本版本在PDP-11上运行起来了。这一切都使用了纸带。

然后，这台机器就闲置在那里，等待磁盘的到来。它等了三个月，在此期间，它一直在计算6×8棋盘上封闭的骑士之旅遍历路径。

PDP-11的内存按字节寻址，但内部架构是16位宽。两个字节组成一个字，字在内存中以小端格式存储(最低有效字节在前)。

这台计算机有八个16位的内部寄存器。R0到R5可用于通用目的。R6是堆栈指针[3]，R7是程序计数器(当前正在执行的指令的地址)。

其丰富的[4]指令集可以将寄存器用作数值、指针或指向指针的指针。一条指令还可以使寄存器先减1或2(predecremented)，或者后加1或2(post-incremented)[5]。后来，这一点在C语言的i++和--i表达式中非常有用。

磁盘一到，UNIX系统很快就安装好了。PDP-11有24KB的磁芯存储、1.5MB的磁盘，以及足够的终端端口，可供十名专利书记员输入专利申请。

乔·奥萨纳编写了nroff，后来又编写了troff[6]，作为基本的文字处理和排版工具，然后他们就开始大显身手了。专利办公室非常喜欢这个系统。

与此同时，到了晚上，这群男女会继续他们的"玩乐"。但他们必须小心行事，因为如果他们弄垮了脆弱的文件系统，所有的专利工作都会丢失。

专利办公室对这个系统非常着迷，他们又给这个团队买了一台PDP-11供他们使用。据克尼汉说，在那个时候，贝尔实验室花钱"不是看预算，而是看配额——从某种意义上说，这是一种花钱的许可——但都是为了大家好。"[7]

有一天，汤普森受到道格·麦克罗伊1964年写的一篇论文的启发，有了一个想法。在那篇论文中，麦克罗伊建议程序应该像自来水管一样可以连接起来。

在几小时内，汤普森就实现了UNIX的管道功能。他说这是一个"微不足道"的改变。然后，在一个晚上的时间里，他和里奇修改了所有现有的UNIX应用程序，去掉了所有冗长的控制台消息。他们还发明了stderr(标准错误输出)，并将错误消息重定向到那里。

---

1 后缀/20是后来加上去的。这台机器太新了，DEC公司当时还没怎么考虑不同型号的编号问题。
2 用B语言编写；见下一节内容。
3 这在很大程度上是一种约定俗成，但也有一些指令专门使用它。
4 PDP‑11是一款复杂指令集计算机(CISC)。
5 这对于将指针递增到下一个字非常有用。
6 关于这些工具可以讲很多内容。它们在早期UNIX的发展历程中扮演非常重要的角色。但这部分内容超出了本文的讨论范围。
7 见本章参考文献[22]。

最终结果是，现有的UNIX应用程序可以通过管道连接起来，并充当"过滤器"。管道和过滤器对UNIX团队的影响是"令人震撼的"。汤普森称这是一场充满创意的"狂热"活动。

10.6　C语言

"我尝试用C语言重写内核，但失败了三次。作为一个自负的人，我把失败归咎于这种语言。"

——肯·汤普森

C语言的故事始于一种叫做TMG(Transmogrifier，意为变形器)的语言。TMG是罗伯特·麦克卢尔(Robert McLure)的发明，他是道格·麦克罗伊的朋友。TMG是一种类似yacc的用于生成解析器的语言。

麦克卢尔离开贝尔实验室时，带走了TMG的源代码。于是，麦克罗伊仅凭铅笔和纸张，用TMG语言编写了TMG。然后，他手动模拟执行这个纸质版本的TMG，并将TMG语言输入其中，生成了PDP-7的汇编代码。很快，他就让TMG在PDP-7的UNIX系统上运行起来了。

汤普森认为，没有FORTRAN语言的计算机是不完整的，所以他用TMG编写了FORTRAN语言。然而，生成的编译器无法装入他为PDP-7的UNIX系统分配的4K用户分区中。于是，他开始从语言中删除一些特性，然后重新编译，直到生成的编译器能够装入4K的空间中。

最终得到的语言与FORTRAN语言不太相似。实际上，汤普森认为它看起来更像Multics系统的语言BCPL。所以他把它叫做B语言[1]。

他想添加更多的特性，但每次添加后，都会超出4K的限制。幸运的是，B语言是一种解释型语言。它生成一种P代码，由一个小型解释器来执行。这使得这种语言运行速度很慢，但编译起来要容易得多。这也意味着可执行代码可以保存在一个文件中，并进行"虚拟"执行，而不必试图将其装入内存中。

虚拟执行速度很慢，但作为一种将编译器缩小回4K空间的方法很有用。当B语言的一个新特性使编译器变得太大时，汤普森会虚拟执行新的编译器，并对其进行修改，以生成更小的代码，这样新的编译器就能再次装入4K空间中。

这有点像摇晃一罐石子，以获得最高的堆积密度。

汤普森添加的一个特性是斯蒂芬·约翰逊(Stephen Johnson)关于"for循环使用分

---

[1] 另一种说法是，他喜欢用妻子邦妮(Bonnie)的名字来命名语言。几年前，他为Multics编写了一种语言，将其命名为Bon。

号"的绝妙想法[1]。这就是C语言中for循环的由来。

他添加的另一个特性是我们熟知并喜爱的C语言中的++和+=[2]风格的运算符。

B语言的语法与C语言非常相似。实际上，很难想象汤普森是如何从FORTRAN语言推导出B语言的。关于这一点，里奇写道：

> "据我回忆，支持FORTRAN语言的意图只持续了大约一周。相反，他创建了一种新语言B的定义和编译器。B语言深受BCPL语言的影响；其他影响因素包括汤普森对简洁语法的偏好，以及编译器必须适应的极小空间。"
>
> ——《UNIX系统：UNIX分时系统的演变》，发表于AT&T贝尔实验室技术期刊
> (AT&T Bell Laboratories Technical Journal)

以下是汤普森1972年用户参考手册中的一段B语言示例代码。C、C++、Java和C#程序员会发现它非常熟悉。

/*以下程序将计算常数e - 2，精确到大约4000位小数，并以每行50个字符、每5个字符一组的形式打印出来。方法很简单，就是对展开式进行输出转换

$$\frac{1}{21} + \frac{1}{31} + \ldots = .111\ldots$$

其中数字的基数分别是2、3、4，……*/

```
main() {
    extrn putchar, n, v;
    auto i, c, col, a;

    i = col = 0;
    while(i<n)

       v[i++] = 1;

    while(col<2*n) {
       a = n+1;
       c = i = 0;
       while(i<n) {
          c =+ v[i]*10;
          v[i++] = c%a;
          c =/ a--;
       }
       putchar(c+'0');
       if(!(++col%5))
          putchar(col%50?' ':'*n');
    }
    putchar ('*n*n');
}
v[2000];
n 2000;
```

1　for(init;test;inc)格式是当时最出色的抽象设计之一。在此之前，for循环是基于整数和界限的复杂结构。真让人头疼。

2　不过在B语言及早期的C语言中，它们是=+，而非+=。

B语言在PDP-7上很受欢迎，但它运行速度慢，并且受内存限制。所以里奇决定将其移植到位于默里希尔计算机中心的GE-635计算机上[1]。

当PDP-11计算机到来，UNIX系统投入使用后，里奇决定将B语言移植到PDP-11上。然而，PDP-11的架构带来了一个问题。

B语言是一种没有显式类型的语言。所有东西的隐式类型都是字。在PDP-7上，字是一个18位的整数。然而，PDP-11是一台面向字节的机器，而一个字节太小，无法进行像样的算术运算，甚至无法保存一个指针。所以里奇需要为这种语言添加类型。他首先添加的类型是char(字符)和int(整型)。他还重写了B语言编译器，使其生成PDP-11机器代码。他把这种语言叫做NB(New B，新B语言)。

里奇统一了数组和指针的处理方式，并扩展了int和char类型系统，使其包括指向指针的指针。所以char p;声明了一个指向字符指针的指针，并且可以通过char c = p;进行解引用。他还添加了早期版本的预处理器，提供了#include和#define功能。

那是1972年，里奇认为这种语言应该有一个新名字。他把它叫做C语言。

不久之后，在1973年，汤普森和里奇认为用汇编语言管理UNIX内核是不切实际的，将UNIX移植到C语言上是至关重要的。然而，事实证明这并非易事。

汤普森尝试了三次，都失败了。汤普森把失败归咎于这种语言，于是里奇进行调整并添加一些特性来"强化"这种语言。然而，直到里奇在C语言中添加了struct(结构体)，汤普森才最终成功地将UNIX移植过来。关于这一点，汤普森说："在struct出现之前，事情太复杂了，我根本无法把所有东西整合在一起。"[2]

10.7 克尼汉和里奇

在20世纪70年代后期，我在泰瑞达中央(Teradyne Central)公司工作，这是泰瑞达公司(Teradyne Inc).的一个部门，主要为各种电话公司生产测试设备。有一次，我和几位同事飞到默里希尔，与一些贝尔电话公司的工程师进行交流。

在讨论的某个时候，我问其中一位工程师他们正在使用什么语言。那位工程师带着惊讶和不屑的神情看了我一眼，说："C语言。"

我从来没有听说过"C语言"。所以我回到家后开始做一些研究。在那个时候，书店里有计算机书籍专区。在一家名为Kroch's and Brentano's的书店的计算机专区里，我找到了一本书(C程序设计语言)[3]，如图10-5所示。

---

[1] 也可能是稍大一些的GE - 645计算机。
[2] 人们不禁会想，他当初是怎么用汇编语言将所有东西整合在一起的。
[3] 没错，这就是我的那本原版书，上面满是污渍、标记和磨损痕迹。如今我把它放在一个密封袋里保存。

图 10-5

封面上大大的蓝色字母C让我想起了《银河系漫游指南》封面上写着"别慌"的"大大的友好字母"。

书里面字体看着很舒服，代码是随意风格的小写形式，最重要的是，还有"第0章"[1]。很明显，这些作者是我喜欢的那种人。我把书带回家开始阅读。

在那个时候，我是一个汇编语言的狂热支持者。我认为高级语言是给胆小鬼用的。如果你想完成一些事情，真正的程序员会使用汇编语言。

但当我阅读该书时，我意识到了一些事情。C语言就像是汇编语言。C语言只是比大多数汇编语言有更好的语法。但就像汇编语言一样，C语言拥有我所需要的一切，有指针、移位操作、与运算、或运算、自增、自减……。我的意思是，我在日常使用汇编语言时用到的每一个操作，在C语言中都是一等公民。

我爱上了C语言。我完全改变了对编译型语言的看法。我如饥似渴地读完了该书。我研究了每一页内容。我仔细研读了第49页的运算符优先级表。我在后院的篝火旁花了几个小时[2]，分析从第173页开始的存储分配器的内容。

回到工作中，我开始不遗余力地宣传C语言。一开始这很难让人接受。但我设法从怀特史密斯公司(Whitesmiths，由P. J.普劳格创立的一家公司)购买了一个C语言编译器，它可以为8080微处理器生成汇编代码。

我编写了大量的实用函数，编写了一个操作系统[3]，还编写了示例应用程序。我为客户编写了几个特定用途的项目，所有这些都是用C语言编写的，并且都在我们专有的8080平台上运行。我简直置身于天堂。

---

1 可惜第2版中愚蠢地删掉了这部分内容！
2 我的那本书至今还散发着淡淡的烟味。
3 BOSS，代表基本操作系统和调度器(Basic Operating System and Scheduler)，……或者(正如一位同事所说)是"鲍勃唯一成功的软件"(Bob's Only Successful Software)。

泰瑞达公司花了一年多的时间最终将他们的整个软件业务都转换为使用C语言。该书改变了我的生活，也改变了其他许多软件开发人员的生活。

10.7.1 说服与合作

克尼汉曾经为B语言编写过一个教程，他相对轻松地将其转换为C语言教程。这个教程越来越受欢迎，克尼汉认为应该出一本书。

显然，里奇一开始不太愿意，但克尼汉"极力劝说"，最终里奇默许了。克尼汉编写了所有教程章节的初稿，而里奇编写了关于UNIX系统调用的章节以及C语言参考手册附录。

克尼汉将里奇对这本书的贡献与C语言本身进行了比较："精确、优雅且简洁"。比尔·普劳格(Bill Plauger)补充说："这种精确性令人激动不已"。

两位作者合作完善了草稿，该书于1978年由Prentice Hall出版社在贝尔实验室的授权下出版。

在序言中，作者写道：

> "[UNIX]操作系统、C语言编译器，以及几乎所有的UNIX应用程序(包括用于编写本书的所有软件)都是用C语言编写的。[……]大多数情况下，示例都是完整的、真实的程序，而不是孤立的代码片段。所有示例都直接从文本中进行了测试，文本采用的是机器可读的形式。"

如今，当我写关于软件的书籍时，我会在集成开发环境(IDE)中让代码运行起来，然后直接将其粘贴到文字处理器中。但在文字处理器和IDE出现之前的那个时代，这些作者仍不辞辛劳地开创了确保出版的代码是可用代码的方法。

在1978年的时候，谁能想到《C程序设计语言》会成为有史以来最畅销、使用最广泛、最有价值、最受珍视和最受尊敬的计算机书籍之一呢。

10.7.2 软件工具

我对《C程序设计语言》这本书如此着迷，以至于有一天，我在Kroch书店浏览书架时，看到了另一本署名克尼汉(Kernighan)的书。我毫不犹豫地买了下来。这本书名为《软件工具》(*Software Tools*)。

对我来说，这又是一本具有里程碑意义的书。克尼汉知道当时FORTRAN IV是一种非常流行的语言，于是他编写了一个预处理器，将一种类似C语言的合理语言(他称之为ratfor，即"Rational FORTRAN")编译成FORTRAN IV。然后，他和比尔·普劳格(Bill Plauger)[1]在我眼前，用ratfor语言编写了UNIX应用程序套件。

当时我对UNIX并不熟悉。当然，我听说过它，因为在《C程序设计语言》中提到过，但我对它究竟是什么一无所知。《软件工具》这本书让我清楚明白了这一点。UNIX的理念简单、易用。

后来，我在DECUS[2]的磁带上找到了他们软件的转录版本，并将其加载到我们在泰瑞达(Teradyne)公司使用的VAX - 750计算机上。然后，一切又发生了改变。UNIX风格的工具远远胜过了VMS(DEC公司的操作系统)。

我从此便爱上了UNIX。后来如果我必须使用个人电脑，我一定会确保加载UNIX工具和shell程序。当苹果公司决定在麦金塔系统下采用UNIX时，我非常高兴。当然，从那以后，我还使用过许多基于Linux的系统。

UNIX永不过时！

10.8 结论

我刚刚讲述的UNIX和C语言的诞生故事跨越了1969年至1973年，大约总共四年时间。当然，在这之后，故事仍在继续，并且同样精彩非凡。然而，在那短短几个月里发生的事情改变了一切。

没有人要求汤普森(Thompson)和里奇(Ritchie)去做他们所做的事情。他们主要是出于自身的兴趣，以及满足充满热情且不断壮大的群体的需求。他们是自由奔放的探索者，在资金充裕、氛围轻松的环境中工作。当然，他们也非常聪明，最终改变了世界。

参考文献

[1] Anasu L. Dennis Ritchie'63, the man behind your technology[N]. The Harvard Crimson, (2013-05-27). https://www.thecrimson.com/article/2013/5/27/the_dennis_ritchie_1963.

[2] Bell Labs. Dennis M. Ritchie[EB/OL]. [2025-03-20]. https://www.bell-labs.com/usr/dmr/www/bigbio1st.html.

[3] Brock D C. Discovering Dennis Ritchie's Lost Dissertation[EB/OL]. (2020-06-19) [2025-03-20]. https://www.computerhistory.org/blog/discovering-dennis-ritchies-lost-dissertation.

[4] Computerphile. Recreating Dennis Ritchie's PhD thesis - Computerphile[EB/OL].

---

1 Phillip James Plauger(P. J. [Bill] Plauger)(1944—)。他是一位作家、企业家和计算机程序员，结对编程的发明者，多本技术书籍的作者。所写的科幻小说还曾获得过雨果奖和星云奖的提名。——译者注

2 数字设备公司用户协会(Digital Equipment Corporation User Society)。

(2021-05-28) [2025-03-20]. https://www.youtube.com/watch?v=82TxNejKsng.

[5] Computer History Museum. Oral history of Ken Thompson[EB/OL]. (2023-01-20) [2025-03-20]. https://www.youtube.com/watch?v=wqI7MrtxPnk.

[6] Dennis Ritchie. Thesis and the Typewriting Devices in the 1960s[EB/OL]. (2024-06-21) [2025-03-20]. https://dmrthesis.net.

[7] Kernighan Brian. UNIX: A History and a Memoir[M]. [s.l.]: Kindle Direct Publishing, 2020.

[8] Kernighan Brian W, Ritchie D M. The C Programming* Language[M]. 2nd ed. Upper Saddle River: Pearson, 1988.

[9] Kernighan Brian W, Plauger P J. Software tools[M]. Reading: Addison-Wesley, 1976.

[10] Linux Information Project. PDP-7 definition[EB/OL]. (2007-09-27) [2025-03-20]. https://www.linfo.org/pdp-7.html.

[11] Losh W. The PDP-7 where UNIX began[EB/OL]. (2019-07) [2025-03-20]. https://bsdimp.blogspot.com/2019/07/the-pdp-7-where-UNIX-began.html.

[12] National Inventors Hall of Fame. Pushing the Limits of Technology: The Ken Thompson and Dennis Ritchie Story[EB/OL]. (2019-02-18) [2025-03-20]. https://www.youtube.com/watch?v=g3jOJfrOknA.

[13] Nokia Bell Labs. The lasting legacy of Dennis Ritchie: The impact of software on society[EB/OL]. (2018-10-03) [2025-03-20]. YouTube.

[14] Poole G A. Who is the real Dennis Ritchie?[J]. UNIX World, 1991(1). https://dmrthesis.net/wp-content/uploads/2021/08/BLR-Article-UNIXWorld-Jan1991-A.pdf.

[15] The Ritchie Mcgee Family Channel. DMR early influences[EB/OL]. (2020-06-21) [2025-03-20]. https://www.youtube.com/watch?v=59ByWr0jWSY.

[16] Ritchie D M. The evolution of the UNIX time-sharing system[R]. Murray Hill: Bell Laboratories, 1979.

[17] Ritchie D M. The development of the C language[EB/OL]. (2003) [2025-03-20]. https://www.bell-labs.com/usr/dmr/www/chist.html.

[18] SHIELD. Greatest Programmers of All Time: Dennis Ritchie | Father of C programming language | UNIX[EB/OL]. (2021-03-31) [2025-03-20]. https://www.youtube.com/watch?v=lmbN1qqQYLY.

[19] Supnik B. Architectural evolution in DEC's 18b computers[R]. Revised ed. 2006. https://www.soemtron.org/downloads/decinfo/architecture18b08102006.pdf.

[20] Thompson K. Users'reference to B[R]. Murray Hill: Bell Labs, 1972. https://www.bell-labs.com/usr/dmr/www/kbman.pdf.

[21] Thompson K. How I spent my winter vacation[EB/OL]. [2025-03-20]. http://

genius.cat-v.org/ken-thompson/mig.

[22] Vintage Computer Federation. Ken Thompson interviewed by Brian Kernighan at VCF East 2019[EB/OL]. (2019-05-06) [2025-03-20]. https://www.youtube.com/watch?v=EY6q5dv_B-o.

[23] Wikipedia. B (programming language)[EB/OL]. [2025-03-20]. https://en.wikipedia.org/wiki/B_(programming_language).

[24] Wikipedia. Compatible Time-Sharing System[EB/OL]. [2025-03-20]. https://en.wikipedia.org/wiki/Compatible_Time-Sharing_System.

[25] Wikipedia. Inode pointer structure[EB/OL]. [2025-03-20]. https://en.wikipedia.org/wiki/Inode_pointer_structure.

[26] Wikipedia. Ken Thompson[EB/OL]. [2025-03-20]. https://en.wikipedia.org/wiki/Ken_Thompson.

[27] Kernighan B, Ritchie B, Ritchie J. Private correspondence[Z]. [n.d.].

第Ⅲ部分

技术拐点

这一部分，我们将探讨编程行业从20世纪70年代开始，直至21世纪20年代取得的迅猛发展。

这也是我职业生涯的故事。事件将以我的个人视角展开叙述。因此，本书的这一部分带有一定的自传色彩。不过，重点在于编程行业，因此我省略了大部分个人细节。

我在1964年12岁时被计算机深深吸引，随后在70年代初进入职场，并在接下来的五十多年里一直从事程序员工作，最终成为顾问和培训师。

更重要的是，这也是一个行业在同一时期从初创阶段走向成熟的故事。我和软件行业经历了相似的发展轨迹。

在阅读过程中，请留意技术进步的飞速步伐。故事的开端是软件开发尚处于相当原始的时期，而结尾则涵盖了集成开发环境、虚拟机、图形处理器、面向对象编程、设计模式、设计原则、函数式编程等众多现代技术。

第 11 章

20 世纪 60 年代

20世纪60年代,我该从何说起呢?那是一个反主流文化盛行的时代:"打开心扉,融入其中,打破世俗"。发生了古巴导弹危机,约翰·肯尼迪(JFK)、罗伯特·肯尼迪(RFK)和马丁·路德·金(MLK)遇刺事件,以及校园骚乱和肯特州立大学事件。出现了摇滚歌星吉米·亨德里克斯和尼尔·杨,核毁灭威胁也若隐若现。

那也是人类首次涉足太空的十年。

1964年,我12岁时成为一名程序员。母亲送给我的一份生日礼物,我至今仍保存着。那是一台由E.S.R.公司生产的Digi-Comp I,如图11-1所示。

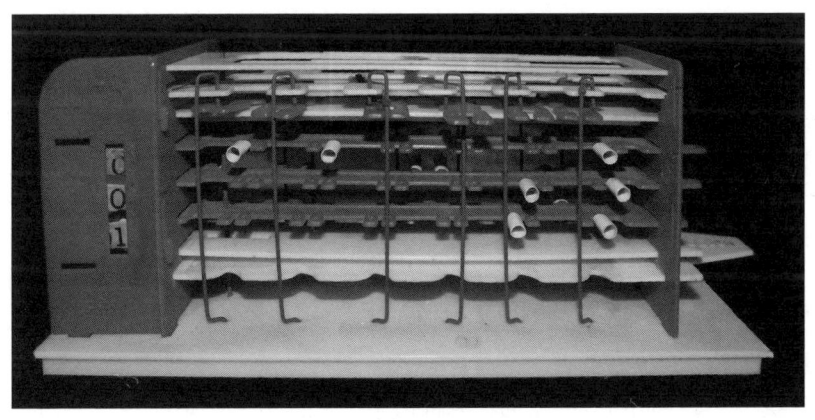

图 11-1

这个小机器令我着迷。它有三个红色的触发器,可以来回滑动,并驱动左边的1-0显示屏。六根金属棒是三个输入与门,它们通过"感知"程序员放置在上面的小白管来检测触发器的位置。在这些金属棒的最顶端,用弹簧或橡皮筋保持张力(你几乎看不见它们)。如果一根金属棒没有被那些小白管挡住,那么当操作者通过来回移动最右边的白色操纵杆来运行机器时,金属棒就会滑进一个凹槽,并与设备背面的一个机械装置啮合,这个装置可以改变一个或多个触发器的状态。

从本质上讲，这是一台带有六个与门的3位有限状态机，这些与门控制着状态的转换。

我花了好几小时摆弄这个小装置，尝试了随附手册中的所有实验。那些实验展示了如何让机器用二进制从0数到7，然后回到0。另一个实验是从7数到0，然后回到7。还有一个实验是进行2位加法运算，产生一个和位与一个进位(你必须使用一个叫做或门的特殊塑料部件来组合两个与门才能实现这个功能！)。还有一个实验是用七颗石子玩尼姆游戏[1]。

我一遍又一遍地尝试了所有这些实验，但是在12岁的时候，我还是无法让机器按照我的想法运行。

知道吗，我心里为这台机器设计了一个程序。我把它命名为"帕特森先生的计算机化大门"。这是一个简单程序，模拟了一个等待室，里面有一位名叫帕特森先生的智者，他会给其他人提供建议。当之前寻求建议的人离开后，这扇门会让等待室里的下一个人进入。

我想让我的Digi-Comp执行这个程序，但不知道在触发器上放置怎样的小白管组合才能实现这个目标。

在手册的最后，有一段话，说只要给公司寄一美元，就可以得到《高级编程手册》。于是我寄去了一美元，然后等了六个星期(那个时候可没有亚马逊，等六个星期是很正常的事)。

我至今还保留着这本小手册。我把它放在一个密封袋里。这可能是我能想象到的，为12岁孩子写的关于布尔代数最清晰明了的描述了。

这本手册毫无保留地传授知识。在它的24页内容里，涵盖了逻辑运算、真值表、维恩图、布尔变量、结合律和分配律、逻辑与、逻辑或，以及德摩根定理。

在那之后，它只是建议我写下我想要的位变化序列，把它们编码成布尔表达式，然后用我刚学的布尔代数把这些表达式化简到最简形式。

这个过程得出了一组简单的AND语句(六个或更少)，每个触发器的"置位"和"复位"操作各对应一个。然后这本书向我展示了如何把这些语句编码成触发器上的小白管组合。

于是我写下了"帕特森先生的计算机化大门"的位转换情况。我把它们转换成布尔方程。我把这些方程化简到最简形式，得出了所需的六个AND语句。我按照编码说明把管子放在触发器上，然后运行了那台机器。

我的程序成功了！我成了一名真正的程序员！那种拥有无限能力的纯粹喜悦感(每个程序员都懂的那种感觉)让我确定了自己的人生方向。我是一名程序员，而且我将永

---

[1] 尼姆游戏(Nim game)又称"取火柴游戏"或"巴什博弈"，是一种两人轮流取物的游戏。游戏规则是：两人轮流从若干堆物品中取走一定数量的物品，每次取走至少一个，取走最后一个物品者获胜。——译者注

远是一名程序员。

住在街对面的霍尔先生，有一天拿着一个装满24个旧继电器的木盒来找我。他在电传打字机公司工作，是应我父亲的要求搜罗到这些旧设备的。

继电器是一种简单的装置。一圈电线通电后可以变成一块电磁铁(见图11-2)。被这个磁铁吸引的衔铁会把电触点推到一起或分开，从而接通或断开电路。这样的继电器可以有很多这样的触点，因此可以接通或断开很多电路。

图 11-2

13岁的我手里拿着这些设备，来回移动衔铁，观察触点的运动。我能看到线圈，也知道它意味着什么。于是我启动了一个旧的电动火车变压器(48伏)，给其中一个线圈通电，看着触点移动。

我开始制作一个由几个不同继电器组成的电路，用来玩尼姆游戏。我还设计了一个继电器系统，用来模拟"Digi-Comp"。我努力让这些继电器装置运行起来，但我的电子知识不足以完成这项任务。于是我订阅了《大众电子》(Popular Electronics)杂志，每期都看得如痴如醉。

我学习了晶体管、电阻、电容、二极管、欧姆定律、基尔霍夫定律，以及更多的知识。我高中时的好友蒂姆·康拉德(Tim Conrad)[1]和我一起制作了许多不同的机器。有些是用继电器做的，有些是用晶体管做的，还有一些是用市场上新出现的集成电路(IC)做的。

最终，在1967年至1968年的几个月里，我们付出了巨大的努力，使用晶体管、六反相器集成电路、双JK触发器集成电路，以及大量的电阻、电容和二极管，拼凑出了一台18位二进制计算器(见图11-3)，它可以进行加、减、乘、除运算。那一年，我们在伊利诺伊州科学博览会上获得了一等奖。

1　写这篇文章时，我正在医院候诊室等着见我的第十个孙子，他刚出生，名叫Conrad。

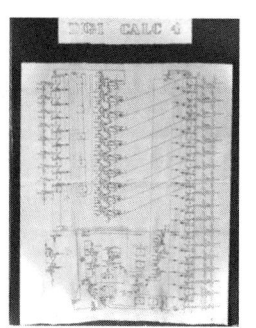

图 11-3

11.1 ECP-18

在我上高中一年级的前一年，数学部引进了一台教学用计算机，进行为期两周的试用。这台计算机不是给学生用的，而是让数学老师们评估它是否能用于计算机科学课程。

这台机器是ECP-18[1]。正如第9章中描述的那样，这台机器是由朱迪思·艾伦(Judy Allen)的公司制造的，他们希望把这种机器推广到全国各地的学校。这是一台15位的机器，有1024个字的内存，存储在一个磁鼓上。它看起来就像《星际迷航：企业号》(*Star Trek: The Enterprise*)里的一个控制台。我一下子就爱上了它。如图11-4所示。

图 11-4

技术人员把它安装在自助餐厅里，而我刚好在那里有一节自习课。技术人员把它插上电并进行了检查。我跟着这个人，就像他的影子。他做的每一件小事我都看在眼

1　见第9章。

里[1]，他小声嘟囔的每一句话我都听在耳中。我看着他把一个程序输入机器进行测试。

使用 "Digi-Comp I" 的经历让我学会了八进制。所以，当他用那些可爱的小按钮往机器里输入位时(按下按钮时它们会亮起来)，我注意到这些位是三个一组的。他输入１５１７２，然后小声说："把累加器存储到１７２地址。"

然后他输入１２１７０，说："把１７０加到累加器上。"

这台机器的架构一下子就印在了我的脑海里。我一下子就明白了什么是内存地址，每个内存单元存储15位，还有一个累加器，用于对内存单元执行所有的操作。我清楚地知道，指令是以15位单元的形式存储在内存中的，并且它们被分为操作码和地址。

观察并聆听这位技术人员30分钟，为我打开了电子计算机的整个世界。我突然明白了它们是什么。

第二天，那台机器还摆放在餐厅里，开着机，周围没有人。于是我跑过去，输入了一个小程序。这是一个简单的程序，用来计算 $a + 2b$。程序大概是这样的，如图11-5所示。

```
0000 10004
0001 12005
0002 12005
0003 12006
0004 00000
0005 00010
0006 00003
```

图 11-5

在地址0处的指令是把地址4的内容加载到累加器(AC)中。出于某种原因，我觉得清空累加器很重要。接下来的三条指令是把地址5的内容加两次，再接下来的一条指令是加上地址6的内容。

这就是那个程序！(你看出其中的缺陷了吗？)我从地址0开始执行程序，0023出现在累加器中。程序运行成功了！太棒了！我感觉自己就像个神！

从那以后，我再也不被允许碰那台机器了。数学老师们把它搬到了他们的办公室，只有他们才能靠近它。接下来的几天里，我只能远远地看着他们摆弄那台机器。唉，他们根本不考虑让我靠近到可以按一下按钮的程度。

两周后，他们把机器推走了，从此再没见过。那真是个悲伤的日子。

那么，我的这个小程序里的缺陷是什么呢？

地址0003是最后一条可执行指令。出于某种原因，我只是觉得计算机应该知道程序已经运行完了，然后就会在那里停止。我当时不知道00000是停止指令。后来，有

---

1 在过去几年里，我常常在想，这位技术人员会不会是朱迪思·艾伦(Judith Allen)。然而，我对他声音的记忆让我坚信他是个男性。

一本这台机器的手册被忘在了数学办公室的桌子上，我翻阅后才知道了这一点。

11.2 父亲的支持和鼓励

我对失去ECP-18的沮丧并没有持续多久，前面提到的朋友蒂姆，找到了一家距离我们家30分钟车程的数字设备公司(Digital Equipment Corporation)的销售办公室。我父亲[1]每周六都会开车送我们去那里，蒂姆和我会在那里"摆弄"他们展出的PDP-8计算机。办公室的工作人员觉得这算是一种不错的拉客方式。而且，我父亲在这类事情上很有说服力。

我父亲给我弄来了很多的书让我读。其中包括关于COBOL、FORTRAN和PL/1语言的手册，以及关于布尔代数、运筹学和其他各种主题的书籍。我如饥似渴地读完了这些书。我没有计算机来运行程序，但我对这些语言和概念有了一个初步的了解。

到我16岁的时候，我已经准备好了。

1　鲁道夫·马丁(Ludolph Martin)。

第 12 章

20 世纪 70 年代

20世纪60年代以多场轰动事件而落幕。尼克松宣誓就职。博尔曼、洛弗尔和安德斯乘坐"阿波罗8号"飞船返回地球,他们在平安夜绕月飞行时诵读了《创世纪》。披头士乐队的《艾比路》(Abbey Road)专辑即将发行,而乐队也正处于解散的边缘。阿姆斯特朗、奥尔德林和柯林斯乘坐"阿波罗11号"升空,人类将首次踏上月球。

20世纪70年代见证了迪斯科的诞生、雅皮士的出现、美国总统的首次辞职、阿拉伯石油禁运,以及"最伟大的一代"的子女中日益增长的"颓废"情绪。

12.1 1969年

1969年,我得到了人生中的第一份程序员工作。那时我16岁,青涩笨拙,对就业意味着什么毫无概念。我父亲,鲁道夫·马丁,走进A.S.C.制表公司,告诉那里的经理们,他们得在这个夏天给我一份工作。

我父亲就是这样的人。他身材高大、体格健壮,气势逼人,说话直来直去,从不羞于表达自己的想法,而且从不接受别人的反驳。他还是一名初中科学教师,很可能我对科学的兴趣就来源于他。他去世后,我们收到了许多以前学生的来信,他们在信中讲述了我父亲默默做过的许多慷慨之事。

我是以临时兼职的形式被录用的——这意味着他们根本没打算长期留用我。我想,因为他们无法拒绝我父亲,所以就选择了折中的方案。

A.S.C.公司离我家只有几英里远,位于伊利诺伊州的莱克布拉夫,在芝加哥以北约30英里。我可以骑自行车去上班。

在最初的一周左右,他们把我安排在一个小房间,让我更新IBM的技术手册。那个年代,IBM每月都会寄送技术手册的更新资料。这些更新资料是叠成一摞的页面,包含修正内容和新信息。我的工作就是从活页夹中取出旧手册,替换掉需要更新的页面。这也是我第一次看到"本页留空"的标注。

第Ⅲ部分 技术拐点

手册很多，更新的内容也很多。它们都被放在那个小房间里，但在我工作的时候，从来没有人来拿手册查阅，所以我很确定这只是为了让我有事可做，别碍手碍脚。

我想我父亲肯定让他们答应教我一些编程方面的知识。我已经懂不少编程知识了，因为我通读过COBOL、FORTRAN和PL/1语言的手册。在周末和蒂姆·康拉德一起去DEC销售办公室时，我还编写过简单的PDP-8汇编程序。所以我的主管班纳先生给了我一本关于EASYCODER的书，并让我编写一个非常简单的程序。

EASYCODER是Honeywell H200系列计算机的汇编语言。它与IBM的1401机器二进制兼容，但速度更快，指令集也更丰富。

以今天的标准看，它的指令集很奇怪。内存是按字节编址的，但这里的字节和我们所熟知的字节不一样。实际上，我甚至觉得他们不把它们叫做字节，而是叫做字符。

每个字符长6位，还有一个字标记位和一个项标记位。一个字是指任何以字标记结尾的字符串。一个项是指任何以项标记结尾的字符串。

一条记录是指任何以字标记和项标记结尾的字符串。

算术指令通常以字为单位处理。所以，如果你有两个以字标记结尾的10位数，就可以把它们相加。你可以移动项，还可以输入和输出记录。至少我记得是这样的。

总之，班纳先生让我为他们的一个客户——伊利诺伊州奖学金委员会(ISSC)——编写程序。他们有一卷磁带，上面记录着所有学生的档案。我的工作是读取每条学生记录，为学生分配一个ID号码，然后把更新后的学生记录写到一卷新磁带上。ID号码只是六位整数，每条记录依次递增1。

班纳先生带我到一个柜子前，柜子里有一叠打孔卡片。这叠卡片很高，条纹就像理发店的旋转招牌。每批大约有150张卡片。每批卡片要么是红色，要么是蓝色，而且批次交替排列：红、蓝、红、蓝……

班纳先生让我从那叠卡片上取下最上面的一批，然后给了我一份内容打印件。这是一个小型的输入输出子例程库，用于读写磁带、打印，以及读取和打孔卡片。他告诉我，我应该把这叠卡片放在程序末尾，这样我就可以在程序中调用那些子例程。

我对这个概念理解得很好，因为我在DEC销售办公室用纸带做过类似的事情。所以我研究了这份清单和EASYCODER手册，然后开始在他提供的编码表格上编写程序。

我现在还留着一些旧的编码表格，如图12-1所示。

这个程序相当小。我想它只用一张表格就写完了。所以当我写完并检查了一遍后，就把它交给了班纳先生。一天后，他让我坐下，指出了我犯的所有错误(比如，我该用项标记的时候却用了字标记等)。他在编码表格上做了修改，然后让我把它拿到打孔室，留给打孔员去打孔。

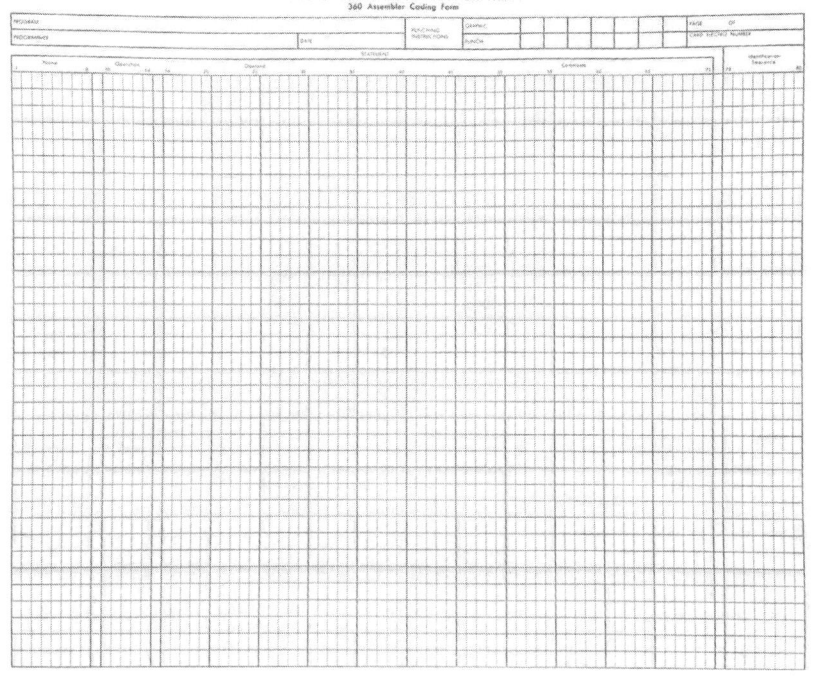

图 12-1

第二天，那小叠打孔卡片(大约20张)就准备好了。班纳先生教我如何对照编码表格检查这叠卡片，以及如何使用打孔机纠正任何错误。

卡片准备好后，班纳先生带我走进计算机房。门是锁着的，但他知道进入的密码。于是我们走了进去。

房间里有三台大型计算机：两台IBM 360和一台H200。房间里的噪声还不至于震耳欲聋；那些冷却风扇声音很大，但没有行式打印机和卡片阅读打孔机那么吵。

班纳先生冲着其中一位操作员挥了挥手，然后两人带我走到H200旁边。班纳先生把那叠卡片递给操作员，让我看着。我看到操作员装上汇编程序磁带，把我的卡片放进卡片阅读机，在H200的前面板上设置一个地址，然后按下运行键。

磁带开始转动，接着卡片阅读机在读取我的卡片时发出嗒嗒声。当汇编程序处理我的源代码时，机器的指示灯闪烁了一会儿，然后打出了两三张卡片。那些卡片包含了二进制可执行代码。

班纳先生从架子上取下ISSC学生档案磁带，递给操作员。操作员把那卷磁带装到一个大型磁带驱动器上。

然后班纳先生从一个标有"暂存"的架子上取下一卷磁带。他教我如何确保磁带背面插入了写保护环，这样就可以将数据写入磁带。

然后他把暂存磁带递给操作员，操作员把磁带装到另一个磁带驱动器上。如

图12-2所示。

操作员随后从打孔器的出料槽中取出那叠二进制卡片，放进阅读机，在控制台设置一个不同的地址，然后按下运行键。

卡片被读取，紧接着两卷磁带开始转动。整个过程几分钟就结束了。两卷磁带倒带，磁带驱动器打开。

操作员在暂存磁带上贴上一个空白标签，取下背面的写保护环，然后把磁带递给班纳先生，班纳先生用黑色记号笔在标签上写下磁带的标识信息。

班纳先生把新贴好标签的磁带交还给操作员，让他转储磁带内容。操作员重新装上磁带，在前面板设置另一个地址，然后按下运行键，磁带开始转动，行式打印机嗒嗒地打印起来。如图12-3所示。

图 12-2

图 12-3

打印完成后，操作员从驱动器上取下磁带，递给班纳先生。操作员从打印机上撕下打印清单，微笑着眨了眨眼，递给我。然后班纳先生和我回到楼下的编程室。

我们俩仔细查看了那大约50页的打印清单。这是磁带上所有记录的简单字符转储。我们确认每条学生记录都插入了新的ID字段，而且ID字段中的数字都是正确的。

检查完毕后，我说："程序运行成功了！"班纳先生回答道："是的，鲍勃，成功了。现在我不得不让你离开了。"

就这样，我作为程序员的第一份工作结束了。

12.2　1970年

18岁时，我回到了A.S.C.公司，上了几个月晚班，担当离线打印机操作员，负责打印邮件。后来他们雇我做"程序员分析师"。我写了一两个COBOL程序，但很快就参与到一个小型计算机的大项目中了。

已经没有了H200计算机，取而代之的是一台通用电气的DATANET-30计算机。这是一台庞然大物，有几个非常原始的磁带驱动器和一个巨大的磁盘驱动器，磁盘有几个直径36英寸、厚半英寸的盘片。当你第一次启动它时，那个磁盘驱动器震得地板发颤，声音就像喷气发动机启动时一样。

这台机器运行着当地705卡车司机工会的实时远程录入会计系统，管理着连接到芝加哥705工会总部的十几条调制解调器线路，那里的职员会录入关于会员、雇主和代理商的数据。我想，凯梅尼的一些学生写的代码可能在这台机器的某个地方运行着。

显然，A.S.C.公司的管理层对这台庞大、老旧的机器的成本和可靠性并不满意。所以他们决定买一台小型计算机，并从头开始重写整个会计系统。当然，是用汇编语言来写。

小型计算机是当时的新潮流。每个人都想进入小型计算机市场。数字设备公司(DEC)无疑是领导者，但也不乏其他竞争者。其中一个竞争者是一家名为瓦里安(Varian)的公司。

为了重写当地705工会系统，A.S.C.公司选择的小型计算机是Varian 620/F型。我找到了一张L型的照片，它和F型几乎一模一样。如图12-4所示。

这台机器有64K的16位字的磁芯存储器。它的周期时间为1微秒。它配备了一个不太好的小卡片阅读机、一个更差的卡片打孔机、一台ASR 33电传打字机、两个磁带驱动器，以及一个与IBM 2314兼容的磁盘驱动器。它还配备了一批可以连接调制解调器的RS-232端口。

图 12-4

开发这个系统的程序员有我、我的两个高中好友(蒂姆·康拉德和理查德·劳埃德)、一名23岁的系统分析师，以及两名30多岁的女性。我们是一个很棒的团队。天哪，我们玩得很开心！但我们也工作了很长时间，简直是拼命工作。有时我们会通宵工作，一直干到第二天。一周工作60、70甚至80个小时是常有的事。

A.S.C.公司由一位前空军军官管理，他把公司管理得就像一个军营。制定的时间表根本不可能完成，但无论如何都得完成。

我们仍然在编码表格上编写代码，但那时我和我的朋友们已经自学了如何在IBM 026打孔机上打字。所以我会自己打孔制作卡片。我们系统的源代码保存在磁带上，我们使用一个行编辑器，该编辑器在读取和执行我们从卡片上输入的编辑指令时，会将输入的源磁带复制到输出源磁带。汇编程序在620计算机上运行，生成二进制磁带，我们可以快速加载并运行这些磁带。

我们编写了这个系统的所有模块。这台计算机里运行的代码没有一行不是我们写的。我们编写了操作系统、会计系统、调制解调器管理系统、磁盘管理系统，以及覆盖加载程序。我们编写了这台64K机器里运行的每一个代码位。我和我的朋友们当时18岁，我们主导了那个项目。我们完成了不可能完成的任务。我们就像神一样。

经过一年的努力，我们成功交付了这个系统，之后我们一群人一气之下辞职了。我们觉得自己像神一样的英勇表现没有得到应有的回报。

在找另一份编程工作的同时，我修了大约六个月的割草机。奇怪的是，我发现没有公司愿意雇用一个19岁、又拿不到上一个雇主推荐信的人。小贴士：在找到下一份工作之前，不要辞职！

我当时已经订婚了。我母亲把我拉到一边，用最温和的语气说我是个十足的傻瓜(这是我的转述，不是她的原话)。我不得不承认她是对的。我谦卑地回到A.S.C.公司，乞求他们让我回去工作。

A.S.C.公司让我回去了，但工资大幅降低。我又在那里工作了一年，修复关系，还结了婚。关系修复好了，我年轻的妻子和我也在伊利诺伊州沃基根的小公寓安顿下来后，我开始找新工作。我的朋友蒂姆·康拉德几个月前在芝加哥的泰瑞达应用系统(TAS)公司找到了一份工作，通过他的推荐，那家公司给我提供了一个职位。我与A.S.C.公司友好地告别，并拿到了推荐信，于1973年初加入了TAS公司。

12.3 1973年

TAS公司制造计算机控制的激光微调系统。这些系统包含一个巨大的50千瓦水冷式二氧化碳红外激光器，由计算机控制的检流计驱动的X-Y反射镜来操作。它们在丝网印刷到陶瓷电路模块上的电阻器上烧蚀线条。当激光小心翼翼地在那些电阻器上刻线时，测量系统会持续监测电阻。我们可以把那些电阻的公差微调至0.01%。我是说，这对一个20岁的年轻人来说是多么有趣的事情啊！耶！

1973年12月，我21岁了。生日那天早上，我被一个电话吵醒。我母亲告诉我，我父亲在睡梦中突然去世了。他当时50岁。

这是一个小型化和高精度的时代。TAS公司的激光微调系统会将小型化的电路送入微调测量装置，并用高功率激光将电子元件微调至非常精确的值。我们微调的产品中包括第一款数字手表——摩托罗拉的脉冲星(Pulsar)的晶体。

泰瑞达公司制造了他们自己的小型计算机，叫做M365。它基于PDP-8，但字长是18位，而不是12位。我们在泰瑞达公司生产的视频终端上用汇编语言编写代码。再也不用打孔卡片了！

这个系统使用由位于波士顿的母公司泰瑞达编写的主操作程序(MOP)。我们拿到了MOP的源代码，并对其进行了大量修改，添加了我们自己的应用程序。这是一个庞大的单体程序。那时就是这样的情况。我们共享并分支源代码，但没有通用的二进制文件。那时还没有框架的概念。源代码控制系统也不在我们的考虑范围内。

我们的源代码存储在只能单向运行的磁带盒中。磁带盒里的磁带是长长的连续循环带。你不用倒带，只需要一直向前运行，直到它又回到开头。如图12-5所示。

图 12-5

驱动器速度很慢，所以把一卷100英尺长的磁带向前运行到加载点可能需要两到三分钟。磁带盒有10英尺、25英尺、50英尺和100英尺几种长度，需要非常谨慎地选择使用哪种长度。太短了，数据装不下；太长了，你得等很久磁带才能到达加载点。

在视频终端上编辑代码和现在用鼠标在集成开发环境(IDE)中编辑不一样，也不像用光标控制键在vi编辑器中编辑。相反，这个编辑器是一个行编辑器，在很多方面与我们在620/F计算机上使用的打孔卡片驱动的编辑器类似。至少你可以在屏幕上滚动代码；但要修改代码，你必须在键盘上输入编辑命令。例如，要删除第23到25行，就输入23,25D。

在那个时候，M365的磁芯存储大约是8K，所以编辑器无法将整个源代码从磁带加载到内存中。因此，要编辑一个源文件，你需要在一个驱动器中装入源磁带，在另一个驱动器中装入暂存磁带。你从源磁带中读取一个"页面"[1]，在屏幕上编辑该页面，然后将该页面写到暂存磁带上，再从源磁带中读取下一个页面。

记住，那些磁带只能单向运行，所以一旦你写出一个页面，就没有简单的方法可以回去查看你刚刚修改的代码。

因此，我们把代码打印成大型清单，用红笔在那些清单上标记出计划修改的地方，然后逐页查看那些清单，按顺序编辑每一页。

这听起来很原始，因为它确实很原始。磁带只比高速纸带稍微好一点。实际上，编辑器是从DEC公司最初为PDP-8编写的纸带编辑器衍生而来的。

编译同样是一项原始的工作。我们会把源磁带装入驱动器，然后装入汇编程序。这个汇编程序是从PDP-8的PAL-D[2]汇编程序衍生而来的，它需要对源代码进行三次扫描。第一次扫描只是建立符号表。第二次扫描生成二进制代码，这些代码会被写到暂存磁带上。第三次扫描生成清单。对于一个相当大的程序，这个过程可能需要45分钟甚至更长时间。

磁带并不是特别可靠。每天至少出现一次磁带驱动器无法正确读取磁带的情况。驱动器不能倒退重新读取，所以如果在编译过程中发生这种情况，编译器就会中止。视频终端上的铃铛会发出"叮"的一声，然后我们就会听到打印机开始发出错误信息。

我们有一个开放的实验室，里面有几个M365编辑站，还有一台较大的机器用于运行编译程序。每当我们听到"叮"声和打印机的"吱吱"声时，都会抱怨，有人会走到机器前，等待磁带回到加载点，然后重新启动编译。这常常让我们非常沮丧。

视频终端也很容易受到静电的影响。在冬天，你可能只是走近一个终端，不小心碰到它，感到一阵电击，然后就会听到"叮"和"吱吱"的声音，这时你就知道你刚

---

[1] 这里的"页面"与打印页面并不对应；它只包含代码行的一块数据。我们倾向于让页面保持较小，这样在编辑时就不会耗尽内存。

[2] 由埃德·尤登(Ed Yourdon)在20世纪60年代后期编写。

刚破坏了某人的编译工作。我们学会了在走近终端之前先让自己接地。

TAS公司比A.S.C.公司有趣多了。哦,我们仍然工作很长时间,但不像在A.S.C.公司时那么疯狂了。但在TAS公司还发生了一些其他的事情。我逐渐开始理解一些软件设计的概念。

蒂姆·康拉德和我会无休止地争论这些概念。我们编写了各种各样有趣的程序,其中很多与激光微调几乎没有关系。在TAS公司,我们常常有时间。有时间思考、计划、探索,甚至……玩耍。

蒂姆和我研究出了排序算法、搜索算法、索引方案和队列方案。当时《计算机程序设计艺术》(1968年出版,作者高德纳)这本书尚未问世,因为我们根本不知道有这本书。但在编写这个或那个有趣的项目时,我们一起发明或发现了许多这样的算法。那些日子真是令人兴奋。

我发现泰瑞达公司的视频终端有一种原始的光标寻址方式,而且速度极快。因为它直接连接到计算机的输入输出总线,所以我发现自己做了一件在那之前泰瑞达公司没人做过的事情:设计屏幕布局和表单,并编写代码来实时更新那些屏幕和表单。这些还不完全是图形用户界面(GUI),但那些令人惊叹的可能性在我脑海中回荡。

正是在TAS公司工作的时候,我第一次看到了手持计算器:惠普35型计算器(如图12-6所示)。这个设备让我惊叹不已。它很小,速度很快,能计算平方根和三角函数,还有LED显示屏。有一周,我们办公室的工程师们腰上还别着计算尺。到了下一周,他们都人手一个惠普35型计算器了。变革正在到来,而且来得很快。

现在回想起来,我本应该留在TAS公司的;那是一个充满可能性的环境。但21岁的年轻人往往缺乏远见。上下班的路程很长,很麻烦,而且我渴望换个环境。于是,我在我的家乡伊利诺伊州沃基根的OMC(舷外发动机制造公司)找了一份工作。

图 12-6

12.4　1974年

我接受这份工作是因为它离家很近——近到我可以骑自行车去上班。我不想说这份工作在技术上没有挑战性;它确实有。但我不太适应那家公司的文化。上班的第一天,我的老板就指示我从那时起要系领带,我也从此意识到了这一点。

OMC公司生产"草坪男孩"割草机和用于船舶的"约翰逊"舷外发动机之类的产品。为了制造发动机,他们建造了一个大型的铝压铸工厂。在那个工厂里四处走动令人印象深刻。压铸机是大型、高耸的设备,每台都由一个人操作。模具会合上,液态铝会被注入，模具再打开，操作员会把热的铝铸件从模具中撬出来，放入一个大金属篮子里。

头顶上有一个轨道系统，一辆载着一大桶熔融铝合金的车辆会在熔炉和各个压铸机之间穿梭，为它们的铝储存罐加料。这真是令人敬畏。

我们的工作是对一台IBM System/7计算机进行编程，以监控所有压铸机的工作进度。我们要计算每台机器生产的零件数量，记录每个模具的工作时间，并报告废品情况。这是通过一个大型局域网实现的，该网络将压铸机和车间里的几个报告站连接到位于控制室的System/7计算机上，从控制室的观察窗可以看到整个工厂的情况。

IBM公司在小型计算机领域起步较晚。他们押注于大型计算机。我想他们认为小型计算机只是昙花一现。如果是这样，他们就错了。最终，他们意识到DEC公司和其他小型计算机公司在车间控制应用方面占据主导地位，他们也想分一杯羹，于是推出了System/7计算机。如图12-7所示。

只要看一眼控制面板，你就知道这是IBM的一台设备。System/7计算机有16位架构。内存是固态的，而不是磁芯存储。我记得我们那台的内存是8KB。它有八个寄存器和一个非常简单的基于寄存器的指令集(RISC)[1]。它的周期时间大约是一微秒。我相信我们那台有一个小型的内部磁盘驱动器。

在当时，它的体积也很大。一台PDP-8或M365计算机可以放在桌子下面，而System/7计算机有餐馆冰柜那么大。

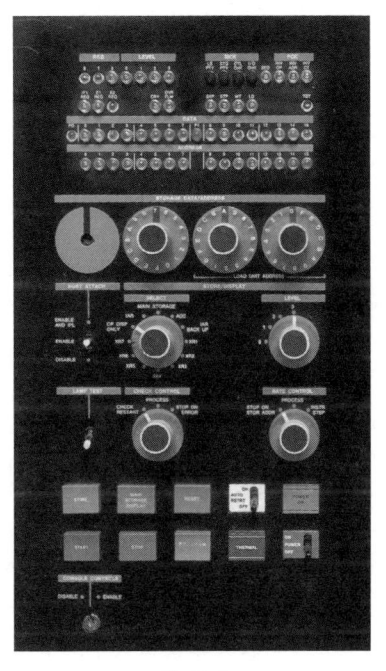

图 12-7

OMC公司派我们一群人去芝加哥的IBM大楼，就在玛丽娜塔楼旁边。在那里，我们花了五天时间学习System/7汇编语言。我记得那门课有点像个笑话。指令集很容易学，五天时间实在是太长了。

不管怎样，我们带着证书回来了，成了名副其实的System/7程序员。

在视频终端上编辑代码一年之后，我突然又回到了打孔卡片的世界。System/7计算机没有本地编译器。编译是在距离工厂半英里远的IT大楼里的大型IBM 370主机上完成的。所以对我来说，又得回到编码表格和打孔的日子了。

源代码保存在370主机的磁盘文件上。我们使用和我在A.S.C.公司时一样的旧行编

1　reduced instruction set computer，精简指令集计算机。与越来越复杂的计算机指令趋势相反，其理念是，RISC机器所需的硬件更少，因此可以更便宜、更快。

177

辑方法来编辑那些文件。我们在卡片上打孔输入编辑指令，把那些卡片提交给370主机，然后向370主机提交编译作业。

370主机是一台庞大的计算机，我从来没见过它所在的计算机房。它是一台批处理计算机，一次只能处理一个作业[1]。我们的编辑和编译作业会在批处理队列中等待，存在磁盘上，可能要等上几小时。一旦机器有时间处理我们的作业，它就会通过专用网络连接将二进制文件传输到System/7计算机上，在那里存储在内部磁盘上。清单会被发送到控制室的远程打印机上。

所以我们几个程序员在工厂和计算机设施之间来回奔波。我们会在IT大楼打孔制作卡片并提交作业，然后开车回到工厂，等待编译结果。根据370主机的繁忙程度，编译可能需要一个小时，也可能需要一天。我们从来都不确定要等多久。

一旦二进制文件到达并安全存储在System/7计算机的内部磁盘上，我们就可以运行并测试它。前面板就是我们的调试器。它有单步执行功能，我们可以通过指示灯看到寄存器的内容。我们会调试，在清单上做标记，然后开车回到IT大楼，重新开始整个过程。

我讨厌这样的工作方式。我讨厌系领带，讨厌官僚作风，讨厌低效率。

我讨厌那里的文化。我非常讨厌这一切，以至于我无法让自己按时上班，也无法认真对待时间表。最终，他们解雇了我——这是我咎由自取。

但在那个决定性的日子到来之前，我在OMC公司工作时有两件喜事。1975年6月，我的第一个孩子(是女儿)出生了。1976年初，我隐约预感到了自己未来作为顾问、作家和讲师的命运。

OMC公司的一些程序员订阅了行业期刊。在那之前，我甚至都不知道有那样的出版物存在。我看到那些杂志放在IT大楼的自助餐厅里，就开始阅读。

大多数文章都很无聊，但我读到的一篇文章完全让我震惊了。那是一篇关于一种叫做结构化编程的文章。我如饥似渴地读完了这篇文章。我理解了这篇文章的内容。就好像我眼前的迷雾被驱散了一样：GOTO语句是有害的。

我无法放下这个想法。我当时正在用System/7汇编语言编写代码，但这些概念仍然适用。子程序是好的。模块之间随意跳转是不好的。我对这个概念非常着迷，以至于开始写相关的内容。

我在写给谁呢？没有人。也许是我自己吧。我不知道。我只是写。几周后，我意识到我已经写了一堂关于结构化编程的为期一天的培训课程。于是我把它放在了IT大楼培训经理的桌子上。

我的老板却非常恼火，他认为我应该把时间花在"该做的项目"上。培训经理安排我乘坐OMC公司的私人飞机，去圣路易斯给一个编程团队授课。

那是我第一次因工作而坐飞机，第一次给一群程序员培训，也是第一次乘坐小型

---

[1] 嗯，有时它可同时处理两个任务，但并不是我们现在所理解的那种方式。

飞机。我感觉自己站在了世界之巅！

这次行程很成功。我培训的程序员们非常感激。而我的老板却告诉我以后再也不许这样做了。

就像我说的，我不太适应那里的公司文化。

几个月来，我一直知道自己的工作岌岌可危。从老板看我的眼神和我们每次交流时他的语气中，我都能感觉到。所以我开始四处找新工作。

我打电话给我的朋友蒂姆，问他TAS公司是否有什么机会。他告诉我，目前TAS公司冻结招聘了[1]，但母公司正在伊利诺伊州的诺斯布鲁克开设新部门——离我家近多了。

我打电话给那个新部门，他们叫它泰瑞达中心(Teradyne Central)，获得了面试机会。面试进行得很顺利。那里只有少数几个人，而且他们正处于创业初期。全是工程师，使用的设备我都很熟悉，而且非常需要程序员。

泰瑞达中心想雇用我；我当时就应该接受那份工作的。但23岁的年轻人往往缺乏智慧。我决定我起码要做好一份工作，于是决定留在OMC公司。真是愚蠢，愚蠢，愚蠢。

所以我留了下来，直到1976年秋天，OMC公司把我解雇了。

12.5　1976年

于是我就失业了。又一次没有推荐信！而且我的妻子怀着我们的第二个孩子，已经7个月了。

所以我打电话给泰瑞达中心(TC)，说我重新考虑了(过了几个月之后)。他们让我去面试，一切都很顺利，直到他们问我为什么离开OMC公司。隐瞒发生的事情没有任何意义，所以我直接告诉了他们。

他们的脸上露出失望的神情。他们没想到会是这样。我也就不抱什么希望地离开了。

一周后他们打电话给我，说他们和OMC公司的老板谈过了。OMC老板表示：我不太适应OMC公司的文化，我很聪明，很有创造力，但就是讨厌在那里工作。OMC老板告诉他们我在创业公司工作可能更有动力。

对我来说很幸运[2]，他们相信了OMC老板的话，雇用了我。

这是我找对眼的一份工作。天哪，确实是！这就像是TAS公司的翻版。公司规模小，充满活力，富有创造力。有紧迫的时间表和不可能完成的最后期限。但也有时间去创造，去阅读，去玩耍。我无法想象还有比这更适合年轻软件开发者成长的环境了。

1　你们中的一些人可能还记得1973年的石油禁运以及20世纪70年代的通货膨胀和经济衰退。
2　"上帝对傻瓜、酒鬼和美利坚合众国有着特殊的眷顾。"——奥托·冯·俾斯麦

我们销售的产品是一个用于测量电话系统质量的分布式处理系统。我们称之为4-TEL。电话公司被划分为多个服务区域。在那个时候，当你拨打611时，你会被连接到你所在服务区域的总部。服务区域会派遣维修技术人员去排除电话系统中的故障。

每个服务区域大约覆盖10万条电话线，这些电话线被划分到几个中心局。每个中心局最多可以处理1万条电话线，并且有连接到各个用户的交换设备。铜线从中心局延伸出来，穿过大街小巷，连接到每个家庭和企业。

我们的系统在服务中心放置了一台中央M365小型计算机；它被称为服务区域计算机(SAC)。SAC通过调制解调器线路连接到每个中心局的M365计算机；那台计算机被称为中心局线路测试仪(COLT)。COLT连接到我们生产的一个复杂的拨号和测量系统。COLT可以在不响铃的情况下拨通一条电话线，连接到那条线路，并测试该线路的交流和直流电气特性。通过这样做，我们可以测量线路的长度、另一端电话的状况，以及线路上可能存在的任何故障。

SAC最多有21个终端，可以由测试人员操作。测试人员可以在几秒钟内测试服务区域内的任何一条线路，并获得关于该线路状况的全面报告，以及关于该派遣哪种维修技术人员的建议。

每天晚上，SAC会指示每个COLT测试中心局内的每一条线路。COLT会发回关于这些线路状况的报告，SAC会在早上打印出故障报告。这样，技术人员就可以在客户发现问题之前被派遣去解决问题。

为了正确地对这个系统进行编程，我不得不和硬件工程师、现场服务工程师、安装工程师及其他软件工程师打交道。TC公司对他们没有太多区分。我们都只是工程师。硬件工程师编写软件，软件工程师制造硬件。我们都从事现场服务和安装工作。

当客户打电话反映问题时，实验室里的一个大钟就会响起。我们中的任何一个人都会接起电话，处理现场服务呼叫，直接与客户或我们派驻的现场服务工程师交谈。

简而言之，这是一家创业公司；每个人都要做所有的事情。

我学会了如何安装复杂系统及排除故障。我在20世纪初建造的中心局的地板上爬来爬去。我到处飞，去城市和乡村安装设备。

但我主要做的还是编写大量的M365汇编代码，和我在TAS公司和蒂姆一起工作时的方式一样。只是这次代码量多得多。SAC的M365计算机有128K的18位字的磁芯存储。COLT有8K的磁芯存储。

同时控制21个终端和一二十个COLT，意味着SAC需要某种多处理任务切换器。波士顿团队曾开发过一个简单的小工具，叫做MPS[1]，我们对它进行了深入使用。

MPS是一个非抢占式的轮询任务切换器。M365有一个原始的中断系统，但我们没有使用它。相反，我们把软件安排成一个个进程，这些进程通过调用事件检查子例程(ECS)来等待事件。一个进程会一直阻塞，直到它的ECS返回真。如果系统运行着50

---

[1] 我只能猜测它代表"多处理系统"(multiprocessing system)。

个进程，其中49个会被阻塞，只有一个会运行。当正在运行的进程决定等待一个事件时，它的ECS会被添加到等待进程的列表中，然后列表中的所有ECS会按照优先级顺序被轮询，直到有一个返回真，此后那个进程就会运行。

终端上的每一次按键、调制解调器上发送或接收的每一个字符、输出到屏幕上的每一个字符都是某个ECS正在寻找的事件。我们的系统中到处都有进程在运行。每个终端有一个进程，每个调制解调器有一个进程，定时事件也有进程，还有更多。即使M365的运行速度只有1兆赫兹，那个系统运行得也非常流畅。没有延迟，没有卡顿，没有丢失字符。大多数时候，看着它运行真是一种享受。

我仿佛置身天堂。这是一个非常复杂的系统，有很多运转的部分。我不仅要掌握那些运转部分背后的所有软件，而且为了全面理解它，我还需要学习很多电子理论知识。

我们都有私人或共享办公室，但大多数时候我们在开放实验室工作。在那个实验室里，你会看到人们在编写软件、调试软件、把零件焊接到电路板上、用示波器探测电子设备、把零件搭建成原型电路，以及进行大量其他与工程相关的活动。因为我要做的很多事情都涉及硬件，所以我必须学习硬件工程流程和相关学科的知识。而这些学科的知识，我最终也运用到软件领域。

源代码控制

我们有四五个人主要是软件工程师。我们维护SAC和COLT的源代码。没有人有专门的分工。

每个人都参与所有的工作。

有一卷SAC主源磁带和一卷COLT主源磁带。这两卷磁带都被细分成几十个命名模块。如果你愿意，可以把那些模块看作源文件。

在放源磁带的架子旁边有一张桌子，上面放着SAC和COLT的主清单。这些清单都放在三环活页夹里，每个活页夹都按模块用标签分隔开。

在架子和桌子旁边有一块软木板。软木板垂直分成两列，一列是SAC的，一列是COLT的。每一列都有相应模块的名称。软木板上还有一些彩色图钉。我用蓝色图钉，肯用白色图钉，CK[1]用红色图钉，拉斯[2]用黄色图钉。

当你想要修改一个模块时，就把彩色图钉按在软木板上那个模块的名称上。然后，你打开三环活页夹，取出那个模块的清单。你用红笔根据需要在清单上做标记。然后，你取出主源磁带，制作一份工作副本。就在那份工作副本上编辑你负责的模块，就像我们在TAS

---

[1] 我的朋友和同事。他让我们叫他CK，因为他说芝加哥人发不出他本名的音。他经常嘲笑我发的是中西部那种硬邦邦的"O"音(就像医生让你说"啊……"时的发音)。后来他改名为克里斯·伊耶(Kris Iyer)。

[2] 拉斯是首席执行官。在公司早期，他也编写了很多代码。

公司时那样。然后，你进行编译和测试——同样，就像我们在TAS公司时那样。当你确信你的修改能正常工作时，就去取主源磁带，把它复制到一卷新的主源磁带上，只替换你修改的那个模块。你划掉旧的主源磁带，把新的主源磁带放在架子上，用修改后的模块的新清单替换原来的清单，然后把图钉从软木板上取下来。

如果你相信我们实际上就是这么做的，那我可要卖给你一座桥了。哦，这确实是理论上的做法。而且我们大多数时候或者说有些时候确实是这么做的。但我们彼此都很熟悉。我们都知道大家在做什么。而且大多数时候我们都在同一个实验室里。所以更多时候，我们只是喊一声，说出我们正在处理某个特定的模块。不知怎么的，大多数时候一切都还挺顺利的。

12.6　1978年

M365是一台大型计算机，使用的是磁芯存储。它有两台微波炉那么大，耗电量很大，还配有磁带驱动器。它并不适合中心局那种繁杂的工业环境。我们交付的这种设备越多，现场服务的负担就越重。我们需要一个更好的解决方案。

单芯片微型计算机是全新的事物。英特尔公司在1971年推出了4位的4004芯片，1972年推出了8位的8008芯片，1974年推出了性能更好的8位8080芯片，1976年又推出了更出色的8085芯片。我们选择的就是8085芯片。

我们的计划是用基于8085芯片的COLT完全取代基于M365的COLT。硬件工程师们制作了处理器板、固态随机存取存储器(RAM)板和只读存储器(ROM)板。CK和我则忙着将基于M365的COLT代码转换成8085汇编语言。

汇编程序在M365上运行，所以我们能够使用与常规M365编程相同的编辑/编译流程。我们有一块特别临时拼凑的电路板，它能让我们将8085的二进制代码从M365传输到基于8085的原型机的RAM中。

将为一台18位字长、单累加器架构的计算机编写的汇编语言程序，转换成适用于字节编址、8位字长且有多个寄存器的计算机的汇编语言程序，这是一项有趣的挑战。不过，我们很快就完成了这项工作。我想整个项目在6个月内就完成了。我们甚至让整个程序在只读存储器中运行起来了。

最终，我们把32K的ROM和32K的RAM塞进一个小小的盒子里，这个盒子的体积只有原来基于M365的COLT的五分之一。没有磁带驱动器，耗电量极小，并且密封在一个坚固耐用、可安装在机架上的工业外壳中。堪称完美。

但有一个小问题。这个程序是一个整体。对任何模块的微小改动都会导致程序内的所有地址发生变化，这就迫使我们重新烧制并重新部署32K的ROM。由于ROM芯片每个是1K，我们就得烧制32个芯片。这对现场服务人员来说简直是一场噩梦，而且从零件成本来看，这也极其昂贵。

我的老板肯有个解决办法，那就是使用向量。我们会在RAM中创建向量表，这些向量表指向ROM中的所有子例程。我们要确保对那些子例程的所有调用都通过这些RAM向量进行。然后，我们会编写一个小的引导程序，在启动时将那些子例程的地址加载到RAM中。听起来很简单。

我花了三个月的时间来实现这个方案。它比我们任何人预想的都要复杂得多。我必须把所有的子例程分离出来，确定它们的大小，想出一种排列方式，将这些子例程放入1K的ROM芯片中，并且要确保所有子例程都能被正确调用。

说来也怪，我们实现的这个方案预示了后来的面向对象编程思想。现在每个ROM芯片都有自己的虚函数表(vtable)，所有调用都是通过这些表间接进行的。这使得我们能够独立于其他芯片对每个芯片进行修改、编译和部署。

12.7　1979年

到这个时候，我们已经有了更多的程序员，产品的安装基数也大了很多，客户对功能的需求也越来越多。而这一切的瓶颈在于M365计算机，以及我们不得不遵循的极其低效的编辑/编译流程。是时候换一台更大、更好的计算机了。是时候引入一台PDP-11了。

我们购买了一台PDP-11/60计算机，它配有两个RK07可移动磁盘驱动器、一台打印机、两个用于备份和软件分发的磁带驱动器，以及16个RS-232端口。RK07磁盘是25MB的可移动磁盘，但我们从来没有把它们取出来过。我们就把这50MB的存储空间当作主存储使用。

这在现在看来可能不是很大的空间，但在当时几乎可以说是无限的。我还记得我们订购这台系统的那一天。我在泰瑞达中心的走廊里走来走去，像《绿野仙踪》里的西方女巫一样咯咯地笑着，大喊着："50兆字节！哇！哈哈哈哈哈！"

我们还订购了几台VT100终端。我让维修人员打造了一个小房间，里面有6个工作站，还都用太空图片装饰得很漂亮。我们把VT100终端放在里面。我们的首席执行官告诉我们："程序员的办公桌上不能有VT100终端。"你可以想象这条规定持续了多久。

在计算机到货之前，手册就先到了，我把它们带回家，在一个漫长的周末里如饥似渴地研读。我学习了RSX-11M操作系统、编辑器、汇编程序，以及DCL命令语言。等计算机到货的时候，我已经准备好了。

我们为这台计算机打造了一个机房，我还确保机房的门上装了一个密码锁。这台计算机是我的，没有经过我的允许，任何人都不能进入那个房间。没错，我就是那样的人。但相信我，其他人都不想承担这个责任。

让这台计算机启动并运行起来可不是件容易的事。它附带了一台DECwriter终端，这台终端留在机房里作为主控制台。它还附带了一卷磁带，里面有一个RSX-11M操作系统的最小版本。

所以我从磁带上加载了操作系统，让这个最小系统启动并运行起来。这个系统还不知道磁盘和RS-232端口的存在。它只知道磁带。为了让操作系统能够配置RK07磁盘和RS-232端口，必须对它进行重新编译，并且要修改一些关键的源文件。

我在一个周五开始了这个过程。最后一次编译完成了，到周六早上的时候，我的系统终于一切正常地运行起来了。那真是一段漫长的工作历程，但最终，我们工作站房间里的所有VT100终端都能正常运行了——我办公桌上的那台也运行得很好。

波士顿的泰瑞达公司也有一些PDP-11计算机，他们给我们寄来了一个用于M365的交叉汇编器。我们搭建了一条特殊的RS-232线路连接到一台真正的M365计算机上，这样我们就可以从PDP-11/60下载二进制文件了。所以，M365的开发逐渐转移到PDP-11/60上。

我从波士顿系统办公室(BSO)找到了一个8085汇编器。我们用它来编译基于8085的COLT的代码。所以，8085的开发也转移到PDP-11/60上。

我从DECUS用户组那里得到了一卷磁带。上面有各种各样很棒的程序。其中有一个真正的屏幕编辑器，叫做KED。它允许我们在VT100屏幕上编辑源文件，而不必担心页面问题，也不用输入那些烦琐的命令。它有点像vi编辑器。

PDP-11/60是一台性能强大的计算机。它有256K字节的内存，指令执行时间为1微秒。定点和浮点运算速度都非常快。它可以轻松同时支持6个工作站(如果算上我办公室的那台终端，就是7个，但我通常在工作站房间里工作)。

然而，BSO公司为8085开发的编译器非常消耗内存。在任何时候，你最多只能同时运行两个这样的编译器实例，否则其他所有终端都会卡顿。所以我编写了一个小脚本，它可以对该编译器的请求进行排队，并逐个运行这些请求。这很让人沮丧，因为你可能要等上三到五分钟，编译才能开始。但这仍然比用M365来编译所有东西要好得多。

我还为PDP-11找到了一个简单的电子邮件程序。它只能在办公室内部使用，因为我们没有外部网络连接。不过，它让所有的程序员，后来是所有在PDP-11上有账户的人，都能够通过电子邮件进行交流。这对每个人来说都是一种全新的体验——包括我在内。

参考文献

[1] Knuth Donald. The Art of Computer Programming, Vol. 1: Fundamental Algorithms[M]. Reading: Addison-Wesley, 1968. (中文版：KNUTH D. 计算机程序设计艺术，卷1：基本算法[M]. 李伯民，范明，蒋爱军，译. 北京：人民邮电出版社，2016).

第 13 章

20 世纪 80 年代

婴儿潮一代此时已过而立之年，正逐渐走向权力巅峰。雅皮士们也已成熟。此时的美国正值"晨曦初现"[1]，各行各业的情况都在明显好转，仿佛一切都顺风顺水。摩尔定律正发挥着强大的作用，互联网也在不断发展。到了这十年末，万维网在欧洲核子研究组织(CERN)诞生，柏林墙倒塌，冷战结束，长期以来核灾难的威胁像一个几乎被遗忘的梦一样渐渐消散。

13.1 1980 年

泰瑞达中心(Teradyne Central)向通用电话公司(General Telephone)和联合电话公司(United Telephone)销售4-TEL系统，获得了巨大成功。这些都是价值数百万美元的销售合同，它们使我们公司得以发展壮大。但我们在规模最大的电话网络公司——贝尔(Bell)电话公司那里却毫无进展。

贝尔电话公司有自己的线路测试系统，他们称之为机械化线路测试仪(Mechanized Line Tester，简称MLT)。我们想把自己的COLTS和/或SAC系统卖给贝尔公司的服务区域。于是，我们与贝尔公司协商安排了几次工程技术交流会议。

你可能会奇怪，贝尔公司为什么会给我们时间，因为当时他们正处于一场重大的反垄断斗争之中，所以不得不表现出自己并非是一家高度垄断的公司。

不管怎样，我和我的老板去了新泽西州，与MLT系统的工程师们进行交谈。这次交谈并没有取得很大进展，但有一个非常特别的时刻。有一次，我问其中一位工程师他们用什么语言为MLT系统编程。那位工程师带着极其轻蔑的神情看着我，然后说："C语言。"

我从未听说过C语言。我的好奇心被激发了起来。于是，我在附近的克罗奇&布伦塔诺书店找到一本由肯·汤普森和丹尼斯·里奇所著的《C程序设计语言》(*The C*

---

[1] "Morning in America"是里根的竞选口号，代表乐观情绪。——译者注

Programming Language），开始阅读。几天之内，我就完全被C语言征服了，决定必须为PDP-11计算机弄一个C语言编译器！

我发现了由P. J.普劳格(P. J. Plauger)创办的怀特史密斯公司(Whitesmith's)出售的一款C语言编译器。它不仅可以编译成PDP-11计算机能运行的代码，还能编译成适用于8085微处理器的代码！我让它在PDP-11上运行起来，然后开始编写C语言程序，只是为了玩玩。这些C语言程序在PDP-11上运行得非常好。但要让它们在8085上运行，则更具挑战性。

即使你只是运行helloworld.c这样简单的程序，C语言库也需要输入输出设备的支持。所以我不得不为8085编写一个输入输出子系统。它非常简陋，但已经足够好用了。有了这个子系统，我就能让C语言程序在我们的8085系统上运行了。

我得到了一本肯·汤普森和普劳格所著的《软件工具》(*Software Tools*)。在这本书里，展示了如何将FORTRAN语言转换成一种类似C语言的名为ratfor的语言，还展示了如何用ratfor来构建许多标准的UNIX工具，如ls、cat、cp、tr、grep和roff等。

我记得在DECUS的磁带上看到过一个软件工具目录。于是我把它加载了进来，让整套工具都运行了起来。现在我们在PDP-11上也能运行类似UNIX的命令了。我很快就成了roff的狂热粉丝，在接下来的几年里，我用这种可爱的标记语言来编写我所有的文档。

我很喜欢M365计算机上的MPS系统，我觉得我们也应该为8085微处理器开发一个类似的系统。于是，我(主要用C语言)编写了一个MPS的克隆版，并让它在8085上运行起来。我把它叫做基本操作系统和调度器(Basic Operating System and Scheduler，简称BOSS[1])。这为后来的几个重要项目奠定了基础。

我成了C语言的倡导者。在公司里，我走到哪里，就把C语言宣传到哪里。但这是一家以汇编语言为主的公司，对于我对C语言的推崇，他们的主要反应是："C语言太慢了。"我决心用一些实际项目来反驳这种观点，没等太久就有了机会。

1980年，我第一次订阅了编程界的先锋刊物——*Dr. Dobb's Journal* [2]。我虔诚地阅读着这本杂志。1980年5月刊上，我惊讶地看到了罗恩·凯恩(Ron Cain)的*Small-C*编译器的全部源代码。

13.1.1 系统管理员

我仍然是PDP-11计算机事实上的系统管理员。如果有任何问题出现，我就是那个

1　同事又戏称为是"Bob 唯一成功的软件"(Bob's Only Successful Software)的缩写。

2　该杂志的副标题Computer Calisthenics & Orthodontia意为"计算机健身与正畸术"，体现早期极客文化。该杂志后更名为《Dobb 博士开发者杂志》，2014 年停刊前共发行 38 卷，被誉为"程序员的手抄本"。——译者注

大家都会找的人。我确保每天晚上进行增量备份，每周进行一次完整备份。每个月对磁盘进行一次碎片整理。我还确保我们在那个系统上运行着合法的软件和工具。

我设置了一些调制解调器线路，这样我就可以通过拨号来检查系统情况。我把一台VT100终端和一个声耦合调制解调器带回家，这样我就可以在周末进行系统维护了。当不得不去客户现场出差好几天的时候，我就会把一台VT100终端和调制解调器空运过去，在酒店房间里把它们安装好。

我就是必须要保持与系统的连接。

13.1.2 pCCU

电话公司正在经历一场数字革命。这是由铜的成本驱动的。铜是一种贵金属，而电话公司有大量的铜埋在地下或者架在电线杆上。他们想要回收这些金属。

于是，他们开始用数字交换机取代中央办公室里旧的继电器式交换机。数字交换机对电话通话进行数字编码，然后将其多路复用到同轴电缆上。这条电缆会延伸数英里到一个街区，在那里接收单元会将通话信号解复用，再通过短得多的铜线传送到用户家中和商业场所。

你可以想象，这给我们的SAC/COLT架构带来了很大的麻烦。拨号仍然必须在安装有交换机的中央办公室进行，但测量必须在有铜线的接收单元处进行。所以我们想出了COLT控制单元(COLT Control Unit，简称CCU)的概念，它将与中央办公室的交换机进行通信；还想出了COLT测量单元(COLT Measurement Unit，简称CMU)，它将安装在每个接收单元中。CCU将通过调制解调器与CMU进行通信。

这是对4-TEL系统的一次重大架构变更，而且是我们向客户承诺过要进行的变更。但是我们的客户没有遵守他们最初的部署时间表，因此我们并不感到在这方面花费资源的压力。

但后来有一个小客户安装了一台数字交换机，并要求我们尽快提供一个CCU/CMU系统。

我的老板把这件事告诉了我，我很惊慌。我说CCU/CMU至少还需要一年时间才能完成。但他对我微笑着，扬起了眉毛(他经常这样)，然后说："啊，但这是个特殊情况。"

这个特殊情况是，这个客户只有两个接收器，而且我们可以根据电话号码中的一位数字来确定使用哪个接收器。更好的是，这些接收器实际上是卫星中央办公室，里面有交换设备，所以拨号将在接收器处(而不是在主中央办公室)进行。因此，我们只需要在中央办公室安装一个新设备来接收来自SAC的命令，我们所要做的就是查看电话号码，然后将这些命令路由到卫星中央办公室中合适的COLT设备上。这太简单了。

我们把这个新设备叫做pCCU。我用C语言编写了整个程序，并使用了BOSS系统，在几天内就把它运行起来了。我们把它运送给了客户，然后……一切顺利。

正是在1980年那些令人兴奋的日子里，我开始阅读大量的软件书籍。附近的克罗奇&布伦塔诺书店的计算机书籍区域越来越大，我每半个月就会去那里仔细浏览一番。我读了《排队论》(*Queuing Theory*)、《基本算法》(*Fundamental Algorithms*)、《结构化分析与系统规范》(*Structured Analysis and System Specification*)及许多其他书籍。这些书彻底改变了我的精神世界。

13.2 1981年

13.2.1 DLU/DRU

我们在得克萨斯州的一个客户有一个地理范围非常大的单一服务区域。得克萨斯州，我还能说什么呢。这个区域太大了，他们不得不在贝敦(Baytown)和圣安吉洛(San Angelo)分别设立两个维修中心。SAC系统在圣安吉洛，他们需要设法把我们的一些SAC终端设备部署到贝敦去。

SAC终端设备是定制的。它们使用专有的、非常高速的串行连接。无法把它们连接到调制解调器上。所以我们的解决方案是创建两个新设备，通过一条9600波特率的调制解调器线路连接起来。本地显示单元(Display Local Unit，简称DLU)将连接到圣安吉洛的SAC系统上。远程显示单元(Display Remote Unit，简称DRU)将连接到贝敦的一个机架上，我们的终端设备将连接到它的高速串行端口上。DLU和DRU都将基于8085微处理器。

我们必须在SAC系统中创建虚拟终端，这件事我来做。我对那套古老的M365 SAC代码了如指掌。我还使用C语言和BOSS系统设计并编写了DLU的软件。

DLU的设计是一个典型的数据流生产者-消费者系统。一个进程监听SAC系统的信息，并将数据包捆绑起来发送给DRU。另一个进程从队列中取出这些数据包，并通过9600波特率的调制解调器线路将它们发送出去。还有几个其他进程在运行，以处理各种杂务。

DRU的设计和编写工作是由我的徒弟迈克·卡鲁(Mike Carew)完成的。迈克非常聪明，意志坚强，而且像骡子一样固执。我们曾经一起玩《龙与地下城》(*Dungeons & Dragons*)游戏，他总是扮演那个高大威猛的战士[1]。他对DRU的设计方案是，在一个进程中编写从调制解调器到终端的整个字符流处理程序，然后为每个终端复制这个进程。

所以，我采用的是几个功能各异的小进程并行运行，并通过队列相互传递数据的

---

1 他的角色名字是斯蒂尔加尔(Stilgar)。

方式，而他则是为每个终端复制一个大的进程。我们俩就这两种方法进行了无数次的争论。有一次，我们站在一群其他开发人员面前，向他们讲解DLU和DRU的内部设计，并且在这些学生面前继续我们的争论。当然，这也是一种乐趣。

而且，尽管在设计理念上存在差异，这个系统运行得非常好。客户和公司都很满意。

过去四年的项目对我来说是一种启示。我开始理解软件设计的原则是什么。最初对8085只读存储器芯片的矢量处理让我接触到了独立开发和独立部署的概念。pCCU，以及后来的DLU/DRU，让我开始思考各种进程协作的模式。当然，C语言是这些想法的重要推动因素。

这些想法即将在一个大规模的项目中汇聚在一起，这个项目将耗费我接下来几年的时间。

公司在不断发展，已经超出了我们在诺斯布鲁克(Northbrook)的小办公室的规模。是时候建造我们自己的大楼了。计划制订好了，也聘请了建筑师，开始施工了。与此同时，我们搬到了惠灵(Wheeling)的沃尔夫路(Wolf Road)上的一个临时设施里，离原来的地方只有几英里远。我们在那里待了一年。

我们趁着这次搬迁的机会，用一台VAX 750计算机替换了PDP-11/60计算机。VAX计算机速度更快，功能也更强大。它有一兆字节的随机存取存储器(RAM)，周期时间为320纳秒。这是一台非常强大的机器！

我们把它安装在计算机房里，并把所有设备都连接好了。

运行VMS操作系统比运行RSX 11-M操作系统好多了。我们所有的编译器和工具仍然可以在PDP-11模式下运行。我们在使用BSO汇编器时遇到的困难也消失了，因为我们有了足够的内存和一台更快的机器。生活很美好！

13.2.2 苹果 II

与此同时，我们公司首席财务官(CFO)的办公室里出现了一个新东西。在他的桌子上，放着一台苹果 II 计算机。他用它来运行VisiCalc软件，这是第一款电子表格应用程序。

这是我第一次看到个人计算机在商业环境中被使用。这也是我第一次看到有人的办公桌上放着一台计算机。我深信在不久的将来，我的办公桌上也会有一台计算机，尽管我不确定该如何去证明我需要它。

在接下来的两年里，办公室里出现了越来越多的苹果II计算机，但它们总是在商务人员的办公桌上。

会计、销售经理、市场营销经理——他们都需要使用电子表格，所以他们都有了计算机。我很羡慕。

13.2.3 新产品

不断发展的公司需要新产品。首席执行官(CEO)把我们几个人召集在一起，要求我们思考可以开发和销售哪些新产品。我们正处在计算机革命和电话通信革命的中心，机会无穷无尽。我的老板肯·芬德(Ken Finder)、我的同事杰里·菲茨帕特里克(Jerry Fitzpatrick)和我被选中来确定一个新的方向。

我们必须深入了解一大堆技术。所以是时候开始尝试了。我们花了大约半年时间对语音技术进行原型开发，并摆弄着来自希捷(Seagate)公司的新型ST-506 5MB 5.25英寸磁盘驱动器。

有一段时间，我们考虑使用音素生成器。杰里用实验电路板搭建了一个简单的音素生成器和电话接口，我拼凑了一个8085 C语言程序，这个程序可以从键盘上获取一个句子，将其分解成单词，查找每个单词的音素，然后将音素发送给生成器。它还可以拨打电话。

8085微处理器通过串行端口从VAX计算机上获取音素库，并将其加载到随机存取存储器(RAM)中的一个二叉树结构里。这是我第一次编写递归二叉树遍历程序，这让我非常兴奋。

准备好之后，我们用这个系统给办公室周围的人打电话，并问他们一系列问题，比如："美国的第一任总统是谁？" 音素合成的语音非常机械，但根据我们的研究，它还是可以理解的。不过，最终我们选择了一种非常不同的技术。

与此同时，我是VAX 750计算机的系统管理员，而我们的业务迅速扩展，这台计算机已经快无法满足需求了，所以我计划在新大楼里安装一台VAX 780计算机。

在我们为搬迁做准备的时候，肯、杰里和我确定了我们对新产品的设想。1981年秋天，我们提出了这款新产品：电子接待员(Electronic Receptionist，简称E.R.)，这是世界上第一款数字语音信箱和呼叫管理系统。

13.3 1982年

你有没有注意到，如今当你给一家公司打电话时，会由一台计算机接听，并读出一大堆烦人的免责声明和指示，比如："按1找医生，按2预约新的就诊时间，按3进行投诉……。"别把这些系统怪到我头上。那不是我希望E.R.做的事情。我希望E.R.能像一个传统的老式电话接线员一样，无论你要找的人在哪里，都能帮你接通。

当你给配备了E.R.的公司打电话时，它只会让你用电话上的按键拼出你要找的人的名字[1]。然后，它会帮你接通那个人。那个人事先已经告诉E.R.可以通过哪个电话号码联系到他，E.R.会把来电者转接到那个号码上。如果被呼叫者没有接听，E.R.会记

---

[1] 还记得约翰·凯梅尼(John Kemeny)的预言吗？

录留言，稍后再转达这条留言。

记住，这是在手机出现很久之前，所以当人们不在办公桌旁的电话前时，往往很难找到他们。有了E.R.，你只需要告诉它可以通过哪个电话联系到你。实际上，你可以给它几个选择，它会依次尝试这些号码。

我们申请了专利，并提交了美国首个语音信箱专利申请。

现在我们有很多工作要做。所有硬件都必须设计、调试，并为生产做好准备。所有软件都必须设计和编写。而且我们还需要一个开发环境。

我们的一位顶尖工程师厄尼(Ernie)基于英特尔16位的80286芯片设计并制造了一块新的计算机板。与8085相比，这是一个庞然大物。我们把它叫做"深思"(Deep Thought)[1]。这将成为E.R.的主计算机。

我们为它配备了256K的随机存取存储器(RAM)和一个10MB的希捷ST-412 5.25英寸磁盘驱动器。

在那个时候，可用的小型操作系统并不多。数字研究(Digital Research)公司的CP/M操作系统已经存在了几年，但我们需要功能更强大一些的操作系统。他们的MP/M-86变体非常新，但我们试用了一下，似乎还能用。

我们为VAX 780计算机配备了一个汇编器和一个C语言编译器，并使用一些现成的电路板搭建了一个开发环境。然后我们开始为E.R.编写原型代码。

语音和电话通信硬件由一个与"深思"共享内存的英特尔80186微处理器驱动。80186微处理器与杰里·菲茨帕特里克设计的几块语音/电话通信板有特殊连接。我们把那些板子叫做"深度语音"(Deep Voice)。音频技术采用的是单比特连续可变斜率增量(CVSD)调制[2]。这使得每兆字节可以存储五分钟的语音内容。

为了便于调试，我编写了一个类似Forth语言的小型解释器，它可以在"深度语音"板上运行。我们可以用它让板子播放特定的声音或语音文件，还能对按键音和其他事件做出响应。这个Forth系统在产品正式运行时并没有使用，但如果我们需要排查问题，它随时都能派上用场。

又过了一年，还经历了一次办公室搬迁，最终整个系统被集成到一个像大型微波炉那么大的机箱里，配有两个5.25英寸的软盘驱动器用于初始加载，还有一个用于连接控制台的RS-232端口。

施乐之星(Xerox Star)

与此同时，我们公司开始为技术文档编写人员购买新的文字处理工作站。施乐之

---

1 当然。我们都是《银河系漫游指南》(The Hitchhiker's Guide)的粉丝。

2 continuously variable slope delta modulation，连续可变斜率增量调制。在那个时代，这是一种非常高效的对语音进行数字编码的方式。

星是一款非常出色的机器。它有一个黑白位图图形显示器，能够以多种字体显示一整页8.5英寸×11英寸的内容。光标由一个叫做"猫"的触控板控制。文件存储在8.5英寸的软盘上，并以"文件夹"的形式显示在屏幕上，这与我们现在看到的非常相似。

这让我着迷，于是我开始研究这个系统背后的理念。我了解到了窗口、图标、鼠标设备等更多内容。

13.4 1983年

就在我们开始深入研究E.R.系统的细节时，苹果公司推出了128K的麦金塔(Macintosh)计算机。我去了附近的一家电脑商店(苹果专卖店那时候还远未出现)，看到了一台正在运行的麦金塔计算机。我坐下来玩了大概一小时左右，启动了MacPaint和MacWrite软件。我被征服了！没过多久，我们实验室就有了一台。在这一年结束之前，我自己买了一台[1]。

与此同时，我们开始开发E.R.系统软件的核心部分。

天哪，我们玩得太开心了！我们从头开始构建整个系统。我们编写了所有的语音处理软件、所有的语音信箱软件、所有的文件管理软件。

这是我第一次深入涉足结构化分析和结构化设计领域。我们遵循了整个相关规范，发现效果相当不错。我们没有采用瀑布式开发流程，更像是一种完全不受监管的看板管理方式。我们只是以一种看似合理的顺序让各个部分逐步运行起来。

我学到了正则表达式、UNIX哲学、设计原则及许多其他知识。而且我所学的这些知识都能应用到实际中。这令人兴奋不已。

我们办公室里运行着一台E.R.系统，我们每天都在使用它。它运行得非常好。我们在各处安装了几台E.R.系统进行试用，并拼命地向各家公司推销这些设备。人们的兴趣很浓厚，但就是没有人购买。这是一款新产品，处于一个新的市场，而我们最终没能坚持下来。

最后，公司取消了这个项目以及专利申请。大约一年后，这项专利被授予了VMX公司。现在，类似E.R.的机器到处都是，让每个人都感到厌烦。也许为了让我心里好受些，最好它们实际上都不是E.R.系统。所以别责怪我。

13.4.1 麦金塔内部剖析

在家里，我为我的麦金塔计算机购买了Aztec-C编译器。我还得到了一本《麦金塔内部剖析》(*Inside The Macintosh*)。这是我第一次接触到大型框架和图形用户界面

---

1 花了3600美元。哎哟！

(GUI)。这本书的厚度让人望而生畏，要学的东西多得吓人。但我还是学了。我在家里用我的小麦金塔计算机编写C语言程序，而且水平还挺不错。

13.4.2　电子公告板系统(BBS)

个人计算机到处都是，电子公告板系统也同样如此。这些系统其实就是人们地下室里的小计算机，连接着一个自动应答调制解调器。如果你有一个调制解调器，就可以拨号进入一个BBS系统，获取新闻、分享观点，还能下载软件。

下载软件需要使用一种叫做XMODEM的协议。这只是一种简单的确认/否认协议，带有一个简单的校验和，但它的效果还不错。麦金塔计算机有一个终端模拟器，但它在下载软件时不使用XMODEM协议。所以我启动了C语言编译器，编写了一个小小的XMODEM插件，这样我就可以上传和下载二进制文件了。

我上传的第一批东西中有一个是我的Wator[1]程序，这是一个模拟鲨鱼和小鱼之间捕食关系的图形化模拟器。我上传的是二进制文件，但它包含了源代码和大量的文档。这是一个关于如何在麦金塔计算机上构建图形用户界面程序的教程。很多人都下载了它。我的声名开始渐渐远播。

13.4.3　泰瑞达公司的C语言

大约在这个时候，泰瑞达公司的程序员们决定将C语言作为标准语言。对汇编语言的偏爱早已被抛诸脑后。于是我们聘请了一位C语言专家来公司，为大家举办了为期一周的培训课程。

13.5　1984—1986年：语音响应系统(VRS)

尽管我们放弃了E.R.产品，但我们仍然拥有一项新的语音技术，而且我们还有一个现有的市场可以销售这项技术：电话公司。所以我们想出了一个新点子：语音响应系统(Voice Response System，简称VRS[2])。

如果一只松鼠咬断了电话线，4-TEL系统会在夜间对所有线路的扫描中检测到这一情况。第二天早上会派出一名维修技工[3]。维修技工给服务中心的测试工程师打电话，让他们测试这条线路。测试结果会显示线路已损坏，而且通过测量线路的电容，

1　Dewdney, A. K. Computer Recreations: Sharks and fish wage an ecological war on the toroidal planet Wa-Tor [J]. Scientific American, 1984(12).

2　这个名字是根据工程师们之间的一场竞赛选定的。参赛的名称中还有泰瑞达交互式测试系统及山姆·卡普。

3　根据当时电话公司的术语，这些技术人员被称为"技工"。

还能估算出线路损坏的位置。估算误差在一千英尺左右。

技工们会开车到大概的区域，爬上电线杆，然后再次给测试工程师打电话，请求进行"故障定位"。这是4-TEL系统提供的一项程序。测试工程师会让4-TEL运行这个程序。4-TEL会给测试工程师下达指令，比如"打开线路""短路线路"或"接地线路"。测试工程师会把这些指令传达给电线杆上的技工。技工完成指令后会进行确认，然后测试工程师会执行下一步操作。最终，4-TEL能够非常准确地告诉技工故障点距离他们的英尺数。

你可以想象，这对技工们来说是一个很大的帮助。他们不用再沿着数千英尺的线路去寻找松鼠咬断的地方，4-TEL系统会告诉他们故障点距离他们只有10～20英尺。另一方面，这对测试工程师来说可就没那么有趣了。他们不得不一直守在电话旁，等待着按下下一个按钮并传达指令。

VRS系统允许电线杆上的技工通过按键音命令和语音输出与4-TEL的故障定位系统进行交互。测试工程师再也不需要参与其中了。此外，语音信箱技术被用来安排维修技工的工作，派遣工单。调度员可以把他们当天的工作任务加载到语音信箱留言中，技工们可以用类似的语音信箱回复工作结果。

所有那些出色的E.R.系统软件就这样被应用到我们已经在销售的产品上。这是一个重大的增值功能。

《核心战争》

在家里，Wator程序的成功促使我开发出了一个更大、更好的可上传程序。这是对A. K.德温迪(A. K. Dewdney)的《核心战争》(*Core War*)[1]游戏的一个实现。它包括对战程序的图形化展示、用于编写程序的汇编器，以及一些相当棒的视觉和音效(在当时来说)。我把二进制文件、源代码和大量文档上传到CompuServe网络上。很多人都下载了它。我的名气越来越大了。

13.6　1986年

在产品开发工作的一段间歇期，我开始阅读阿黛尔·戈德堡(Adele Goldberg)和大卫·罗布森(David Robson)所著的 *Smalltalk-80*。我被这种语言深深吸引了。

结果发现苹果公司有一个适用于麦金塔计算机的Smalltalk版本[2]。我设法弄到了它，并在我的麦金塔计算机上运行了起来。我用Smalltalk编写了几个小程序，我的脑海中开始涌现出一些新想法。

1　他在1984年5月刊的《科学美国人》的"计算机娱乐"专栏中发表了这个游戏。
2　肯特·贝克(Kent Beck)就是那个 Smalltalk 系统开发团队的成员。

13.6.1 技工派遣系统(CDS)

我们的客户非常喜欢VRS系统，他们要求我们把它与他们的故障工单系统连接起来。这些系统是大型的、古老的、由大型机驱动的数据库，是20世纪70年代用COBOL语言编写的。

在那个时候，当检测到电话线出现故障时，无论是通过4-TEL系统的夜间扫描还是通过客户的投诉，服务中心都会创建一个故障工单。在早期，这些工单是通过小传送带或气动管道传送给测试人员和维修调度员的。在20世纪70年代和80年代，工单的传送变成了电子化的，工单会显示在IBM 3270绿色屏幕终端上。

当一名维修技工完成一次维修后，他们会给调度员打电话，报告维修结果，然后请求下一个故障工单。调度员会在他们的绿色屏幕上调出下一个故障工单，并读给技工听。我们的客户希望省去这个步骤，让VRS系统用我们的语音技术把故障工单读给技工们听。

于是，CDS(Craft Dispatch System，简称CDS)系统就这样诞生了。

故障工单有许多固定字段，其值非常容易预测。这些字段可能包括客户的姓名、地址、电话号码等等。然而，故障工单中还包含相当一部分半自由格式的信息，这些信息是技工们需要的。

这种半自由格式的信息包括一组标准的缩写和用斜杠分隔的参数。例如，自由格式字段可能包含类似"/IF clicks loud"的内容，意思是线路上存在以大声咔嗒声形式出现的干扰。

实际上有数百种这样的自由格式缩写。维修办事员在与客户通电话时会输入这些内容，然后由调度员解释并读给技工听。我们的客户希望CDS系统能够解释并读出这些信息。

然而，这些自由格式字段没有语法检查。它们可能存在拼写错误或非标准格式，具体取决于是谁输入的以及输入者当天的状态。调度员通常足够聪明，能够弄清楚维修办事员的意思。我们的系统也必须能够做到同样的事情——至少对于绝大多数故障工单来说是这样。

13.6.2 字段标记数据(FLD)

我需要一种方法，在一个数据包中表示故障工单里所有复杂的信息，并且这个数据包能够被查询和解释，以便将其转换为语音。这些数据既复杂又具有层次性。自由格式字段中可能还包含其他字段。这简直就是一场噩梦。

我在坐飞机去我们的一个客户现场的途中，突然想到一个主意：也许有某种方法可将所有这些层次化的复杂性编码到一个长字符串中，我们的系统可以对这个字符串进行解码和查询。字段标记数据(Field-Labeled Data，简称FLD)就这样诞生了。

它的语法很晦涩，而且非常独特，总体上相当于XML。复杂的层次化数据可以树状结构存储在内存中，然后转储为一个字符串，以便存储在磁盘上或通过套接字传输。

13.6.3 有限状态机

派遣和关闭故障工单的流程并没有标准化。每个电话公司和每个服务区域对于这些流程中的步骤应该是什么都有自己的想法。所以我们必须想出一个方案，让每个服务中心都能轻松配置各种流程。

或者更确切地说，我们必须想出一个方案，使得这种配置可以用代码以外的方式来指定。我们仍然会为客户配置系统，但我们不希望通过为每个客户编写新代码来完成这项工作。

我们需要配置由事件驱动的简单的分步程序。某天，我想出了一个主意，将这些程序指定为用文本文件编写的状态转换表。文本文件中的每一行都是一个状态机的转换。每个这样的转换都有四个字段：[当前状态、事件、下一个状态、动作]。你可以这样理解一个转换："当你处于当前状态并且检测到这个事件时，你就进入下一个状态并执行这个动作。"

状态只是一些名称，它们没有特殊含义。事件是系统能够检测到的事情，如按键按下、电话接通、电话挂断、语音消息播放等。动作是将发送到MP/M-86外壳并执行的命令，就像是从键盘上输入的一样。这些命令可以播放语音消息、拨打电话号码、录制语音邮件等等。

动作命令需要相互通信。所以我们发明了一个基于磁盘的数据存储库，我们称之为3DBB[1]。一个动作命令可以在3DBB中以整个任务的键值存储信息。下一个动作命令可从3DBB中获取这些数据，以继续执行任务(你可能觉得这听起来像用户服务——太阳底下没有新鲜事)。

有了存储在3DBB中的FLD数据，我们突然有了一种非常丰富和灵活的方式让我们的动作命令运行。我们能够处理的任务的复杂程度提高了一个数量级。FLD、3DBB和有限状态机结构的结合有助于解释故障工单问题。

13.6.4 面向对象编程(OOP)

在家里，我需要一个新项目。我对Smalltalk的研究让我开始认真对待面向对象编程。在我看来，这就是未来的方向。

我全神贯注地阅读了比雅尼·斯特劳斯特鲁普(Bjarne Stroustrup)所著的《C++程

---

[1] Drizzle Drazzle Druzzle Drone。

序设计语言》(*The C++ Programming Language*)。我想要一个适用于VAX计算机的C++编译器，但价格低于12 000美元的根本没有，而且我无法说服我的老板花那么多钱。

麦金塔计算机上的Smalltalk系统运行速度太慢，对于任何严肃的工作来说也不太实用。所以我决定用C语言编写我自己的面向对象框架[1]。我在这方面取得了很大进展，但生活中出现了一些事情，改变了我的优先事项。

13.7　1987—1988年：英国

在过去几年里，泰瑞达公司在欧洲销售4-TEL系统方面取得了进展。最终，这促使我们在英国成立了一个软件开发团队。1987年末，我被要求搬到布拉克内尔(Bracknell)去领导这个团队。我和我的妻子认为这对我们的家庭来说是一个千载难逢的机会，所以我们同意了。

1988年的第一季度，我将CDS团队的领导权移交给了新的负责人，并把我剩下的系统管理员职责也移交给其他人。到了4月，我们做好了出发的准备。

我们在布拉克内尔的时光非常美好。我的妻子、孩子和我接触到一种新的文化和新的环境，我们的孩子在这里茁壮成长。

从职业角度看，这是一个管理职位，与我以往习惯的工作相比，编码的责任要少得多。

我不愿意完全放弃编码工作，于是养成了一个习惯，每天早上6点骑自行车去上班，一直编写代码到8点，然后去参加会议，处理团队领导和一般管理方面的事务，一直到下午4点。

到这个时候，我们在布拉克内尔的VAX 750计算机和我们位于伊利诺伊州总部的大型VAX 780计算机之间建立了DECnet连接。那台计算机还与波士顿的计算机建立了DECnet连接。所以文件可以跨越大西洋传输(速度为9.6 Kb/s)，而且公司内部可以使用电子邮件。

在英国的项目之一是开发和部署μVAX计算机，以取代M365计算机。美国也在进行类似的工作。事实上，自1983年以来，将M365软件转换为像PDP-11那样基于磁盘的系统的项目就一直在进行，但进展并不顺利。μVAX是数字设备公司(DEC)的一款全新产品，英国的客户急切地希望4-TEL系统能在上面运行。我没有为这个项目编写任何代码。我主要就是参加会议，经常点头表示同意。

我继续在家里用麦金塔计算机编写C语言项目，并把它们上传到像Compuserve这样的各种服务平台上。我最喜欢的一个项目是为麦金塔计算机开发的游戏《法老》(*Pharaoh*)。

---

[1] 有点比雅尼·斯特劳斯特鲁普(Bjarne Stroustrup)和布拉德·考克斯(Brad Cox)的风格。

总的来说，我职业生涯的这一阶段对软件技术的关注较少，更多地关注管理工作。但在我回到美国之后，这种情况即将改变。

参考文献

[1] Goldberg A, Robson D. Smalltalk-80: The Language and its Implementation[M]. Reading: Addison-Wesley, 1983.

[2] Kernighan B W, Plauger P J. Software Tools[M]. Reading: Addison-Wesley, 1976.

[3] Kernighan B W, Ritchie D M. The C Programming Language[M]. Upper Saddle River: Prentice Hall, 1978. (中文版：KERNIGHAN B W, RITCHIE D M. C程序设计语言[M]. 徐宝文，李志，译. 北京：机械工业出版社，2004).

[4] Rose C, Hacker B, Apple Computer. Inside Macintosh[M]. Reading: Addison-Wesley, 1985.

[5] Stroustrup B. The C++ Programming Language[M]. Reading: Addison-Wesley, 1985. (中文版：STROUSTRUP B. C++程序设计语言[M]. 裘宗燕，译. 北京：机械工业出版社，2002).

第 14 章

20 世纪 90 年代

乐观与发展的时代仍在继续。虽然世界仍在巅峰状态,但裂痕已然开始显现。伊拉克入侵科威特,然后受到"沙漠风暴"行动的"震慑"并被击退。美国有线电视新闻网(CNN)在巴格达对战争进行了现场直播。而刚果、车臣和科索沃等地,战争和有关战争的传闻此起彼伏。

恐怖主义活动日益猖獗——世贸中心第一次爆炸事件、俄克拉何马城爆炸案、美国大使馆爆炸案及英国曼彻斯特爆炸事件接连发生。

总体而言,当时的形势不错,互联网泡沫也达到了顶峰。不安的情绪也在持续滋长,时代即将急转直下,陷入极为糟糕的境地。

14.1 1989—1992年:克利尔通信公司

我从英国回来后,泰瑞达公司(Teradyne)有了些变化。之前的几位同事(也是好朋友)相继离职,加入了一家名为克利尔(Clear)通信的初创公司。不久之后,我也追随他们而去。

我们当时使用的是太阳微系统公司(Sun Microsystems)的SPARC工作站,配备19英寸彩色显示器!操作系统是UNIX,编程语言是C。我们的产品Clearview是一款T1通信监控系统。它会在屏幕上显示大幅的地理地图,T1网络覆盖在上面。T1线路会根据其状态用绿色、黄色或红色绘制。单击一条线路,就会以漂亮的小条形图或折线图的形式显示错误历史记录。

这可是真正的图形用户界面(GUI),头一年我简直如鱼得水。

初创公司很少能如愿实现指数级增长,也并非总以快速夭折收场。绝大多数都在夹缝中求生存——克利尔通信公司正是典型。这家企业通过不断融资续命,在多轮资本注入中稀释了全部股权期权,最终导致所有期权价值缩水。这般饮鸩止渴,真是得不偿失。

不过，从技术层面看，最初的几年非常不错。我们一位在其他公司任职的朋友使我们可以拨号连接到他们的计算机，那台计算机与互联网有硬连接！我们每天拨打两次电话，通过UUCP发送电子邮件并收集Usenet(网络新闻)。我们上网啦！

大约一年后，太阳公司发布了他们的C++编译器。我们有很多用C语言编写的代码，但C++编译器可以毫无问题地编译这些代码。于是，我们开始在系统中同时编写C++代码和所有的C代码。

我们有6名程序员，所以我组织了一门课程来教他们学习C++。

14.1.1 Usenet

既然有了互联网连接，我就开始阅读网络新闻。我加入了comp.object和comp.lang.C++新闻组。我读过斯特劳斯特鲁普(Stroustrup)关于C++的书籍，包括《带注释的C++参考手册》，我对这门语言的掌握程度迅速提升。于是，我开始在这些新闻组上发表文章。大多数时候，这些文章是对其他人提出的问题的回复，或者是我们曾经进行的那些冗长辩论的一部分。这是最早的社交网络之一，非常有趣。

在我与这些新闻组互动的过程中，我看到了对一本名为*C++ Report*杂志上发表的文章的引用。我订阅了这本杂志的月刊，每一期都仔细研读。这些文章的作者有吉姆·科普林(Jim Coplien)、格雷迪·布奇(Grady Booch)、斯坦·利普曼(Stan Lippman)、道格·施密特(Doug Schmidt)、斯科特·迈耶斯(Scott Meyers)和安德鲁·柯尼希(Andrew Koenig)等人。文章的写作和编辑质量都非常高，内容也非常有价值。我从中学到了很多东西。

14.1.2 Uncle Bob

我们办公室的程序员比利(Billy)给每个人都起了绰号。我的绰号是Uncle Bob。每当比利有问题时，他就会在实验室对面大喊："Uncle Bob！我该怎么处理这个问题？"他不停地叫，我觉得非常烦心。

与此同时，我尽可能多地阅读关于面向对象设计的书籍。当时最好的一本是格雷迪·布奇所著的《面向对象设计及其应用》。这本书是一个分水岭。它使用了一种非常出色的图表约定来描述类、关系和消息。这种约定看起来如图14-1所示。

这在表示软件方面是一个全新的概念！我立刻看到了它的实用性。而且我非常喜欢那些云朵形状的图示。我非常擅长在白板上绘制这些图表，并且在克利尔通信公司工作时，我用它们来设计我们正在开发的大部分软件。

我的朋友吉姆·纽柯克(Jim Newkirk)和我进行了几次商务旅行，去和供应商及厂商洽谈。在其中一次旅行中，我们与使用Objective-C语言的软件工程师交谈。我听说过这种语言，所以我坐下来和他们一起查看了一些他们的代码。我觉得很有趣，但我还是更喜欢C++。

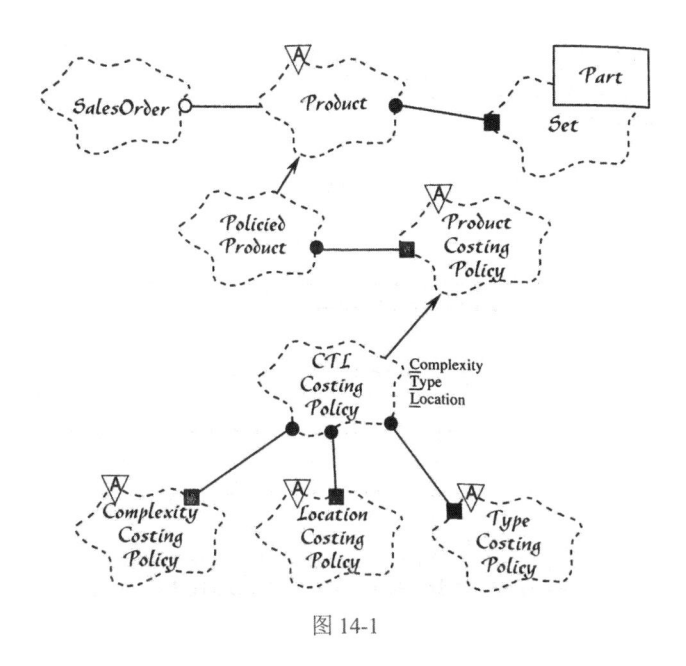

图 14-1

其间参与了一些商务活动，于是我们就到了硅谷。吉姆和我会利用这些机会去逛那里的计算机书店。我们经常会往家里寄价值几百美元的书。

14.2　1992年：*C++ Report*

我虽然还在克利尔通信公司工作，但我的关注点正在发生变化。我很清楚公司的业务举步维艰，但我的职业生涯却在走上坡路。我继续在新闻组上互动，并在那里吸引了相当多的追随者。

我开始向*C++ Report*投稿，令我惊讶的是，我的文章总是被采用。我和编辑斯坦·利普曼渐渐熟络起来。

尽管在克利尔通信公司的工作在技术上很有刺激性，但公司业务本身却未能蓬勃发展。长时间的工作和持续的压力让我疲惫不堪。

最终，我开始觉得自己需要改变。就在这时，我接到了那个改变我人生轨迹的电话。

14.3　1993年：Rational公司

电话是一个猎头打来的。声称在加利福尼亚州圣克拉拉有一个工作机会。我原本没打算搬到遥远的西海岸，所以一开始没把这个电话当回事，直到他们说这个项目是一个计算机辅助软件工程(CASE)工具：一种用于绘制软件图表的工具。

当时，市面上并没有很多软件图表绘制技术，而圣克拉拉正是Rational公司的所在地——格雷迪·布奇就在这家公司工作。

我的心中燃起了浓厚的兴趣。我向猎头询问了更多信息。他不肯告诉我他的客户是谁，但他给我的信息已经足以让我确定。挂断电话的时候，我知道自己必须抓住这个机会。

我参加了一次面试，果然，这家公司就是Rational，而项目Rose是一款用于绘制布奇书中那些可爱的云朵图表的工具。这是我经历过的最好的面试之一。很明显，我非常适合他们，他们也很适合我。所以他们给我提供了一个职位——但我得搬到那里去。这得费些口舌说服家里人。

我的妻子愿意考虑搬家，所以Rational公司支付了我们一部分费用，让我们去看看房子。两天后，我们确信在硅谷附近我们根本买不起房子。那里的房价是我们以前住过的地方的三倍。

所以答案是否定的。我们不打算搬家。

我很绝望。一定有办法的。于是我妻子说："你为什么不为他们做顾问呢？"我当时40岁，已经作为一名雇员工作了20多年。想到要独立工作，我感到很害怕。但我向Rational公司提出了这个选择，他们表示同意。

我在圣克拉拉和Rational Rose团队一起工作了三个月。然后又在家里远程工作了六个月。这是一次很棒的经历。

我们使用面向对象的数据库，用C++语言进行开发。我们绘制的图表显示在SPARC工作站的屏幕上，并以对象的形式存储。这非常令人兴奋。

在那段时间里，我见过布奇两三次。他住在丹佛附近，偶尔会飞到圣克拉拉来。有一次，我向他提出了写一本书的想法。

我想写一本关于面向对象设计的书，重点是C++，并使用布奇的图表。布奇愿意在出版过程中指导我，他还把我介绍给普伦蒂斯·霍尔(Prentice Hall)出版社的商艾伦·阿普特(Alan Apt)。

我开始写一些样章，艾伦把它们拿出去征求意见。当我收到反馈时，我大吃一惊，因为其中一位评审人是詹姆斯·O. 科普林(James O. Coplien)。我在1992年读过他的书《高级C++编程风格与惯用法》，并把他视为我的偶像之一。

不幸的是，他的评价并不高。我现在唯一记得的评价是"90年代的流程图！"这句话。真让人难受！

但我继续写作并不断改进。很快我就拿到了出版合同。

与此同时，我继续在Usenet上发帖。有一天我意识到，再也没人叫我"Uncle Bob"了，不知为何，我还挺怀念这个称呼的。所以我把这个名字加到我的电子邮件签名里，我的Usenet帖子也使用这个签名。这个名字开始传播开来。我的发帖量很大。

14.4　1994年：教育考试服务中心(ETS)

九个月后，与Rational公司的合同到期了。Rose的第一个版本已经上市，是时候继续前进了。

我陷入了恐慌。我要从哪里找客户呢？我联系了泰瑞达公司，他们有一些零碎的小活儿让我做，但这无法长期维持生计。

然后我又接到了一个电话。还是Rational公司打来的——但不是Rose团队。而是他们的合同编程办公室。他们有一个客户，但他们自身没有能力提供服务，问我是否愿意接受推荐。

这个客户是位于新泽西州普林斯顿的教育考试服务中心(ETS)。我飞到那里，开始为ETS提供关于C++和面向对象设计的咨询服务。我每隔几周就会飞过去两到三天。这是一份很棒的工作。普林斯顿是个很棒的城市！

ETS与美国国家建筑注册委员会(NCARB)签订了合同。他们希望ETS创建一个用于认证建筑师的自动化考试。想法是创建一个图形用户界面(GUI)，建筑师可以用它来绘制建筑图表。这些图表将被存储并转发到一个评分系统，该系统会解读这些图表，并根据建筑原则对其进行评分。

建筑师必须绘制18种不同类型的图表。其中包括平面图、屋顶平面图、产权线和结构工程图等。GUI程序和评分程序将在IBM个人电脑上运行。

评分程序的计划是使用一种模糊逻辑推理网络，来衡量建筑师设计的各种特征，并给出最终的通过或不通过的成绩。

对于每个GUI程序，都有一个相应的评分程序。他们把这种配对称为"小插曲(vignettes)"。

ETS分配了四名兼职程序员来做这项工作。他们没有C++或面向对象设计的经验。我在那里指导他们解决难题。他们只有三年多一点的时间来完成所有18个"小插曲"。

几个月后，我清楚地意识到这个团队永远无法实现这个目标。其他项目分散了他们太多的精力。这个项目需要专注。所以我说服我的朋友吉姆和我一起飞到普林斯顿，提出了一个不同的解决方案。吉姆和我将组建一个团队，为他们完成这个项目。

经过一番谈判，一个月后，我们拿到了一份长期开发合同。

计划是吉姆和我花几个月的时间来处理所有"小插曲"中最复杂的一个，叫做"最大插曲(Vignette Grande)"。这个"小插曲"的重点是平面图。我们的目标是让这个"小插曲"的部分功能运行起来，并创建一个可复用的框架，以便其他"小插曲"能够迅速开发出来。然后，我们会招募更多的人来处理其他17个"小插曲"。

可复用框架。啊，我们当时太天真了。所有关于面向对象(OO)的书籍和文章都承诺了可复用性。我们认为自己是优秀的OO设计师，能够创建出卓越的可复用框架。

几个月后，"最大插曲"可以运行了，我们也有了自认为可复用的框架。于是，我们联系了我们认识的最优秀的人，并招募他们以合同工的身份和我们一起工作。

每个人都在家里工作。

问题立刻就出现了。我们发现我们创建的"可复用"框架其实并不可复用。其他"小插曲"与我们在编写"最大插曲"时所做的决策不相符。几周后，很明显，如果我们不采取措施，其他17个"小插曲"就无法按时交付。

所以我们通知ETS，我们要改变计划。团队将专注于接下来的三个"小插曲"，同时对框架进行调整，使这三个"小插曲"都能从中受益。这又花了好几个月的时间，但最终得到了回报。我们有三个"小插曲"都使用了这个新框架，而"最大插曲"则继续使用旧框架独立运行。

我们又招募了一些人，开始像香肠机制作香肠一样快速地完成"小插曲"。由于新框架确实是可复用的，每个新"小插曲"所花费的时间越来越少。1997年，我们按时交付了所有18个"小插曲"。它们被使用了近二十年。

事实证明，要创建一个可复用的框架，实际上需要在不止一个应用程序中使用它。谁能想到呢？

与此同时，我继续写那本书，并把它交给了出版商——有点晚，但赶在1995年获得了版权。

14.4.1 *C++ Report*专栏

到这时，我已经在*C++ Report*上发表了两篇文章。斯坦·利普曼写信给我，让我写一个每月专栏。格雷迪·布奇决定不再写面向对象设计专栏了，斯坦问我是否愿意接手。我当然同意了。

14.4.2 模式

1994年，我参加了一个C++会议。吉姆·科普林也在那里，他的衬衫上别着一张纸条，上面写着"问我关于模式的事"。我问了他，他要了我的电子邮件。几周后，我收到了他的一封电子邮件，告诉我有四位作者正在写一本书，并且正在寻找在线评审人。这本书的名字是《设计模式》，作者是埃里克·伽玛(Erich Gamma)、理查德·赫尔姆(Richard Helm)、约翰·弗里西德斯(John Vlissides)和拉尔夫·约翰逊(Ralph Johnson)。科普林的电子邮件指引我到一个电子邮件镜像站点，那里有关于这本书的持续讨论。

在那个镜像站点的电子邮件中，这四位作者被亲切地称为"四人帮(GOF)"。每隔几天，"四人帮"中的某一位就会在电子邮件中发布一个FTP地址。这个FTP地址指向一个PostScript文件，里面包含他们正在编写的一个章节。接下来就是一连串的评论、修正、辩论和更多的示例。参与其中令我非常兴奋。

当然，这一切都发生在万维网出现之前。蒂姆·伯纳斯·李(Tim Berners-Lee)在不到四年前创建了第一个Web服务器，马克·安德森(Marc Andreessen)在前一年刚刚发布了马赛克(Mosaic)浏览器。我们当中很少有人了解这些成果。所以电子邮件、FTP和网络新闻是我们主要的互联网通信方式。

镜像站点上的一封电子邮件是为一个名为PLoP(编程模式语言)的新会议征集论文，会议将在伊利诺伊大学蒙蒂塞洛校区附近举行。这个会议由希尔赛德小组(The Hillside Group)组织，该小组由格雷迪·布奇和肯特·贝克(Kent Beck)创立，成员包括吉姆·科普林、沃德·坎宁安(Ward Cunningham)等人。

这个会议致力于讨论和推广设计模式，我非常想去参加。所以我提交了三篇不同的论文，至少有一篇[1]被接受了："在现有应用中发现模式"。这篇论文概述了我们意识到在NCARB软件中使用的许多GOF模式，讨论了一些我认为应该成为模式的其他内容，还透露了一些关于我正在写的、将于次年出版的新书的信息。

14.5　1995—1996年：第一本书、会议、课程及OM公司

我的第一本书谈到了一些设计原则。我特别提到了开放-闭合原则(Open-Closed Principle)和里氏替换原则(Liskov Substitution Principle)。我在伯特兰·迈耶(Bertrand Meyer)和吉姆·科普林的著作中读到过这两个原则。我还提到了依赖倒置的概念，不过我没有将其命名为一个原则。此外，我谈到了组件耦合、内聚和稳定性，甚至还谈到了抽象度和不稳定性的度量，但我没有明确将它们描述为原则。这些想法在当时对我来说还为时尚早。

我挑灯夜战完成了第一本书，并看到它出版了。这对我来说是一件大事。这也让我的名字更广为人知。我开始在各种会议上演讲，书的销量越大，我的演讲听众就越多。演讲得越多，我的名字就越为人所知。最终，这些会议开始邀请我作为特邀演讲嘉宾。

我仍然在新闻组上积极互动，并且我更改了我的签名，表明我可以提供咨询和培训服务。电话开始打进来了。我组织了一个为期5天的C++课程，并发现自己在为美国各地的不同公司授课。我又组织了一个为期5天的面向对象设计课程，同样为美国各地的不同公司授课。甚至泰瑞达公司也请我去授课——包括在布拉克内尔(Bracknell)的一次授课。

---

[1] 我不记得是不是所有论文都被接受了，应该不是，因为只有一篇出现在会议论文集中。

原则

1995年5月，我在comp.object新闻组上看到了一篇帖子[1]，标题是"面向对象编程的十条戒律"。其中给出的建议还不错；但在参与了NCARB项目之后，我认为它有点天真，所以我回复了我自己的十一条戒律，列举并概括了一系列设计原则。正是这次回复真正孕育了SOLID原则和组件原则。尽管当时它们还没有被命名。

在一年之内，我完善、命名并开始讲授一组设计原则，共有九条：

- OCP——开放闭合原则
- LSP——里氏替换原则
- DIP——依赖反转原则
- REP——发布复用等价原则
- CCP——共同闭合原则
- CRP——共同复用原则
- ADP——抽象依赖原则
- SDP——稳定依赖原则
- SAP——稳定抽象原则

教学、写作和参加会议占据了我大量时间。当我在全国各地进行教学和咨询工作时，吉姆·纽柯克承担了NCARB项目的工作。我的客户名单开始看起来相当令人印象深刻。我在施乐(Xerox)公司、通用汽车(General Motors)公司、北电网络(Nortel)、斯坦福大学(SLAC)、劳伦斯伯克利国家实验室(Lawrence Berkeley Labs)及许多其他公司进行教学和咨询。

吉姆和我创立了Object Mentor公司。吉姆在处理NCARB项目的所有事务的同时，也承担了一些咨询工作。业务不断涌入，所以我们聘请了经验丰富的C++教师鲍勃·科斯(Bob Koss)来协助培训工作。

14.6 1997—1999年：*C++ Report*、统一建模语言(UML)和互联网泡沫

1997年，我们按时完成了NCARB项目。项目成功部署，此后的数年里我们继续对其进行维护。

1997年末，《C++》当时的编辑道格·施密特(Doug Schmidt)给我打电话。他说他要辞去编辑的职位，问我是否愿意接任。我当然答应了。

这是互联网泡沫繁荣的时代。网络在商业领域迅速蔓延。域名被以数亿美元的价

---

1 可参考"电子脚注"中列出的网页。

格买卖。没有产品或员工的公司估值却高达数十亿美元。任何声称在互联网上有所作为的人都立刻成为了热门人物。这太疯狂了。

Rational公司对此的回应是，将格雷迪·布奇(Grady Booch)、伊瓦尔·雅各布森(Ivar Jacobson)和吉姆·朗波(Jim Rumbaugh)聚在一起，并大力推广他们的软件最佳实践理念。这三个人被亲切地称为"三剑客"，他们开始开发统一建模语言(UML)和Rational统一过程(RUP)。

由于我在自己的书中大量使用了布奇早期的云朵符号表示法，所以我参与了UML相关的工作。我远离了过程方面的工作，因为我不太相信任何一种软件过程。

第二本书：《设计原则》

自1995年5月在comp.object新闻组上发布帖子以来，我对设计原则有了更深刻的认识[1]。我最终确定了将组件原则与类原则分开，并添加了接口隔离原则。

我现在认为我之前的那本书既不完整，又过于局限。是时候开始写一本关于面向对象软件设计的更完整、更通用的专著了。我与我的出版商沟通后，很快就签订了合同——但我发现合同规定的时间相当具有挑战性。

总的来说，我非常忙碌。我几乎涉足了这个行业的各个方面。Object Mentor公司盈利颇丰，并且还在不断发展壮大。生活很美好——然后变得更加美好。

14.7　1999—2000年：极限编程

我所做的所有咨询工作都是技术性的。我为人们提供如何使用C++和面向对象设计的建议。这些咨询工作受到了好评，但我的几个客户要求我在软件过程方面帮助他们。真讨厌。

所以我坐下来，写出了一个我称为C.O.D.E.的软件过程。别问我这代表什么意思。也别问我关于它的任何事情。它糟透了。我的目标是创建一个极其精简的过程，不会强加那种扼杀创造力和独创性的糟糕官僚体制，以防压抑程序员的才能。

在编写这个糟糕的过程时，我在互联网上四处摸索，想看看其他人是否有更好的想法。当时网络上没有很多搜索引擎，所以"摸索"这个词用得很恰当。我不知道自己是怎么找到那里的；可能是通过新闻组的一个帖子。不管怎样，我最终来到了c2.com，这是沃德·坎宁安(Ward Cunningham)用Perl编写的第一个在线维基网站。在那个维基网站上，有一场关于肯特·贝克(Kent Beck)的极限编程(XP)的非常活跃的讨论。

哇！这正是我一直在寻找的东西。它太完美了——嗯，除了他关于先编写测试的

---

[1] 哈哈。但 SOLID 这个名字当时还没有确定下来。

荒谬观点。这正是我需要告诉我的客户的东西，我非常兴奋。

但在我采取具体行动之前，1999年2月我要在慕尼黑举行的OOP会议上讲授一天的课程。课间休息时，我走出教室，肯特·贝克就站在我面前。他刚刚从他授课的教室走出来。我之前在PLoP会议上见过肯特，所以我立刻认出了他，并请他告诉我更多关于XP的事情。

我们共过午饭，他给我讲了他使用XP进行项目开发的经历。我很激动——除了所有关于先编写测试的荒谬观点。我当时还是 *C++ Report* 的编辑，所以我请他写一篇关于XP的文章。他同意了，然后我们回到了各自的教室。

肯特写了那篇文章，并发表在下一期杂志上。文章反响很好，我相信我可以把这篇文章推荐给我的客户。我放弃了我那个糟糕的C.O.D.E.过程，再也没有想过它。

然后我想到，极限编程方面的培训和咨询可能是一个不错的业务方向。我和我的商业伙伴吉姆·纽柯克(Jim Newkirk)及洛厄尔·林德斯特罗姆(Lowell Lindstrom)商量，达成了一致。我写信给肯特，告诉他我们的计划，问他是否愿意参与，以及我们是否可以一起开个规划会议。

肯特邀请我去他位于俄勒冈州梅德福附近的家。他和我花了两天时间谋划如何围绕XP开展业务。我们勾勒出了课程的基本流程(课程为期五天)，还讨论解决了一系列其他问题。

我们开车去了火山口湖(Crater Lake)——因为我一直想去看看。

我们还进行了一些结对编程，他向我展示了先编写测试的那些"荒谬"之处。在两小时内，我们俩以我能想象到的最小的先编写测试的步骤编写代码，成功让一个可爱的小Java applet程序运行起来了。

我以前从未见过这样的编程方式。到那时我已经做了30年的程序员了，我从没想过我会看到一种全新的编写代码的方法。这让我大吃一惊。而且我们工作了两小时却没有调试任何东西，这也给我留下了深刻的印象。我被说服了。这是一种我需要熟练掌握的技术。

我飞回了家，肯特、吉姆和我一起合作设计了我们课程的结构。这些将成为"活动"。记住，这是互联网泡沫时代，与软件相关的一切都能变现。这样的活动正是所需的。

我们租了一个大型场地，聘请了几位新的讲师，打算充分利用互联网泡沫带来的机会。

我们把这个活动叫做"XP沉浸式(XP Immersion)培训"。这是一个为期五天的课程，每天从上午9点到晚上9点。前8个小时是讲座和练习。然后是一顿晚餐。接着是一位特邀演讲嘉宾。我们邀请了马丁·福勒(Martin Fowler)、沃德·坎宁安及许多其他知名的软件界名人。我们每三个月举办一次这样的活动，同时继续进行C++、Java和面向对象设计方面的培训和咨询工作。

"XP沉浸式培训"取得了巨大成功。每次都有60名学员参加。这是非常盛大的活动，得到高度赞扬和好评。我们站在了世界之巅。

我们开始接到帮助公司"转型"采用XP的电话。我们围绕培训和咨询创建了一项非常赚钱的业务。我们会进入这些公司几个月的时间，教他们的员工如何完成这项神奇的叫做XP的事情。

参考文献

[1] Booch G. Object-Oriented Design with Applications[M]. Redwood City: Benjamin-Cummings, 1990.

[2] Coplien J O. Advanced C++ Programming Styles and Idioms[M]. Boston: Addison-Wesley, 1991. (中文版：COPLIEN J O. Advanced C++中文版[M].李石乔，译. 北京：中国电力出版社，2004).

[3] Ellis M A, Stroustrup B. The Annotated C++ Reference Manual[M]. Boston: Addison-Wesley, 1990.

[4] Gamma E, Helm R, Johnson R, et al. Design Patterns: Elements of Reusable Object-Oriented Software[M]. Boston: Addison-Wesley, 1994. (中文版：Gamma E, Helm R, Johnson R, et al. 设计模式：可复用面向对象软件的基础[M]. 李英军，马晓星，蔡敏，等译. 北京：机械工业出版社，2000).

[5] Martin R C. Designing Object Oriented C++ Applications Using the Booch Method[M]. Upper Saddle River: Prentice Hall, 1995.

第 15 章

千 禧 年

国王的所有马匹，国王的所有士兵……[1]

千禧年伊始充满希望，但整体而言这是充满不确定性和衰退的十年。9·11恐怖袭击、反恐战争、第二次伊拉克战争和阿富汗战争相继爆发。伦敦地铁爆炸案、马德里火车爆炸案震惊世界。社会不满情绪加剧，气候变化引发广泛担忧，政治格局重新洗牌。2008年金融危机爆发，经济始终未能真正复苏。

15.1 2000年：极限编程(XP)领导力

我们的极限编程沉浸式培训课程如火如荼地开展，每季度举办一次。每年两次在不同的州举行，其余时间则在芝加哥办公室进行。咨询和培训业务同样火爆，生活美好而充实！

2000年秋，肯特·贝克(Kent Beck)在俄勒冈州梅德福的家中召开"极限编程领导力"会议，邀请了我、马丁·福勒(Martin Fowler)、沃德·坎宁安(Ward Cunningham)等XP领域领军人物，共同探讨极限编程的未来方向。

除了常规的远足、游船活动，我们还在会议室里进行了头脑风暴和讨论。

一次会议上，有人提议成立一家非营利组织来推广极限编程。有很多人都曾是"希尔赛德小组(The Hillside Group)"[2]的成员，那段经历并不愉快，他们不赞成这个

---

[1] 原文：All the king's horses and all the king's men. 原句是All the king's horses and all the king's men couldn't put Humpty together again. 比较确切的出处是英国作家刘易斯·卡罗尔于1871年出版的儿童文学作品《爱丽丝镜中奇遇》。这本书是《爱丽丝梦游仙境》的续作。这首童谣讲述的是一个国王的马和士兵试图把一个从墙上掉下来的蛋拼回去，但最终失败了的故事。——译者注

[2] The Hillside Group 是一家非营利性教育组织，成立于1993年8月，旨在帮助软件开发人员分析和记录常见的开发和设计问题，并将其作为软件设计模式。PLoP(Pattern Languages of Programs)会议就是由The Hillside Group 组织的。——译者注

提议。我强烈表达了不同看法。

等会议结束大家回到房间后,马丁·福勒来找我,说他同意我的立场,并建议下周都在芝加哥的时候见个面。

后来我们在一家咖啡店碰了面,详细讨论了举办一次会议的想法,这次会议不仅仅是关于极限编程的,还涉及过去几年里涌现出的所有"轻量级"开发流程。我们的想法是把极限编程、Scrum、动态系统开发方法(DSDM)、特性驱动开发(FDD)的支持者及其他几位专家聚到一起,看看能否将我们的理念归纳为一个核心思想。我们认为,所有这些方法的共同点多于不同点,找到这些共同点会很有帮助。

于是,我们给很多人发了封电子邮件,建议在2001年2月于加勒比海的一个岛屿(安圭拉岛)上召开一次会议。那封邮件的主题栏写的大致是"轻量级开发流程峰会"。

几小时内,阿利斯泰尔·科克伯恩(Alistair Cockburn)就给我打电话,说他正准备发一封类似的邮件,但他觉得我们的邀请名单比他的更好。他提出如果我们同意在盐湖城召开会议,他愿意承担组织这次峰会的所有筹备工作。

15.2 2001年:敏捷开发的兴起和互联网泡沫的破裂

就这样,17位软件专家在雪鸟度假村(Snowbird resort)相聚,共同撰写了《敏捷软件开发宣言》(*Agile Manifesto*)。当时我们几乎没有意识到,这份宣言会对整个行业产生如此巨大的影响。

此后不久,敏捷联盟(Agile Alliance)的第一次会议在芝加哥附近的Object Mentor公司办公室举行。这个组织正式成立并开始运作。

敏捷开发成了下一个重大趋势,我们知道自己已经站到风口上了。

但阴霾也开始逐渐显现。到2001年春天,互联网泡沫愈发明显,愈发不稳定了。我们所有课程的报名人数都在下降,咨询业务的机会也开始减少。不过当时生意还算不错,所以我们虽然有所警惕,但对前景依然相当乐观。然而,对于接下来要应对的事,我们没有任何防备。

最后一次极限编程沉浸式培训课程于2001年9月10日(星期一)开始。大约有30名学生从全国各地飞过来参加。课程一开始进展顺利,我们非常乐观。

到了星期二,一切都变了。两架波音767客机被劫持撞向了世贸双子塔,另一架撞向了五角大楼。美国遭到了恐怖袭击,进入了战争状态。课程仍在继续,学生们还在继续学习。虽然大部分航班都取消了,但那一周仍有一些特别航班,让人们能从商务旅行或度假地返程。

一些学生和讲师(包括肯特·贝克)搭乘那些特别航班回了家。其余的人则租了车,开车回到了他们在全国各地的家中。

在接下来的几周里,互联网泡沫彻底破灭了。在两年的大部分时间里,课程培训和咨询业务几乎停滞。我们不得不大幅削减员工数量和工资。感觉就好像各地都不再进行软件开发了一样。

如果说还有一线希望的话，那就是我现在有足够的时间来写我的第二本书了——这本书已经拖了很久。这本书从一篇关于面向对象设计的论文，发展成了一本关于原则、模式和实践的书。我已经写了好几百页，而且还在继续写。

在2002年年中，我把写好的800页内容进行了删减、修改，最后精简到了500多页，作为最终的手稿提交了上去。《敏捷软件开发：原则、模式与实践》于2003年出版。

15.3 2002—2008年：在困境中彷徨

接下来的几年，是我职业生涯中一片荒漠的几年。Object Mentor公司的营收停止了增长，只是在勉强维持。我们还有一些业务，有时还会对未来乐观，但都没有持续太久。我们节俭度日以维持公司的运营，但业务再也没有恢复到2001年之前的状态。

我们尝试了各种方法，但都没有真正取得成功。到2007年，我很清楚像我们这样专注于特定领域的培训和咨询业务根本无法成功。

更糟糕的是，网络的兴起以及随后互联网泡沫的破裂，几乎吸走了软件行业的所有活力，让每个人都变得小心翼翼。软件技术几乎没有什么进步；行业内也几乎没有新的理念涌现。就好像我们遇到了某种发展瓶颈。即使是iPhone和iPad所用的芯片取得了很大进步，也并没有带来软件方面的新理念。软件行业陷入了低迷，而我看不到让公司顺利摆脱困境的办法。

代码整洁之道

在这片荒漠中，我得到了一点意外之喜。有一段时间，我一直认为应该有人写一本关于优秀编码技巧的书。我原本觉得自己没有资格写这样一本书。毕竟，要告诉程序员好代码和坏代码的区别，需要很大的勇气。我算老几，有什么资格制定这样一套规则呢？

但后来我突然想到：我已经做了将近四十年的程序员了。如果不是我，那还有谁呢？至少我可以写一本关于这些年来对我有效的编码技巧的书——而且这样的技巧有很多。于是我开始写一本名为《代码整洁之道》(*Clean Code*)的书。

压垮Object Mentor公司的最后一根稻草是2008年的金融危机。那就像是刽子手的大刀。我们没有储备资金，也没有办法生存下去。公司倒闭了。

15.4　2009年：《计算机程序的构造和解释》与色度键

关闭一家公司可不是件有趣的事情。最终，我又一次成为一名独立顾问，为世界各地的公司提供服务。

有足够的业务让我的家人衣食无忧、开开心心，我也能还清在努力维持Object Mentor公司运营时欠下的(相当可观的)债务。而且，《代码整洁之道》的销量也很可观，让人鼓舞。

然后，又一件意外之喜降临到我头上。那时候在互联网上的交流方式逐渐从新闻组转移到了推特上。

有人在推特上建议读一读《计算机程序的构造和解释》(*Structure and Interpretation of Computer Programs*，简称SICP)这本书。我在亚马逊(或eBay)上买到了一本二手书。这本书在我的桌子上放了好几个月，一直都没有打开。

后来有一天，我翻开来阅读，结果完全被迷住了！一种奇妙的能量充满了我的全身，我几乎是迫不及待地翻着每一页。这太令我兴奋和着迷了。我读啊，读啊，不停地读。

书中使用的编程语言是Scheme，它是Lisp语言的一个衍生版本。我是一名C/C++/Java/C#程序员，一直认为Lisp只是一种学术玩物。天哪，我错了。我简直爱不释手。

读到第217页[1]时，作者们突然来了个急刹车。他们说一切都将改变，还警告说整个计算模型将面临重大风险并被推翻，然后他们引入了重要的概念——赋值。

我惊呆了。我已经读了200页，大部分都是代码，还有数学程序、表格处理程序、位图处理程序、加密算法，等等。在这些程序中，竟然没有一条赋值语句！我赶紧回过头去确认，简直不敢相信。

赋值在计算领域中如此基础，怎么会在程序中不存在呢？怎么能在从不更改变量状态的情况下编写如此复杂的系统呢？我必须了解更多。我必须能写出这样的代码！

在另一条推特上，我看到有人提到Clojure语言，说它是基于Java的Lisp语言。我查了一下，发现它是里奇·希基(Rich Hickey)开发的。十年前，我在comp.object和comp.lang.c++论坛上的辩论中曾与里奇有过接触，当时我就对他评价很高。

所以我决定学习这门语言，掌握《计算机程序的构造和解释》中介绍的那些技巧。

就这样，我开始涉足函数式编程这个迷人的世界。

---

[1] 位于第3章"模块化、对象和状态"。中文版位于第149页。中文版：计算机程序的构造和解释(原书第2版)典藏版，由机械工业出版社于2019年7月出版。——译者注

15.4.1 视频

与此同时，我注意到互联网网速已足以支持在线流畅地播放视频。Amazon Web Services发展得很好，而且不必购买自己的专用硬件和网络连接就可以托管视频。

我在各种会议上的演讲一直都很成功，而且仍然有人邀请我去做主题演讲。所以我想也许该把自己的演讲录制下来，放到网上。也许人们会愿意花钱观看。

那时YouTube才刚刚兴起，上面还不能售卖视频。想出的任何视频解决方案都必须由我自己搭建。

于是我买了一台家用数码摄像机，开始在办公室里录制自己的演讲。

录制的效果糟透了。非常枯燥。没有观众，就只是我在说话。真讨厌。

我把这些视频发给一些家人和朋友看。他们也这么认为，很枯燥。

我又把视频给我的妹妹霍莉(Holly)看，她说："你需要使用色度键(Chroma Key)[1]。"

我根本不知道什么是色度键，所以就去查了一下。

那时候正好是亚马逊发展的一个关键时期。亚马逊一开始只卖书，偶尔会增加一些新产品。然而就在2009年左右，突然之间，在上面几乎可以买到任何东西。我在上面买到了绿幕和灯光设备。

设置好绿幕和灯光之后，我又重新录制了一遍。这一次，我把自己"放到"了月球上。为此，我购买了一些视频编辑软件。我花了几天时间才掌握使用方法，这些在月球背景下的视频看起来相当不错。

但它们仍然很枯燥。还是只有我在说话。

我想也许应该写个拍摄脚本，并且不用一镜到底，而是不同场景的拍摄。这些场景可以是不同视角、不同地点。我还可以在不同场景之间改变着装和举止，让内容变得更有趣。

我写了一个15分钟的样片脚本，拍摄之后又做剪辑。那时我才知道，每一分钟的成品视频，都代表着一小时的脚本编写、拍摄和后期处理工作。那个15分钟的视频花费了我15个小时的时间！哎呀！

但这一切都是值得的。那个视频很精彩。看起来很有趣，而且能把信息传达给观看的人，就像魔法一样。

15.4.2　cleancoders.com

当时我儿子米卡(Micah)的软件业务做得很成功，我问他是否愿意和我一起开展一

---

[1] 色度键(Chroma Key)是一种视频处理技术，专业术语称为"键控抠像"。其技术原理是通过移除画面中特定颜色范围(通常为高饱和度的绿色或蓝色)，实现背景替换。——译者注

项新业务，各占一半股份。我来制作几部时长为一小时的视频，他来编写网站和搭建托管设施，以便销售和展示这些视频。他同意了，于是Clean Coders公司成立了。

15.5　2010—2023年：视频、技艺与专业精神

我仍然在世界各地进行演讲、培训和咨询工作。在家的时候，我就制作视频节目。一部一小时的视频节目需要60个小时的工作量。这意味着我实际上每个月只能制作一部。

就这样，视频节目一部接一部地制作出来了。后来，米卡把网站搭建好正常运行了，我们就开始在cleancoders.com网站上销售这些视频。

我在推特上有相当多的粉丝，我发了网站地址的推文。没想到，人们真就开始购买这些视频了。

通过视频能够传达的信息量真是惊人。你不仅可以进行演讲，还可以演示编码技巧。你可以和你的观众进行虚拟结对编程。我发现整个过程都非常令人激动。我在一小时的视频里能传达的信息，比在20到30页的文字里传达的还要多，而且信息传达得更准确。

我的观众似乎也认同这一点，因为他们一直在购买这些视频。

到2011年底，我们的收入达到10万美元，我们意识到，路找对了。

我聘请女儿安吉拉·布鲁克斯(Angela Brooks)负责拍摄和剪辑工作，我们又一次全力投入了新事业。

15.5.1　敏捷开发偏离正轨

与此同时，敏捷开发运动偏离了正轨。原本由程序员推动的一场运动，变成了由项目经理推动的运动。程序员逐渐被排斥在这场运动之外。

我感到特别气愤，因为在过去十年里，我一直希望敏捷开发运动能成为提升程序员水平的力量。我认为它会推动编程成为一个以高标准、规范和道德为核心的专业领域。但事与愿违。

我突然想到，新的视频媒介可能是一种更好的表达方式，可以用来传达那些能够提升软件技艺水平的规范、标准和道德要求。

毋庸置疑，这就是我未来的使命。

在接下来的十年里，在我可爱的女儿安吉拉和聪明的儿子米卡的帮助下，我共制作了79部，每部时长为一小时的视频。

在这79小时的演讲和演示里，我传授了我所知道的关于软件的一切知识——或者至少是我能塞进这一系列视频里的所有知识。

每一年，我都会说可能还有十几个视频要制作，每年我都会再增加六个左右。我从未想过制作这些视频会是一个长达十年的项目。

15.5.2　更多书籍

在那十年里，我又写了几本书：
- 《程序员的职业素养》(*The Clean Coder*)包含我在《代码整洁之道》中没有涉及的所有非技术内容。这是我写的第一本关于职业行为的书。
- 《匠艺整洁之道》(*Clean Craftsmanship*)是一本非常详细的书，讲述了软件专业人员在技术和非技术方面的规范、标准和道德要求。
- 《整洁架构之道》(*Clean Architecture*)是一本关于大型软件的深度技术书籍。它重新阐述了设计原则，并描述了软件架构的目标、问题和解决方案。[1]
- 《敏捷整洁之道》(*Clean Agile*)回顾了敏捷开发运动的起源，并呼吁回归到那些本源。
- 《函数式设计：原则、模式与实践》(*Functional Design*)是一本关于如何在函数式编程环境中设计系统的深度技术书籍。

15.5.3　疫情期间

新冠疫情结束了我四处奔波的培训师和咨询师的职业生涯。哦，我仍然偶尔会去拜访客户，但这已经不再是我业务的重要部分了。如今我做的培训大多数是通过Zoom进行的——说实话，我尽量把这样的工作安排减到最少。

15.6　2023年：发展停滞期

你可能已经注意到了，这段历史的最后十年写得相当简略。原因与大多数人在成长和衰老过程中的经历有关。

在职业生涯早期，你几乎完全处于吸收知识的状态。你尽可能多地学习，不断吸收一个又一个理念，而很少提出新的想法。随着经验的积累，你继续吸收理念，但也开始提出自己的想法，这些想法是由你的经验及你所吸收的理念综合而成的。这个过程会持续下去，并在你30岁到50岁之间达到顶峰。在那个顶峰时期，输入的理念和输出的理念之间的协同效应达到最大。

这个过程中有大量的反馈和智力活动。但随着时间的推移，输出的理念会超过输

---

[1]《整洁架构之道》(Clean Architecture)中文版由茹炳晟、于君泽、刘惊惊、柳飞翻译，机械工业出版社出版。——译者注

入的理念，协同效应和反馈也会开始减缓。最后，当接近退休时，你会输出你积累的大量理念，而很少再吸收新的理念。

这听起来可能有些悲哀，也未必适用于每个人，但这其实并不罕见。而且，很可能正是这个过程使得我对过去十年的描述如此简略。

然而，还有其他原因。同样的过程也在整个行业中发生着。编程本身已经很难再产生很多新的理念了。

你可能觉得这种说法很奇怪。毕竟，在过去十年左右的时间里，出现了几种令人兴奋的新编程语言：Go、Swift、Dart、Elm、Kotlin等等。但我看着这些语言，看到的只是一堆旧理念被重新组合成了新形式。我没有看到它们有什么特别创新之处——至少不像C、SIMULA，甚至Java语言在它们那个时代那样具有创新性。

换个角度看。当我们不再用二进制编写代码，而是开始用汇编语言编写时，程序员的生产效率提高了50倍(甚至更多)。当我们转向像C语言这样的编程语言时，生产效率提高了大约3～5倍。当我们转向像C++或Java这样的面向对象语言时，大概不温不火地提升了1.3倍。当我们使用像Ruby或Clojure这样的语言时，也许又提升了1.1倍。

这些倍数可能不太准确，但趋势肯定是没错的。每种新语言带来的渐进式优势已经趋近于零。在我看来，我们似乎正在接近一个极限。

而且我们接近的极限不止这一个。我们所依赖的硬件也已经停止了疯狂的指数级增长。摩尔定律大概在2000年左右就失效了。时钟频率不再变得更快。内存容量也不再每年翻倍。随着我们接近原子极限，芯片密度的增长也放缓了。

简而言之，我们在硬件和软件方面的进步可能都已经到了一个停滞期。

而这或许是一个完美的过渡，引领我们进入第Ⅳ部分"未来"。

参考文献

[1] Martin R C. Agile Software Development, Principles, Patterns, and Practices[M]. Upper Saddle River: Pearson, 2003. (中文版：MARTIN R C. 敏捷软件开发：原则、模式与实践[M]. 邓辉，孙鸣，译. 北京：人民邮电出版社，2008).

[2] Martin R C. Clean Agile: Back to Basics[M]. Upper Saddle River: Pearson, 2019. (中文版：MARTIN R C. 敏捷整洁之道[M]. 申健，何强，罗涛，译. 北京：人民邮电出版社，2020).

[3] Martin R C. Clean Architecture: A Craftsman's Guide to Software Structure and Design[M]. Upper Saddle River: Pearson, 2017. (中文版：MARTIN R C. 整洁架构之道[M]. 茹炳晟，于君泽，刘惊惊，柳飞，译. 北京：机械工业出版社，2024).

[4] Martin R C. Clean Code: A Handbook of Agile Software Craftsmanship[M]. Upper Saddle River: Pearson, 2008. (中文版：MARTIN R C. 代码整洁之道[M]. 韩磊，译. 北

京：人民邮电出版社，2010).

[5] Martin R C. Clean Craftsmanship: Disciplines, Standards, and Ethics[M]. Reading: Addison-Wesley, 2021. (中文版：MARTIN R C. 匠艺整洁之道[M]. 韩磊，译. 北京：电子工业出版社，2022).

[6] Martin R C. Functional Design: Principles, Patterns, and Practices[M]. Reading: Addison-Wesley, 2023. (中文版：MARTIN R C. 函数式设计：原则、模式与实践[M]. 吾真本，姚琪琳，覃宇，译. 北京：机械工业出版社，2024).

[7] Martin R C. The Clean Coder: A Code of Conduct for Professional Programmers[M]. Upper Saddle River: Pearson, 2011. (中文版：MARTIN R C. 程序员的职业素养[M]. 章显洲，余晟，译. 北京：人民邮电出版社，2012).

[8] Sussman G J, Abelson H, Sussman J. Structure and Interpretation of Computer Programs[M]. Cambridge: MIT Press, 1984. (中文版：SUSMAN G J, ABELSON H, SUSMAN J. 计算机程序的构造和解释[M]. 裘宗燕，译. 北京：机械工业出版社，2019).

第IV部分

未 来

预测未来是困难的。

第 16 章

编程语言

现在有多少种编程语言？我试着列举一下：

C、C++、Java、C#、JavaScript、Ruby、Python、Objective-C、Swift、Kotlin、Dart、Rust、Elm、Go、PHP、Elixir、Erlang、Scala、F#、Clojure、VB、FORTRAN、Lua、Zig，可能还有几十种其他语言。

为什么？为什么有这么多不同的语言？真的有那么多不同的使用场景吗？

比如，Java和C#几乎是一模一样的。哦，它们在某些方面确实存在差异，但如果站远一点看，它们就是同一种语言。同样，Ruby和Python、C和Go、Kotlin和Swift之间也类似，只是差异更小。

当然，这里面涉及商业利益，也有不少历史包袱。此外，我们似乎对每一种正在使用的编程语言都感到不满，总是在寻找编程语言中的圣杯——那种能够统一所有语言、将它们紧密结合在一起的唯一语言。

在我看来，我们这个行业就像困在仓鼠轮上一样，一直在追求完美的编程语言，却总是在原地踏步。

情况并非一直如此。曾经有一段时间，每一种新的编程语言都是独特且富有创新性的。例如，想想C、Forth和Prolog之间的差异，这些都是蕴含着独特思想的编程语言。但随着时间的推移，新编程语言之间的差异已经缩小到几乎为零。Kotlin真的与Swift有很大不同吗？Go真的与Zig有很大不同吗？这些语言中真的有什么全新的东西吗？

是的，在一些细枝末节上，你可以指出一些差异，也许还能看到一些新思想的端倪。但大多数情况下，这些语言及所有更新的编程语言，都只是对旧思想的重新组合。在我看来，我们正接近软件编程语言的《传道书》中所说的情况："虚空的虚空，凡事都是虚空。已有的事，后必再有；日光之下，并无新事。"

好吧，这听起来有点令人沮丧。但换个角度看，我们现在所经历的事情，在之前的其他行业也发生过。

比如，在化学领域，如今的化学家们已经有一种标准的方式来表示化学物质，也有若干标准的符号风格来表示化学分子式和反应方程式。每个化学家都能理解 $2O_2 + CH_4 \rightarrow 2H_2O + CO_2$。而在炼金术的早期，是没有标准命名法的。每个炼金术士都按照自己的方式行事，并用他们认为合适的神秘符号记录结果。

再比如，英语。在英语书写的早期，没有标准的拼写规则。作家们只是根据心情随意拼写。因此，14世纪的乔叟写道："Whan that Aprille, with his shorures sote, The droghte of March hath perced to the rote, And bathed every veyne in swich licour, Of which vertu engenered is the flour."

再想想电子学领域。在早期，我们对于电容器、电阻器、电池甚至电线都没有标准的符号。我们使用的符号是随着时间的推移逐渐标准化的。

关键在于，所有新兴学科都会经历一个混乱但必要的思想、符号和表示的爆发期。随后，尘埃落定，冷静的头脑达成共识，形成一种标准的思想体系和符号体系。一旦这种情况发生，巴别塔的混乱就会被扭转，从业者之间和学科之间的交流也会增加。正是在这个时候，真正的进步才会发生。

所以，我预计这种情况也会发生在我们这个领域。我预计，在不久的将来[1]，冷静的头脑将占据上风，我们最终都会同意采用非常少量的编程语言，每种语言都有其特定的使用场景。如果最终减少到只有一种编程语言，我一点也不会感到惊讶。如果那一种编程语言是Lisp的衍生语言，我更不会感到惊讶。

想象一下单一计算机语言的好处！雇主们将不必再去寻找懂得Calypso语言的程序员。书籍、文章和研究论文可以带着代码发表，每个程序员都能理解它们。框架和库的数量将大大减少，必须进行系统移植的平台数量也会减少。

单一编程语言对软件企业、程序员、研究人员和用户来说都将是巨大的福音。

总有一天，我们将摆脱在计算机语言的仓鼠轮上无休止地奔跑。

16.1 数据类型

应该在编译时检查数据类型并执行强制转换？还是应该在运行时检查数据类型并执行强制转换？

这场争论已经持续了数十年，至今仍未有定论。

数据类型可能是随着FORTRAN语言进入编程领域的。以I到N开头的变量是整数类型，其余的是浮点数类型。

FORTRAN语言中的表达式要么是整数类型，要么是浮点数类型。如果试图在一个表达式中使用不同类型的变量或常量，编译器就会报错。

C语言是无类型的。哦，可以声明变量的类型，但编译器只是将该声明用于内存

---

[1] 某种意义上是"不久的将来"。

布局、内存分配和算术运算。它不会使用声明的类型来强制实施任何类型限制。因此，可以将整数传递给期望接收浮点数的函数。编译器会愉快地生成这样的代码。运行时，这个程序会有未定义的行为——这通常意味着它在实验环境中能正常工作，但在生产环境中会崩溃。

Pascal和C++是静态类型语言。编译器会检查声明类型的每一次使用，以确保其使用恰当。这样的严格规定大大减少了[1]未定义行为的发生。

Smalltalk、Lisp和Logo是动态类型语言。变量没有声明的类型。编译器不会应用任何类型限制。类型是在运行时检查的，如果发现类型不恰当，程序会以一种确定的方式终止。不会有未定义行为，但你可能会在运行时因程序突然终止而感到意外。

Java和C#是静态类型语言，Ruby和Python是动态类型语言，Go、Rust、Swift和Kotlin是静态类型语言，Clojure是动态类型语言。

这样的争论一直持续着，就像钟摆一样，来来回回。有些年代我们更喜欢静态类型语言，而在其他年代我们则更喜欢动态类型语言。

为什么无法做出决定呢？答案是静态类型语言使用起来困难，而动态类型语言使用起来简单。静态类型语言就像拼图游戏，每一块都必须以正确的方式放在正确的位置上。动态类型语言就像乐高积木或万能工匠玩具的零件，把这些零件组合在一起要容易得多，但你有时可能把错误的零件放在错误的位置上。

在我看来，解决这个问题的办法是一种折中方案。类型检查应该是正式且严格的，但应该在程序员决定的运行时的特定时间和地点进行检查。通过遵循像测试驱动开发(TDD)这样的规范来编写全面的单元测试，是一个不错的策略。也有一些优秀的库[2]，它们允许在各种语言中进行全面的动态类型检查。

这将防止我们把错误的零件放在错误的位置上，又能保持语言像乐高积木一样灵活、易组合的感觉。

16.2 Lisp

为什么我认为Lisp语言很可能是编程语言整合的最终结果呢？

第一，Lisp语言的语法非常简单。我可以在一张索引卡片的一面上就写下它的语法。Lisp语言的语法几乎可以说仅仅就是"(x y z···)"。

我们目前使用的一系列编程语言的一个特点就是它们的语法都很复杂。有很多必须要学习的语法规则和技巧。这使得这些语言很难学习，并且极大地增加了出错的可能性。

复杂的语法也会阻碍一种语言的发展。新的特性必须添加到语言的语法和规则

---

[1] 但它们并没有消除这种行为。
[2] 我喜欢 Clojure/spec。

中，这使得语言变得更加复杂和难以驾驭。

想想自20世纪90年代末以来Java语言的语法发生了怎样的变化。想想泛型那奇怪的语法以及Lambda表达式那种像是后来硬加上去的感觉。在某个时候，这些语言会因为晦涩的语法和规则而自我崩塌，掩盖了程序员们原本简单的意图。

第二，Lisp语言的简洁语法能够实现极其丰富的表达能力。这种语言很少会妨碍你表达任何想要表达的东西。这是一种需要亲身体验才能正确理解的东西，这里有一个简单例子：

```
(take 25 (squares-of (integers)))
```

第三，Lisp不是传统意义上的编程语言，而是一种数据描述语言，带有一个运行时环境，可以将所描述的数据解释为一个程序[1]。所有Lisp程序都以语言的数据格式存在。程序本身就是数据，并且可以像数据一样被操作。这意味着你可以编写程序来动态生成和执行其他程序，甚至可以编写程序来动态修改自身。

这种能力在计算机发展的早期就有了，当时还没有变址寄存器或间接寻址。只要一直使用汇编语言编程，这种能力就一直在，但由于过于接近底层硬件，风险过高，我们很少使用它。一旦转向像C和Pascal这样的语言，我们就不知不觉地放弃了这种能力。

然而，事实证明，一个程序能够即时修改自身或编写其他程序的能力是非常强大的——每个使用Lisp宏编程的程序员都知道这一点。这种能力极大地扩展了语言的表达性。而且当这种能力在像Lisp这样远离硬件底层的抽象环境中使用时，也是相当安全的。

我的最终结论是，Lisp是一种不会消亡的语言。我们曾多次试图让它消失，但它总是卷土重来。

1　换句话说，它是冯·诺伊曼架构。

第 17 章

人工智能

所有的未来学家都告诉我们，我们正处在人工智能革命的边缘。他们预测，世界将发生变革和颠覆，并发出关于失业、失去自由及人类最终毁灭的可怕警告。仿佛他们年轻时看了太多遍《终结者》(*Terminator*)一样。

不，天网(Skynet)还没觉醒，也还没有向我们发射核弹。我们离制造出一台已经"觉醒"的机器还差得远呢。

这并非否认人工智能、大语言模型(LLM)、深度学习和大数据是有趣且富有成果的技术。它们当然是，而且对我们的影响会非常显著。但它们没有任何超自然的地方，它们也还远未达到与人类智能和创造力相同的程度，哪怕稍微相似的程度。[1]

17.1 人类大脑

人类大脑的认知活动是大约160亿个神经元相互作用的产物。每个神经元都与成千上万的神经元相连，有些近，有些远。每个神经元本身就是一个极其复杂的信息处理器，它主要致力于维持神经元生命和功能的化学过程，但也必须在认知过程中发挥作用。

每个神经元就像一台小型的模拟计算机，它接收成千上万的输入信号，并将它们转换为一个输出信号，然后将这个输出信号传输给数百甚至数千个神经元。这些信号本质上是模拟信号，因为它们所读取和产生的信号所携带的信息体现在它们产生的脉冲频率上。

如果你慢慢地抬起手指，你的大脑会向控制那根手指的各种肌肉发送一系列低频脉冲。你想要抬起手指的速度越快，发送到那些肌肉的脉冲频率就越高。

同样，如果你感觉到皮肤上有轻微的压力，那是因为感觉神经元正在向你的大脑

---

[1] 随着大模型能力的不断增强，尤其是从预训练模型转向推理模型后，AGI 离我们越来越近了。——译者注

发送一连串低频脉冲。压力越大,这些脉冲的频率就越高。

神经元的输入到输出的转换是一个复杂且动态变化的函数。很可能我们的许多记忆,以及我们大部分的感知和运动肌肉技能,都存在于这种转换之中。

简而言之,你的大脑是由160亿台高度互联的模拟计算机组成的集合,它们共同协作,成就了现在的你。

很难将这样一个复杂的器官与我们目前的微芯片进行比较,但我还是要尝试一下。

现代芯片是复杂技术的奇迹。它们可以包含超过1000亿个晶体管。其中大多数晶体管用于外围活动,如动态缓存、图形处理、USB控制、视频编解码器、短期随机存取存储器(RAM)及其他许多功能。

我们猜测实际上只有200亿个晶体管真正用于中央处理器(CPU)本身。考虑到1979年经典的摩托罗拉68000芯片总共(具有讽刺意味的是)只有68 000个晶体管,这个猜测已经非常乐观了。

每个晶体管都是一个非常简单的开/关开关,有两个输入和一个输出。它们通过一条总线相互通信,这条总线允许在任何给定时间有64个晶体管进行通信,并且它们每秒可以通信40亿次。简单计算一下就会发现,信息传输速率大约是每秒2560亿比特。差不多是这样。还不错。

是的,这是一个非常粗略的简化,但请耐心听我说。

一个神经元能携带多少比特的信息呢?这并不是一个公平的问题,因为神经元处理的信号是模拟信号。但即便如此,其分辨率肯定还是有一定限制的。我不知道这个限制是多少,但在我看来,一个合理的猜测是200种可区分的频率。可能比这个多,也可能比这个少,但还是请耐心听我说。如果神经元可以携带200种可区分的频率,那大约就是8比特。

神经元是运行速度较慢的设备。它们大约需要10毫秒对变化做出反应。也就是说每秒可以变化100次。

那么,大脑的信息传输速率是多少呢?如果每个神经元从另外5000个神经元接收信号,那么每个神经元每秒整合的信息就是5000×8×100,即400万比特。而由于有160亿个神经元,那么大脑的信息传输速率大约是每秒12 800万亿比特。这比苹果M3芯片的吞吐量高出了100万倍。

这个数字可能非常不准确。实际上,我认为它远远低于大脑的实际信息传输速率,因为我怀疑M3芯片的中央处理器使用的晶体管数量远不到200亿个,而且我也没有考虑每个神经元内的信息处理器所控制的复杂且动态变化的转换函数。所以我很想再给大脑两三个数量级的优势。

不过我们就先以100万倍这个倍数为准。如果通过100Gb的网络连接一百万台M3芯片,能近似达到人类大脑的处理能力吗?不能,因为网络的信息传输速率只有每秒

1000亿比特。也就是每块芯片每秒只有10 000比特的信息传输量。这意味着那些可怜的M3芯片会严重缺乏数据——由于网络传输速率的瓶颈，它们或多或少都会变慢。

当涉及信息处理器时，最重要的是连接数量，而不是时钟频率。

好了，说够这些了。我想我已经阐明了我的观点。我们目前的技术远不及一个人类大脑的信息处理能力。天网还没觉醒，人工智能还不会解决世界饥饿问题，大语言模型也还不会夺走我们所有的工作。但这并不意味着它们没有用处。

17.2 神经网络

神经网络是人工智能的基石之一。之所以被称为神经网络，是因为它们模仿了生物系统中神经元的一些连接架构和功能特性。

基本设想是节点分层，第一层的每个节点都与第二层的众多节点相连，而第二层的每个节点又与第三层的众多节点相连，以此类推。在人类的大脑皮层中，往往有四层节点，它们或多或少就是这样连接的。

这些连接有权重，并且这些权重可以根据网络是否按照预期功能成功运行而动态改变。调整这些权重通常被称为"训练"。

最简单的情况，每个节点产生一个数值输出，该输出取决于所有加权数值输入的总和。信息在第N层输入，然后输送到第$N-1$层，再输送到第$N-2$层，以此类推，直到第1层产生输出。

像这样简单的网络经过训练可以完成一些了不起的事情。例如，可以训练一个四层的神经网络来识别24×24像素、每个像素8位灰度的位图中的手写数字[1]。这样的网络可能有784(28×28)个输入节点；中间层分别有512、256和128个节点；还有10个输出节点，每个数字对应一个输出节点。很容易就能达到92%的识别准确率。

处理一个24×24的图像需要相当大的处理器能力。即使在最简单的情况下，它也需要执行1780次乘法和加法运算及1006次比较，更不用说处理图的节点和边的数据操作了。现代计算机、图形处理单元(GPU)或专门设计的硬件可以在极短时间内完成这种算术运算。

对于某些应用来说，92%的准确率已经相当不错了。要想达到更高的准确率，就需要一个更大、更复杂的网络。但这没关系，我们有足够的内存和计算能力。所以人脸识别、物体识别和态势感知对于这样的网络来说并非遥不可及。

另一方面，神经网络也会犯错。它们根据用大量数据训练得出的权重来做出决策，而这些权重是无法提前预测的。没有公式可以确定这些权重应该是多少。我们真正能做的就是让大量数据通过网络，然后希望已经涵盖了所有情况。

---

[1] MNIST 数据集。

第IV部分 未来

那么，当神经网络犯错时，我们怎么知道哪里出了问题呢？能深入到网络中然后只调整一个权重吗？还是说必须调整所有权重呢？后一种情况似乎最有可能——这使得调试问题几乎变得无法解决。你所能做的差不多就是重新训练网络使其表现得更好，然后继续拥抱"希望"的策略。

所以，虽然这项技术非常强大，但它也有局限性。很多情况下，"希望"并不是一个可行的策略。

很明显，这项技术将不断发展，会有新的硬件被创造出来，还会有新的学习算法被发明出来，也会找到更好的加权和转换方案。只要我们记住它的局限性，就能善加利用。

17.3 构建神经网络并非编程

虽然神经网络在软件的指导下运行，但构建神经网络并不是编程。为各种应用设计和训练合适规模的神经网络，与编程有诸多不同，就像它与设计一座悬索桥的不同点一样多。构建神经网络不是一项编程活动。神经网络开发是一种非常不同的工程。

电子表格程序是由程序员编写的，但电子表格本身是由会计创建的。神经网络引擎是由程序员构建的，但神经网络是由神经网络工程师创建的。没有软件，神经网络就无法存在，但软件可以在没有神经网络的情况下存在。

因此，虽然程序员会深度参与开发神经网络背后的工具，但神经网络本身与编程的未来关系不大。它们只是我们未来将要处理的众多应用中的一种。

当你雇用程序员来编写程序时，你不会只是希望[1]这个程序能运行。你雇用程序员是为了让他给你一个能产生特定结果的程序。程序员的本职就在于确定性。我们程序员不依靠"希望"行事[2]；我们处理的是二进制的真理。我们构建的系统是确定性的。其他人可能会把我们开发的系统的确定性输出当作一种"希望"的替代品，但这些输出的确定性丝毫未减。我们处理的是黑白分明的事实。我们利用这些黑白分明的事实来构建确定性的工具，以帮助其他人应对那些模糊不清的灰色领域。

17.4 大语言模型

当你将一点[3]神经网络技术、一个不错的马尔可夫链算法、美国国会图书馆的内容、网络上的每一个页面以及每所大学图书馆里的所有研究论文结合起来，你就能得到一些相当惊人的结果。

1　在日程安排和预算方面确实有很多期望，但对于一个能正常运行的程序有一个明确的定义(嗯……希望如此)。

2　我当然希望是这样！

3　某种意义上说是"一点"。

惊人，但不一定非常智能。

或者，也许我应该说，这些结果有时看起来很智能，但从来都不是有创造性或独特的。而且如果结果看起来智能，那也不是因为大语言模型软件本身有什么内在的智能。相反，你所感知到的任何智能必然是大语言模型所基于的那些著作中的智能的结果。

你看，大语言模型是"输入垃圾，输出垃圾"(GIGO)的绝佳例子。例如，如果你用罪犯的作品来训练大语言模型软件，你就会得到很多类似犯罪内容的输出。或者，如果你用种族灭绝狂人的作品来训练它，你就会得到很多种族灭绝的疯狂言论。而如果你碰巧用相对聪明的人的作品来训练它，你有时会得到相对智能的输出。

但在任何情况下，你都不会得到任何独特或有创造性的东西。

例如，我让一个著名的大语言模型说一些有智慧的话。它的回答是：

> 生活是一段旅程，其美妙之处不仅在于抵达目的地，还在于品味沿途的每一步。接受教训，珍惜每一个瞬间，并在塑造你独特故事的经历中找到智慧。

如果你还没有翻白眼，那你可能不到30岁。生活是一段旅程？真的吗？我的意思是，好吧，当然，但这句老掉牙的话已经存在了很久很久，如果你超过30岁，它肯定已经在(你)的脑海中留下了深刻的印象。

我又让那个大语言模型说一些独特的话，它说：

> 在存在的交响乐中，每个人都是一个音符，为宇宙的宏大乐章贡献着独特的旋律。拥抱你自己旋律的独特性吧，因为正是在所有音符的和谐多样性中，生命音乐的真正之美才得以展现。

我知道。很抱歉让你的眼部肌肉受累了。听完这些话它们肯定很酸痛。不管怎样，你只要在DuckDuckGo上搜索"In the symphony of existence"，就会知道这句话有多么独特了。

很容易就能让自己相信大语言模型并不智能。上面两个问题的答案都无法通过图灵测试。没有一个超过30岁的有智慧的人会那样回答这些问题——除非他们在表演一个关于大语言模型的喜剧小品。

这并不是说大语言模型没有用处。它们当然是有用的。它们常常是比搜索引擎更好的选择。例如，我问它："谁写了这句话：In the symphony of existence, each individual is a note？"得到的回答是：

> 我。

不！真的吗？想象一下！我永远都猜不到。(闭上眼睛，按压太阳穴几秒钟。这应该能减轻一些痛苦。)

然后我又问它："谁写过关于生命的交响乐的内容？"

它告诉我这是：

随着时间的推移，各种作家、哲学家和演讲者常用的一个比喻。

是的，我知道了。谢谢。

但别再嘲笑它了。让我们用它做一些有用的事情吧："写一个Java程序来计算50的阶乘！"

你瞧，它回答道：

> 当然！计算50的阶乘(50!)是一个很大的数，它可能无法存储在像int或long这样的标准数据类型中。因此，通常会使用具有任意精度的数据类型，比如Java中的BigInteger。下面是一个使用BigInteger计算50!的简单Java程序：
>
> ```
> import java.math.BigInteger;
> public class FactorialCalculator {
>     public static void main(String[] args) {
>         int n = 50;
>         BigInteger result = calculateFactorial(n);
>
>         System.out.println(n + "! = " + result);
>     }
>     private static BigInteger calculateFactorial(int n) {
>         BigInteger factorial = BigInteger.ONE;
>         for (int i = 1; i <= n; ++i) {
>             factorial = factorial.multiply(BigInteger.valueOf(i));
>         }
>         return factorial;
>     }
> }
> ```
>
> 在这个程序中：
>
> - 使用BigInteger类处理大数。
> - calculateFactorial方法从1迭代到50，在每一步都将factorial的当前值乘以循环变量。
> - 最终结果将被打印到控制台。编译并运行这个Java程序，你就会在控制台看到50!的值。请记住，结果将是一个非常大的数。

好的，如果忽略最后那些烦人且完全多余的要点，这还是相当令人印象深刻的。我编译并运行了那个程序，它打印出：

```
50! =
30414093201713378043612608166064768844377641568960512000000000000
```

你认为是大语言模型编写了那段代码吗？还是说它在互联网的某个地方找到了那段代码然后复制了过来？或者是两者的某种结合？

很可能前者的可能性更大，尽管我找不到完全一样的代码副本。所以大语言模型可能是把它拼凑起来的。我猜测这个特定的大语言模型经过了专门的Java训练，而且很不幸，还训练了那种项目符号式的程序文档风格。

让我们尝试一些更难的事情："编写一个Java程序，将其输入乘以一系列间隔的质数，并计算乘法的次数，直到乘积超过一万亿。"

```java
import java.util.ArrayList;
public class PrimeMultiplication {

    public static void main(String[] args) {
        long input = 2; //初始输入
        long limit = 1_000_000_000_000L; //一万亿
        int primeIndex = 0;
        while (input <= limit) {
            input *= getNextPrime(primeIndex);
            primeIndex += 2; //移动到间隔的质数
        }

        System.out.println("最终乘积: " + input);
        System.out.println("乘法次数: " + (primeIndex / 2));
    }

    private static long getNextPrime(int index) {
        ArrayList<Long> primes = new ArrayList<>();
        long num = 2;

        while (primes.size() <= index) {
            if (isPrime(num)) {
                primes.add(num);
            }
            num++;
        }

        return primes.get(index);
    }

    private static boolean isPrime(long num) {
        if (num < 2) {
            return false;
        }
        for (long i = 2; i <= Math.sqrt(num); i++) {
            if (num % i == 0) {
                return false;
            }
        }
        return true;
    }
}
```

我不得不说，我非常惊讶大语言模型能够解析我的查询并正确理解它，从而生成实际上能运行的代码。我也非常惊讶这段代码有多糟糕。我的意思是，它竟然测试数字4是否为质数，它在每次乘法运算时都重新生成所有质数(直到索引位置)。这不是一个正常的程序员编写的代码。这是一台从一堆来源剪切和粘贴代码然后把它们拼凑在一起的机器编写的。令人印象深刻吗？是的。

智能吗？不。

再试一个："编写一个Java程序，打印出圆周率(pi)的第97位数字。"

```java
import org.apache.commons.math3.analysis.function.Constant;
import org.apache.commons.math3.util.FastMath;
```

```
public class PiDigit {
    public static void main(String[] args) {
        //获取圆周率的第97位数字
        int digitIndex = 97;
        char piDigit = getPiDigit(digitIndex);

        System.out.println("圆周率的第97位数字是: " + piDigit);
    }

    private static char getPiDigit(int digitIndex) {
        //使用Apache Commons Math计算圆周率
        double pi = FastMath.PI;

        //将圆周率转换为字符串并获取所需的数字
        String piString = Double.toString(pi);
        return piString.charAt(digitIndex);
    }
}
```

嗯，不行。那样是行不通的。同样，没有一个正常的程序员会提出这样的解决方案。而这就是重点。大语言模型不是一个正常的程序员。大语言模型根本就不"正常"。实际上，将"正常"这个词应用于大语言模型是一个范畴错误。大语言模型既不是正常的也不是不正常的，因为它们没有感知能力。

但它们仍然可能有用："Ctrl-L的八进制代码是什么？"

> Ctrl-L(控制键L)字符的八进制代码是\f或者 \014。Ctrl-L字符表示换页控制字符，根据上下文，它用于各种目的，例如打印机中的分页，或终端模拟器中的清屏操作。

好吧，信息有点多了，但基本是正确的。另一方面，Ctrl-L的八进制代码实际上不是\f，甚至也不是\014。它只是14_8。我没有问它这个代码的C语言表示形式；我只是想知道八进制数。过度说明有时可能和说明不足一样会提供错误信息。

让我们再试一个："《大宪章》是哪一年签署的？"

> 《大宪章》，也被称为《自由大宪章》，于1215年6月15日在英格兰国王约翰统治期间签署。这是一份具有历史意义的文件，它概述了某些法律权利，并限制了君主的权力。《大宪章》的签署地点在温莎附近的伦尼米德，它在宪法的完善和个人自由的保护方面发挥了重要作用。

又一次，信息过多了。我只要"1215年"就会很满意了。当我问一个日期的时候，请不要给我一段话。

"在Clojure语言中，我如何转置一个二维表？"

> 在Clojure中，你可使用map函数和apply函数来转置一个二维表。下面是一个简单例子：

```
(defn transpose [table]
  (apply map vector table))

(def example-table
 [[1 2 3]
  [4 5 6]
  [7 8 9]])

(def transposed-table (transpose example-table))

(println "原始表格:")
(doseq [row example-table]
  (println row))

(println "转置后的表格:")
(doseq [row transposed-table]
  (println row))
```

在这个例子中，transpose函数接收一个二维表格作为输入，并使用map和vector对其进行转置。然后将生成的转置后的表格打印出来进行演示。

如果需要，请确保根据特定的二维表结构调整此代码。

是的，这就是从Stack Overflow上直接拿过来的惯用写法。信息还是太多了。老实说，我不需要那个愚蠢的小例子，最后的注释同样没用。

所以，是的，作为搜索引擎，它提供了有用的信息——但它不是一个正常的作者。大语言模型的输出无法通过图灵测试。如果你把它的输出当作人类的回复展示出来，你会被识破的。甚至大语言模型自己也"知道"这一点。

"写一段关于为什么如果你把大语言模型的输出当作人类的回复就会被识破的段落。"

> 把大语言模型的输出当作人类的回复展示出来存在被识破的风险，这是因为人工智能生成的文本具有一些独特的特征。虽然大语言模型擅长生成连贯且与上下文相关的回复，但它缺乏人类作者所拥有的细致的理解和个人经验。这些回复有时可能表现出不一致性，缺乏超出其训练数据截止点的真实世界知识，或者出现不寻常的模式，敏锐的读者或评估者可能会识别出这些问题。此外，大语言模型可能会无意中生成过时或不正确的信息或观点。而且，缺乏一致的个人风格以及没有真正的个人视角也可能引起怀疑。在真实性和可信度至关重要的情况下，将大语言模型的输出当作人类的回复可能存在暴露的风险，这强调了在传达使用人工智能生成内容时保持透明度的重要性。

17.5 大型X模型的影响

从大语言模型推理出大型音乐模型、大型艺术作品模型或大型政治演讲模型并不难。基本思想是相同的。将一点神经网络技术与一点马尔可夫链技术相结合，并通过整合互联网上大量的人类贡献构建一个庞大的相互关联的模型，你就可以拥有任何你想要的大型X模型(LxM)。

这些大型X模型会带来颠覆性影响吗？当然。至少在一定程度上是这样。人们会尝试将它们用于各种目的，从把已故演员放入现代电影中，到创作下一首新的披头士热门唱片。为什么不呢？

哦，在这个问题上会有一些法律上的博弈。弗雷德·阿斯泰尔(Fred Astaire)的遗产管理方可能会对一个新的音乐视频有话要说，该视频中显示克利奥帕特拉(Cleopatra)和老口香糖[1]一起在天花板上跳舞，两人还合唱了一首歌。但最终，所有这些问题都会得到解决，我们会在电影的演职员表中看到对人工智能生成角色的贡献的认可。

我们会被大型代码模型(LCM，如Copilot)取代吗？[2]我希望我给你展示的一些代码片段能打消你这种想法。是的，大型代码模型会变得越来越好。是的，作为一名程序员，你的角色会因此而改变，但这种改变不会取代你。

大型代码模型是工具，就像C语言是一种工具，Clojure语言是一种工具，任何集成开发环境(IDE)也是一种工具一样。而工具必须由人类来使用。

记住，最初用二进制编码的程序员非常害怕格蕾丝·霍珀(Grace Hopper)的A0编译器，尽管它非常原始，但他们担心它会取代他们。而实际上，情况恰恰相反。随着工具变得越来越好，也将需要越来越多的程序员。

为什么呢？为什么对程序员的需求似乎没有上限地增长呢？为什么世界上程序员的数量每五年就会翻一番呢？

答案很简单，我们远未穷尽计算机的所有用途。潜在的应用数量远远大于现有的应用数量。

但是人类有哪些特质是大型代码模型无法取代的呢？毕竟，如果大型代码模型变得足够好，那些想要新应用的人难道不会直接让大型代码模型来编写它们吗？

不可能。我在本书开头的"为什么会有我们？"一节已经解释了原因。我们是细节管理者。无论人工智能和大型代码模型变得多么智能，总会有一些它们无法处理的细节——而这就是我们发挥作用的地方。

也许有一天，我们会用自然语言来指挥大型代码模型。也许我们会指着屏幕说："把这个字段向右移动四分之一英寸，然后把背景改成浅灰色。"我们甚至可能会说这样的话："重新排列这个屏幕，让它看起来更像Whoop-de-Doo应用程序的屏幕。"我们可能会使用很多新的手势、符号和表示方法。但我们仍然会是程序员，因为我们是处理细节的人。而且总会有，永远都会有细节需要处理。

---

1 我问大语言模型，弗雷德·阿斯泰尔的昵称是什么。
2 大型代码模型，如 Copilot(译者注：GitHub 官方把 Copilot 定义为 AI 编程助手)。

第 18 章

硬　件

自计算机诞生以来，运行软件的硬件已经发生了翻天覆地的变化。截至2023年12月17日为止，庞大且未完成的差分机的问世还不到两个世纪的时间。回顾历史，哈佛Mark I这一电动机械巨兽问世只有80年，UNIVAC I问世只有71年，IBM 360问世只有60年，PDP-11问世只有54年，麦金塔电脑只有40年，笔记本电脑问世只有35年，iPod问世只有20年，iPhone问世只有17年，iPad问世只有13年，苹果手表问世只有9年。

在这200年间，计算能力的提升是惊人的。然而，这些数字对我们来说毫无意义，因为它们远远超出了人类能够理解的范畴。倍数的增长实在太过庞大。尽管如此，我还是尝试用一些具体例子来说明。

以差分机为例，它每秒可以进行六次减法运算，而我的笔记本电脑比它快了十亿倍，即1E9。

差分机只能存储六个数字，而我的笔记本电脑的存储量是它的3000亿倍，即3E11。

差分机的重量为8000磅，而我的笔记本电脑仅重4磅[1]，即2 E3。

差分机在1820年的成本可能是25 000英镑。仅其重量所对应的白银价值今天大约是1000万美元，而购买力可能更接近300万美元。相比之下，我的笔记本电脑大约花费了3000美元，即1E3。

我们已经达到了25个数量级的提升，而这还没有考虑易用性、运营成本、维护成本及其他我甚至无法想象的因素。

那么，1E25有多大呢？简单来说，它非常巨大。如果将这么多碳原子首尾相连排列，它们将跨越大约100个天文单位——大约是旅行者2号现在的位置。

关键在于，计算能力的提升是天文数字级别的。然而，现在这种增长速度已经放缓。

---

[1] 根据 ChatGPT。

18.1 摩尔定律

约60年前[1]，仙童半导体公司的研发总监乔治·摩尔(George Moore)预测，半导体芯片上的组件数量每年将增加一倍。自那时起，这一规律基本上一直都成立。1968年，一个晶体管的尺寸为20微米，而如今已接近2纳米。将这个差异平方后获得密度，结果是增加了1E8或约2^{27}。这意味着密度每两年才翻一番。然而，芯片本身在这段时间内变得更大，因此实际组件数量更接近摩尔的估计。

这种情况会继续下去吗？谁知道呢？人类可以非常聪明，但挑战也无处不在。一根2纳米宽的导线只有大约20个原子宽，并且波长已经进入了X射线部分的光谱。在这段距离上，量子隧穿效应可能会破坏导线之间的"绝缘"[2]。可以说，已经非常接近密度的最终极限了。

另一方面，时钟频率在20年前停止了增长。它们达到了大约3GHz，然后遇到了物理壁垒。这一现实在20年内没有改变，未来似乎也不太可能改变。所以看起来我们只能停留在每秒30亿次操作的水平上。

这意味着，为了提高原始计算能力，我们将不得不增加计算机的数量，并设法以高效的方式连接它们。这就是为什么我们在处理器芯片上看到了多核，这也是云计算变得如此重要的主要原因之一。

18.1.1 多核

有一段时间，我们认为处理器上的核心数量每年会翻一番。起初，是双核芯片，然后是四核芯片。但核心数量的指数增长并未出现。这有很多原因，但也许最显著的原因是这些核心必须通过内部总线进行通信，而该总线也限制在3GHz。缓存可以缓解，但不能消除这一限制。此外，并行化算法并不简单，而且往往不可能实现。

18.1.2 云计算

云计算也有类似的限制。它们必须通过网络共享信息。400Gbps的网络相当快，但它是由许多计算机共享的，并且并行问题依然存在。

18.1.3 平台期

所有这些因素表明，我们可能正处于或接近一个渐近线。原始计算能力可以通过

---

[1] 1965年。
[2] 在那个尺度上，还能说"绝缘"吗？

增加物理计算机的数量来提高，但任何给定应用程序可访问的计算能力可能正在接近一个极限。可能存在一些超出庞大冯·诺伊曼架构机器网络能力的应用程序。

也许量子计算机会来拯救我们。

18.2 量子计算机

宇宙是一个巨大的计算机。不，我并不是说我们都是某个青少年电子游戏中的玩物。相反，我的意思是宇宙按照实时运行的物理定律运作。宇宙通过这些物理定律，解决了我们需要花费数百万小时云模拟时间才能解决的问题。

例如，宇宙实时解决了太阳系的多体引力问题。如果我们能利用宇宙作为计算机来解决我们的问题，那岂不是很棒？

当然，我们在过去多次使用过这种策略。模拟计算机只是利用了与我们想要解决的问题相似的宇宙物理定律。在模拟计算机中，我们所要做的就是设置这些相似的定律来解决问题，然后让它们运行。

这听起来比实际容易一些，而且往往使得每台模拟计算机只能解决某些特定类型的问题。模拟计算机不是通用机器。例如，设置一台模拟计算机来像文字处理器那样工作将极其困难。事实上，只有具有人类大脑复杂度的模拟计算机才能构想出文字处理器。

量子计算机类似于模拟计算机。其想法是设置一个与量子粒子行为相似的问题，然后让量子粒子解决该问题。

同样，这听起来比实际容易。首先，维持必要的量子态非常困难——非常困难。通常需要接近绝对零度的温度和非常高级别的真空。其次，设置一个能够以保持量子态的方式组合N个量子粒子的设备并不容易，并且这种状态能维持的时间非常有限。最后，只有较少的问题适合量子解决方案。那么，为什么我们对量子计算机如此感兴趣呢？

量子力学(QM)的定律提供了一个诱人的可能性。

量子粒子可以处于状态的叠加。如果将一个粒子设置为输入状态的叠加，并且如果通过一个改变该粒子状态的物理过程运行该粒子，那么结果粒子将处于所有可能输出状态的叠加。这就是并行计算——但有一个问题。是的，通过一次操作，可以将N个输入状态的叠加转换为N个输出状态的叠加；但测量粒子的输出状态时，叠加态就会坍缩，并且只会揭示出其中一个可能的输出状态。因此，量子计算机必须巧妙地利用固有的并行性而不进行测量。这绝非易事。

未来，我们会看到量子计算机能够帮助解决一些有趣的问题，但量子计算机并不是能让计算能力恢复到20世纪下半叶那种指数级增长的灵丹妙药。

第 19 章

万 维 网

万维网诞生至今已有三十年了。在这段时间里，它从一个简单的、以文本为导向的小协议，发展成如今我们都熟知且装作喜爱的、由JavaScript/HTML/CSS驱动的庞然大物。

但它很糟糕，不是吗？我的意思是，我们在网络上想做的事情，和我们所使用的工具让我们能做的事情，完全是两码事。

万维网诞生的初衷是为了共享文本——而如今，这恰恰是我们最不想做的事情。我们不需要另一种标记语言，也不需要了解样式表。我们想要的是超越HTML的东西。来吧，一起唱。

在我看来，万维网的未来将基于简单的分布式处理。我们会将程序加载到工作站中，这些程序会使用一种出色的数据语言与服务器进行通信。

如今，或多或少有很多网站都是这样运作的。我们把JavaScript发送到网络浏览器中，并使用JSON与服务器通信。或多或少是这样。

我设想的情况则大不相同。我认为最终我们的工作站和服务器中都会运行Lisp引擎，并且它们之间交换的数据格式将是Lisp。因为，记住，Lisp不仅仅是一种编程语言。Lisp是一种数据格式化语言，它带有一个引擎，能够将数据解释为程序。只要网络中的所有节点都认同这种数据格式和引擎，这些节点就能平等地共享数据和程序。

这意味着网络环境和桌面环境将没有区别。实际上，这种区分将会消失。你不会再使用你最喜欢的浏览器，因为浏览器将不复存在。你也不必再摆弄HTML、CSS或JSON，因为这些东西也将不存在。你将只是在工作站和服务器上运行程序，而不会有任何明显的分界线。

简而言之，网络将从我们的感知中消失。例如，想想20世纪60年代的情况。

在我成长的那个年代，电话是一种放在桌子上或挂在墙上的设备。它有一个与我们家相关联的电话号码。不是我有一个电话号码，而是我的家有。

打电话会把我束缚在一个特定的地理位置上。实际上，它把我限制在一个直径大约10英尺的区域内。毕竟，电话是固定在墙上的，而且电话线的长度相对较短。我父亲给我们的墙上电话装上了超长的电话线，这样我们在厨房打电话时，几乎可以走到厨房的任何地方。不过，如果我们想打开远处的橱柜门，就必须放下电话。

电话分为两部分：底座和听筒。你把听筒放在嘴边和耳边，而底座则留在墙上或桌子上。

当电话铃响的时候，那可太让人兴奋了！我们不知道是谁打来的。要知道是谁在打电话，你就得接起电话说"你好"。所以，当电话铃响的时候，接电话就成了首要任务。说不定这通电话很重要呢。

可能是奶奶、我的朋友蒂姆或者……，所以当电话铃响的时候，我们会停下手上的任何事情去接电话。

我们要记住电话号码，要知道所有朋友的电话号码，也要知道经常拨打的商家的电话号码。我父亲用标签纸把我们大多数朋友和经常拨打的商家的电话号码贴在了厨房的墙上。我们还有厚厚的电话簿，上面列着我们通话区域内几乎所有人和所有商家的电话号码。

通话区域是由你的电话交换机和区号来界定的。你打电话的费用取决于通话的距离。如果你在电话交换机的区域内打电话，费用很低。打到交换机区域外就是长途直拨电话，费用要高得多。打到区号外就是长途电话，可能会非常昂贵。非常长途的电话——比如说，从芝加哥打到旧金山（我奶奶住在那里）——需要接线员介入并建立一个特殊的线路连接。这样的电话非常昂贵，而且通话质量相当低。

1960年，我们也有电视。它们是相对较大的电器，放在家里一个或两个房间的地板上或桌子上。通常客厅里有一台，主卧室里可能还有一台。

电视的分辨率很低，会受到各种各样的干扰，而且你还得考虑天线的朝向。我们有一个小装置，可以转动屋顶上的天线，这样就能接收到芝加哥或密尔沃基的信号。

我们能看五个频道：WGN、美国广播公司(ABC)、全国广播公司(NBC)、哥伦比亚广播公司(CBS)和公共电视网(PBS)。这些频道由当地的广播公司播出。节目会在特定的时间在特定的频道播出。这些信息会刊登在《电视指南》上，这是一本你可以订阅的杂志，每周会送一次。你必须在节目开始前打开电视，然后在那里等着节目开始。其他任何想在同一时间看不同节目的人，就得使用另一台电视。兄弟姐妹之间会为了谁能看心仪的节目而争吵。

如今，你有一个属于自己的电话号码。它会跟着你走。无论你走到哪里，你的电话号码都会跟着你，因为你会随身携带手机。

实际上，你根本不会太在意电话号码，因为你的手机里就有电话簿。你只需要告诉你的手机"给鲍勃打电话"就行。你也不会太在意距离。哦，你可能在往其他国家打电话时会小心一点，但区号已经没什么意义了；它们只是电话号码的一部分。

如果你想叫一份披萨外卖，你可以告诉Siri"给凯泽斯餐厅打电话"。如果你想查查当地的沃尔格林药店有没有"麋鹿足迹"口味的冰淇淋，你可以告诉Siri"给利伯蒂维尔的沃尔格林药店打电话"。我们仍然知道电话号码，但大多数情况下，我们会忽略它们。我们预计它们最终都会从我们的感知中消失。

你可以在手机上看电视。你通常不必等着节目播出；只需要点击你想看的节目就可以观看了。三个兄弟姐妹坐在沙发上，可以一边分享一碗爆米花，一边用各自的手机看不同的节目。

这个例子的重点在于，在20世纪60年代，基础设施主导着应用程序。电话号码、电话、电视节目时间表及电视本身都是基础设施的一部分。没有什么好办法能将基础设施和应用程序区分开来。

如今，应用程序几乎完全与基础设施分离了。你不会意识到手机信号塔的存在。你也不会意识到庞大的电信网络。大多数用户根本不知道这一切是如何运作的。基础设施已经从我们的感知中消失了。

这也将是万维网的未来。目前，万维网的基础设施非常明显。我们使用浏览器，输入或单击网址；我们能看到表格和熟悉的字体。所有这些基础设施最终都会从我们的感知中消失。要实现这一点，HTML、CSS甚至浏览器都将不得不逐渐退出历史舞台。剩下的将是在计算机中运行相互通信的程序——我希望一切都是用Lisp语言编写的。

第 20 章

未来的编程

未来的编程会是什么样子呢？我们都会被人工智能取代吗？我们最终是否能够通过绘制图表而不是编写代码来进行编程呢？我们会不会都戴着AR眼镜，坐在按摩椅上，一边喝着羽衣甘蓝和蘑菇奶昔，一边下意识地口述代码呢？

对于50年后编程会是什么样子，为了做出最佳猜测，需要回顾50年前编程的样子。50年前，也就是1973年，我在文本文件中编写if语句、while循环和赋值语句，然后进行编译和测试。如今，我依然在文本文件中编写if语句、while循环和赋值语句，然后进行编译和测试。因此，我只能假设，50年后，如果我活到120岁并且还在编程，我仍会编写if语句、while循环和赋值语句，并进行编译和测试。

如果我把你带回50年前，让你坐在我的编程工作站前，教你如何编辑、编译和测试程序，你是能够做到的。你可能会对当时原始的硬件和基础的编程语言感到震惊，但你还是能够编写代码。

同样，如果有人把我穿越到50年后的未来，向我展示如何使用那时的编程工具，我想我也能够编写代码。

50年前的硬件比我的苹果MacBook Pro电脑要原始得多，因为在过去50年，我们一直处于摩尔定律的指数增长曲线上。我认为我们已经到达了那条曲线的终点，所以我怀疑未来50年是否还能看到像我在过去50年里所经历的那种超过20个数量级的提升。不过，我确定硬件仍会继续改进，即使其增长速度不再是指数级的。因此，我预计未来的硬件会让我惊叹，但不会让我望而却步。

20.1 航空类比

航空业的前50年，飞机从由木头、布料和金属丝制成的脆弱飞行器，发展到了能跨大西洋的商用喷气式飞机。那是一段在经济、政治和战争推动下的指数级疯狂增长的时期。

接下来的50年则是一个渐进式改进的时期。如今的跨洋商用喷气式飞机看起来与早期的商用喷气式飞机非常相似。哦，当然，确实有了显著的改进。然而，波音777和20世纪50年代早期的德哈维兰彗星型客机之间的差异只体现在细节上，而不是种类或类别上，而莱特兄弟的飞行者一号和德哈维兰彗星型客机之间的差异则是极其明显的类别差异。

我认为我们的计算机硬件目前处于德哈维兰彗星型客机的阶段。硬件的类别已经确立。未来50年的硬件将在这个类别上进行改进，也许改进程度会和彗星型客机到波音777飞机的改进程度一样大，但不太可能突破这个范围。

20.2　设计原则

在过去50年里，软件设计的基本原则几乎没有什么改进。三大编程范式——结构化编程、函数式编程和面向对象编程——在1970年就都已经确立了。当然，也有一些有价值的完善——我认为SOLID原则就属于这一类，而这些原则所基于的基本原理在那时就已经确立得很好了。

我预计在未来50年里，软件设计原则不会发生根本性变化。名称可能会改变，一些东西可能会被重新调整。SOLID原则可能会被NEMATODE原则或其他对这些原则的重新分类所取代。但无论未来50年这些原则以何种形式出现，它们仍然建立在1973年之前奠定的基础之上。

软件发展的头30年，从1940年到1970年，类似于从莱特兄弟的飞行者一号到梅塞施密特Bf 109战斗机的那段时期；基础已经奠定，但并非所有的原理都已被命名和列举出来。

20.3　方法

过去50年是编程方法层出不穷的时期。HIPO[1]、瀑布模型、螺旋模型、敏捷开发框架(Scrum)、特性驱动开发(FDD)、极限编程(XP)及整个敏捷开发的概念都是在过去半个世纪里诞生的。敏捷开发在这场竞争中显然是赢家，我预计未来50年将看到对它的完善，但不会出现革命性变革。

20.4　规范

在过去25年里，编程规范不断增多，比如测试驱动开发(TDD)、测试并提交或回

1　hierarchical input, process output，一种古老的 IBM 技术：层次化输入、处理、输出。

滚(T&&C||R)、结对编程/多人编程及持续集成/持续部署(CI/CD)。实际上，所有这些规范都是在技术不断进步的推动下才得以实现的。在1973年，测试驱动开发和持续集成/持续部署是不可想象的。结对编程/多人编程在当时并不罕见，但并未被视为一种规范。

我预计未来50年将是我们扩展和完善这些规范的时期。已经有许多相关的出版物在这方面提高了标准。其中最新的一本是肯特·贝克(Kent Beck)所著的《先整理？实证软件设计的个人实践》(*Tidy First? A Personal Exercise in Empirical Software Design*)。这样的出版物还在不断增加。

20.5 职业道德

我猜测，也希望，在我们这个尚处于起步阶段的行业的未来50年里，会诞生一套真正的职业道德规范、标准和准则。我在之前的作品中已经对此写了很多内容，并且很可能会继续强调这一点。

目前，在软件相关的文献中几乎很少提及职业道德。但我认为这种情况必须改变。如今，太多的事情都依赖于程序员的道德行为。

我们整个文明的日常运转现在都依赖于软件。如果世界上的软件系统突然全部关闭，我预计此后几周内的死亡人数将超过历史上任何时期。

不幸的是，我预计推动软件行业职业道德变革的因素将是某种严重的事故或恶意软件。我们已经目睹了太多这样的情况，而且其严重程度在不可避免地不断增加。在某个时刻，我们会越过某个临界点，到那时，真正的职业所应具备的职业道德、标准和准则要么会被我们自愿采用，要么会被强制实施。我希望的是前者，担心是的后者。

参考文献

[1] BECK K. Tidy First? A Personal Exercise in Empirical Software Design[M]. Sebastopol: O'Reilly Media, 2023.

后　记

大约在2005年，我在挪威遇到汤姆·吉尔布(Tom Gilb)。他身材高大，气度非凡，思维敏捷，机智幽默，举止优雅，是一位真正的绅士。他和他的美丽妻子在他们可以俯瞰美丽港湾的小屋里招待我共进午餐。我们之间有许多令人振奋的对话。汤姆几乎从一开始就参与其中。他与我在这本书中提到的许多人见过面并一起工作过。我想不出还有谁比他更适合为这本书写后记。感谢Tom Gilb的盛情款待，感谢他的真知灼见，以及他写的后记，那是我读过的最有趣的后记之一。[1]

回顾

我认真通读了手稿，像注重细节的程序员一样，我乐于发现手稿中的错别字和其他"bug"，然后发邮件给Uncle Bob。他也像优秀程序员一样，欣然接受并修复这些"bug"。

本书是一本关于计算机历史的重要著作！我之所以这么说，是因为我和Uncle Bob几乎同时经历了这段历史。我的第一份工作是1958年，在奥斯陆的IBM打孔卡片服务局上班。相信我，那些插在插板上的插头就是程序，那些电动机械的IBM机器，有些甚至是二战前的产物，正是今天计算机和编程的前身。本书把这些历史讲得很清楚。

我像Uncle Bob一样，职业生涯的大部分时间都在从事咨询、教学和参加计算机会议中度过。重要的是，本书中提及的许多人物我都遇到过，也曾和他们共进晚餐。所以这本书写的其实就是我职业生涯中的那些朋友，我可以告诉你，这些都是真实的故事。事实上，本书的文字表达非常精妙，研究得也很深入。

轶事

年纪大了(2024年我已经83岁)，就喜欢讲故事——只要有人愿意听。

有多少人会后悔没多问问父母和祖辈的往事？

Uncle Bob、本书中的人物以及我，都算得上是你们的职业"前辈"，可以叫我"汤姆爷爷"。

我们年长，经历丰富。我们还喜欢分享自己的想法，也乐于传递朋友和前辈的智慧。

我们可以帮助你们少踩很多坑，当然，也许你们更喜欢吃一堑长一智。

---

[1] "后记"开头一段由Robert C. Martin撰写，其余内容由Tom Gilb撰写。

希望记录的这些故事，能尽早把智慧传递给你们。或许还要几十年，等你们成熟些的时候才会明白。

格蕾丝·霍珀(Grace Hopper)，我永远无法忘记当年她演讲时的情景。她从钱包里拿出11.8英寸长的毛线绳，展示光纳秒的长度。然后，她又从包里掏出一卷984英尺长的电线，展示光微秒的长度。她通常就坐在观众席的后面，一边织毛衣，一边等着上台。左图是她的照片。

后来，我受邀在伦敦南岸大学(South Bank University)做年度格蕾丝·默里·霍珀讲座(Grace Murray Hopper Lecture)。她本人曾多年主讲，讲"未来会怎样"，大家都期待她这样做。但当时的她，就像现在的我和Uncle Bob一样，年事已高，无法长途旅行了(那时还没有Zoom)。于是，我接下了那次讲座。但我觉得自己无法像格蕾丝那样"预言未来"，于是我选择讲述那些无论现实世界[1]如何变化，100年后依然成立的永恒原则(这样更保险！)。比如：

隐性目标原则

所有关键的系统属性都必须明确指定。隐性目标通常很难命中(除非是偶然)。

我觉得自己违背了"预言未来"的传统做法，于是打电话给格蕾丝，还传真了讲稿请她过目。她很高兴地表示认可。她明白优秀原则的力量。不过，她似乎更关心自己年老体衰的各种疼痛——这大概是她为自己"预言"的未来，如今也轮到我和Uncle Bob了。[2]

艾兹格·迪杰斯特拉(Edsger Dijkstra)，当年我和他是在荷兰纽南镇他的家门口见的面。最近我从一本传记里得知，那天他在日记里把我形容为"傲慢的顾问"。我想知道这相当于多少个"迪杰斯特拉"(傲慢单位，见本书前文)？你们还记得本书前文提到迪杰斯特拉和宗内维尔德(Zonneveld)用"双重编程"[3]方法，抢在我丹麦老朋友彼得·诺尔(Peter Naur)[4]之前完成ALGOL 60编译器的故事吧。

---

1 Gilb, T. Principles of Software Engineering Management[M]. Reading: Addison-Wesley, 1988. 可扫描封底二维码查看"电子脚注"中列出的网址信息，后同。

2 预言？谁不会啊。真有体会？那就难说了。——Uncle Bob

3 双重编程(dual-programming)，第6章中有提及。本质上它是一种提升软件质量和可靠性的工程方法。由两位程序员(或两个团队)独立地编写同一个程序或模块的两个版本，彼此之间不参考对方的实现细节。完成后，再将两个版本进行对比，通过比较结果来发现和纠正其中的bug。这种方法的核心思想是"冗余与独立性"。因为两个人独立思考、独立实现，出现相同bug的概率会大大降低。通过对比输出或行为，可以更容易地发现隐藏的缺陷，提高软件的可靠性和正确性。这种方法在早期高可靠性系统(如航天、军事、金融等)开发中也被采用过，尤其适用于对错误极度敏感的场景。它的缺点是成本较高，因为需要双倍的人力和时间，但在关键任务系统中，这种投入是值得的。——译者注

4 曾是我的客户，当时他让我用自己的编程语言建模方法为哥本哈根大学挑选新电脑。

后　记

我曾在INCOSE(国际系统工程委员会)的一篇文章中提到"双重编程"有很多好处。[1]两位英国学者在之后的回复中说："他们并不认同汤姆关于双重编程的观点。"他们认同迪杰斯特拉的"结构化编程思想(也就是'不用GOTO',我猜是这个意思)。"注意,他们用的是"认同"这个词——学者们没有科学依据,只是选择了信仰!

后来,我去荷兰出差,顺便拜访了迪杰斯特拉。在他家门口我问他："你觉得最强的软件范式是什么?是独立编写软件,还是你的结构化编程?"他想了想说："你还是进来先定义清楚,再讨论吧。"很好,我喜欢"定义清楚"。我是程序员嘛。

然后他就很自豪地告诉我,他和雅各布·安东(雅普)·宗内维尔德(Jacob Anton"Jaap"Zonneveld)各自"独立"编写了(而不是复制)ALGOL编译器,然后互相对比找bug。正是靠这个方法,他们抢在诺尔领衔的丹麦团队之前完成了第一个可工作的ALGOL 60编译器,正如本书中所述。

我又问："迪杰斯特拉教授,我几乎读过你所有的文章,从没见你提过'双重编程'。"他回答说："当然没写过。我是工程师,很懂冗余系统的概念。但我身处学术界,他们不懂也不欣赏这些实用的工程方法。为了不让他们困惑,我就没写出来!"

哇![2]

还有一个故事,关于彼得·G. 诺伊曼(Peter G. Neumann)。你还记得吗?他曾讲过他父亲在慕尼黑与希特勒及其党羽同桌吃饭的事,就在纳粹政变和希特勒入狱前[3]。他父亲是艺术品经销商,很聪明,赶紧"溜之大吉"。

这让我想起我父亲的故事(他有100项专利),他曾和尼克松[4]共用过一个律师,无意中听那律师说："让迪克竞选总统吧,我们能控制他。"(真事,不过我扯远了!)

有一次,彼得在会议上得知我住在挪威,告诉我他家阁楼里有一份未发表的手稿,记录了他父亲与许多著名艺术家的交往(大约是1920年),其中包括我最喜欢的爱德华·蒙克(Edvard Munch)[5],还有一整章写蒙克的。我立刻告诉蒙克博物馆的馆长一定要把这份手稿收进史料。可惜他们似乎没行动,最后听说那手稿还在彼得家阁楼里!

所以,为了本书,我给彼得(他已90多岁,任职于国际科学研究所)发邮件询问手稿的下落,如果在,能否交给我,我会亲自送到蒙克博物馆(当然要先读一遍并复

1　Gilb, T. Parallel Programming[J]. Datamation, 1974, 20 (10): 160 - 161, 以及后续的论文和书籍。另见我在https://www.researchgate.net/publication/234783638_Evolutionary_development上的笔记,其中讨论了对核安全软件的后续影响。

2　可通过"电子脚注"查看相关网站的信息。

3　阿道夫·希特勒因1923年11月8日的啤酒馆政变被判刑。

4　理查德·米尔豪斯·尼克松(Richard Milhous Nixon),美国政治人物,曾于1969—1974年间担任美国第37任总统,1974年因著名的"水门事件"而下台。他在竞选期间被竞争对手称为:狡猾的迪克(Tricky Dick)。——译者注

5　爱德华·蒙克(Edvard Munch,1863—1944)是挪威著名的画家和版画家,被认为是表现主义艺术的先驱之一。他最著名的作品是《呐喊》(The Scream),这幅画已成为世界艺术史上最具标志性的图像之一。——译者注

印)。这段国际历史悬案还在继续，敬请关注！[1]

顺便说一句，我还发现彼得曾在2010年接受过《纽约时报》[2]的采访，题为"杀死计算机以拯救它"(Killing the Computer to Save It)。

开头是这样写的：

> 许多人引用阿尔伯特·爱因斯坦的名言："事情应尽可能简单，但不应过于简单。"然而，只有少数人有幸在早餐时与这位物理学家讨论这一概念。

采访文稿中唯一提及在与爱因斯坦共进两小时早餐时谈论简单与复杂的是下面这段(别忘了，正如采访中所写的，彼得对音乐非常感兴趣，而我们也知道爱因斯坦喜欢拉小提琴来放松)：

> 彼得博士在大学期间与爱因斯坦的早餐谈话，开启了他对复杂性问题的终生兴趣。
>
> "您对约翰内斯·勃拉姆斯有什么看法？"彼得博士问这位物理学家。
>
> "我从未理解过勃拉姆斯。"爱因斯坦回答道，"我认为勃拉姆斯总是绞尽脑汁让事情变复杂。"

我对复杂性和简单性的话题非常感兴趣，但这不是我的书，就简单说说我的复杂性理论。

那些觉得系统复杂难懂的人，只是缺乏合适的工具——我称之为"技术透视仪"(Technoscopes)[3]，我提供了大约有100种解读复杂性的方法。

采访中那句关于简单性的名言吸引了我。因为在我的*PoSEM*一书[4]的第17页，我把它称为"爱因斯坦的过度简化原则"。

多年后，在得克萨斯州的一次需求工程会议上，一位年轻人问我能否提供这句话的权威出处。我当然说："大家都知道是爱因斯坦说的嘛！"

随后这个年轻人说，答案可能在一本关于爱因斯坦的书里，书名叫《上帝不掷骰子》。我们开车一小时去书店买了这本书，我连夜读完(那时还没有电子版)，结果……什么都没找到。

后来，这位热心的年轻人又说他在普林斯顿的一位教授曾经与爱因斯坦一起长时间散步(让人想起奥本海默电影中的场景)，也许他的教授能找到答案。于是他在会议期间给教授打了个电话，得到了半个答案：这句话不是出自爱因斯坦的论文，而是他晚年接受《新闻周刊》采访时说的。

---

[1] 彼得回应说，手稿现存于纽约现代艺术博物馆。

[2] 见"电子脚注"的网站信息(如果忽略付费提示，可以免费读这篇文章)。彼得博士1923年移居美国，回忆起他父亲的故事：他在慕尼黑有一个画廊，有天在餐馆吃饭时，发现自己坐在希特勒及其纳粹同伙旁边。此后不久，他就离开这个国家前往美国。聪明人！先知先觉者。

[3] 见"电子脚注"的网站信息。

[4] 爱因斯坦的过度简化原则："事情应该尽可能简单，但不能过于简单。"见"电子脚注"的网站信息。

后 记

但我们始终没找到那期《新闻周刊》。不过我们找到了爱因斯坦去世前不久发表在《生活》杂志上的一篇文章[1](我无法假装很熟悉地称呼他为"阿尔"[2]。就像我总是称呼威尔·爱德华兹·戴明为"戴明博士",而不是"威尔"或"爱德",尽管我在1983年带他去伦敦看芭蕾舞时是这么做的)。也许值得一提的是,我在1983年与戴明博士有过一些关于PDSA循环的启发性私人对话,这与敏捷循环有关,不过,也许你应该另外找时间问我这个问题。[3]

但在那里也找不到爱因斯坦那句关于简单性的名言。爱因斯坦确实推崇简单性,只是没有说过那句话。(你还想听更离奇的故事吗?)

多年后的2010年,我重读了马文·明斯基(Marvin Minsky)(是的,就是麻省理工学院人工智能实验室的明斯基)的《心智社会》(1986年),发现里面也引用了这句存疑的爱因斯坦名言。

于是我查了下他的资料,没想到他还健在。他2016年才去世,享年88岁,媒体称他为"人工智能之父"。

我问他能否提供这句话的出处。我们的信件如下:

2010年6月6日,星期日,下午5:13,Tom Gilb tomsgilb@gmail.com写道:

"明斯基教授,

"我刚刚开始重新阅读《心智社会》,意识到你引用的爱因斯坦名言可能并没有确切出处。我自己也犯过这个错误。

"可以查查卡拉普里斯(Calaprice)的《爱因斯坦语录》,看看她的结论。"

明斯基回复道:

"这是什么书?她的结论是什么?

"我的书出版后,耶路撒冷的爱因斯坦档案馆曾问我出处,他们找不到。

"我答复说不记得是在哪儿听到的,但我1950—1954年在普林斯顿时认识爱因斯坦,也许是亲耳听他说的——或者类似的话。另外,也可能是我记错了,因为我很难听懂他浓重的外国口音。也许他说的是'更简单,但不能太简单。'"

哦,我真希望我也说过那样的话!但明斯基做到了。

爱丽丝·卡拉普里斯看到了这封邮件。她能查阅爱因斯坦在普林斯顿的所有档案!她说明斯基一定很谦虚,他本可以说是亲耳从爱因斯坦那里听到的,但他没有。幸好如此!(故事还没完!)

---

1 见"电子脚注"中的网站信息。

2 Albert Einstein,亲近的人会称呼Al(阿尔)。——译者注

3 Gilb, T. Deeper Perspectives on Delivery[M]//Principles of Software Engineering Management. Reading: Addison-Wesley, 1988. 见"电子脚注"中的网站信息。

我一直想说一句同样深刻的话：

"事情应尽可能简单，但不能过于简单。"

听起来像是软件工程的原则，不正是本书的主旨吗？

嗯，既然我也有迪杰斯特拉那样的傲气，甚至更甚，我决定宣称这句话是我说的，只有我说过。谁能证明我错了？爱因斯坦可没说过！我1988年编写的书的第17页就有！谁能比我早？

相信我，我还有更多离奇故事，都写在我的书里。

当然，如果明斯基当年能用上ChatGPT-4o，就像我现在这样，他可能早就知道真相了。我发现：

> 那句常被归于爱因斯坦的名言"事情应尽可能简单，但不能过于简单"，其实是后人总结的，并非原话。最接近的出处是爱因斯坦1933年在牛津的演讲："所有理论的最高目标，是使基本要素尽可能简单和少，但又不牺牲对经验事实的充分表达。"
>
> 这段话改写后的版本抓住了爱因斯坦关于科学理论中简洁性的哲学本质，强调了在不进行过度简化的情况下降低复杂性的重要性。通俗化的版本可能随着时间的推移通过其他人的反复使用和改编而演变，变得更加简洁和令人难忘。

我们多年前就发现了这一点，没有AI的帮助。好吧，有互联网搜索。[1]

反思

这本书——无论内容、质量、信息密度还是广度——都令人惊叹，而Uncle Bob也很清楚，这其实只是冰山一角。

他希望我们了解早期的编程、硬件和成本环境——不仅仅是代码，而是系统。他做得非常出色。

即使是像我这样，认识书中那些人，又与Uncle Bob身处同一时代，也不断从书中了解到许多老朋友和同行们的新鲜有趣的事情，而这些事情我以前从未知晓。

说实话，我们对自己父母都未必了解那么多！对不起，爸妈！

我的视角

在我看来，Uncle Bob用真实细致的笔触，记录了那段历史，让后人能感受到"当时的真实情景"。

---

[1] 见爱因斯坦1933年牛津演讲文本，见"电子脚注"中的网站信息。

后 记

说到"简化",我想起了过去的一件事。1958年,我在IBM的第一份"最底层"工作(就像Uncle Bob刚入行时那样),是被派到一个没有窗户的房间,原本以为要几天,清点库存的插头数量。

这些插头是早期计算机编程的基本工具。我发现不同长度和颜色的插头其实重量一样,于是我分别称重取样,然后把每种颜色的插头都称一遍,再用Facit机械计算器手工算总数。

结果我很快就完成了。那时我还年轻、谦虚、低调,只希望能早点离开那间无窗的房间。

后来我发现,只要重新设计流程或产品,通常都能把任务简化十倍。工程师称之为"按成本设计"。[1]

未来趋势

Uncle Bob对未来的预测做得很好,甚至不输"神奇的格蕾丝"。我可不敢自称先知,但这本书确实是有见地、有经验的人的好读物。

不过,正如Uncle Bob所说:预测很难,尤其是关于未来。这和本书多次提到的编程交付期限这个"古老的编程问题"有关。

我学到了一些很有用的观点,简单总结如下(详细内容请看我那本免费的《成本工程》)。

- 成本估算的前提:只有理解了设计的成本,才能理解总成本;而只有在考虑了所有价值目标和约束后,才能理解设计。[2]
- 按成本设计:与其用通常糟糕的需求和设计去做成本估算,不如直接"按成本设计",这样更能掌控成本,因为糟糕的输入无法成为合理成本范围估算的基础。
- 成本的渐进调整:控制财务预算和进度的最佳方法,是IBM联邦系统部Harlan Mills发明的敏捷软件过程——洁净室方法(Cleanroom method)。[3]天哪,那真是纪律严明!他们在固定罚款、最低价中标、最先进的航天和军用软件项目中,总是"准时且低于预算"。这是一个很棒的学习和设计调整循环,架构师全程参与!

这才是"真正的敏捷"。那么,为什么这套方法没写进本书呢?

简短的回答是:当Harlan Mills(被公认为是天才级软件工程师)读到我1976年的

---

1 "成本工程:如何获得对资源和资金价值的10倍控制"(https://tinyurl.com/CostEngFree),包含了一些被大多数人遗忘的真正强大的软件思想,比如米尔斯的IBM洁净室。

2 Gilb, T. Guides: A Broader and More - Advanced 'Constraints' Theory[R]. Theory of Guides (ToG), 2023: 83. 见"电子脚注"中的网站信息。

3 Linger R C, Mills H D, Witt B I. Structured Programming: Theory and Practice[M]. Reading: Addison-Wesley, 1979. *The Harlan D. Mills Collection*(《哈兰·D·米尔斯文集》)是一本全面阐述严谨的软件工程实践的著作,在实践中有着卓越的记录。见"电子脚注"中的网站信息。

255

《软件度量》一书时，曾写信问我：

"为什么不是所有人都在做这些？"

后来我请他来奥斯陆演讲，问他是怎么想到洁净室进化(也就是敏捷)方法的。我在听讲座时递给他一张纸条，写道：

"你是把它类比成智能导弹，实时调整以命中机动目标，对吗？"

他回了句(我还留着那张纸的照片)：

"是的，部分如此。"

然后他笑了。

我们至今还在问这个问题——为什么大家都不做度量和工程？罗马不是一天建成的。

我尊敬的一位Snowbird(敏捷宣言)成员，曾在《IEEE软件》[1]上公开和我辩论度量的可行性。我感觉自己就像塞麦尔维斯医生[2]一样，试图说服那些顽固的医生洗手消毒。

结语

当然，计算机科学、软件工程、管理和技术史的学生都应该把本书列入必读书目。我希望本书能激励软件行业的其他人也写下自己的历史，以丰富我们的见解。每个人都有故事可讲，有些故事真的很精彩。

参考文献

[1] Gilb, Tom. Software Metrics[M]. Cambridge: Winthrop Publishers, 1976.

[2] Minsky, Marvin. The Society of Mind[M]. New York: Simon & Schuster, 1986. (中文版：MINSKY, MARVIN. 心智社会[M]. 任楠，译. 北京：机械工业出版社，2016).

[3] Shiang, David A. God Does Not Play Dice[M]. [S.l.]: Open Sesame Productions, 2008.

1　Gilb T, Cockburn A. Point/Counterpoint [J]. IEEE Software, 2008, 25(2):64-67. 这一章节属于一期关于软件质量要求的特刊内容。第一篇文章 "Metrics Say Quality Better than Words" 由汤姆·吉尔布(Tom Gilb)撰写。第二篇文章 "Subjective Quality Counts in Software Development" 则由阿利斯泰尔·科伯恩(Alistair Cockburn)所写。汤姆·吉尔布(TG)的著作《软件度量指标》(*Software Metrics*)(Winthrop Publishing, 1976)为CMMI 4级的形成提供了灵感。见 "电子脚注" 中的网站信息。

2　塞麦尔维斯医生(Ignaz Philipp Semmelweis)是19世纪匈牙利的一位妇产科医生。当时，产褥热在医院中极为常见，导致大量产妇在分娩后死亡，但医学界对此病因并不清楚。他发现洗手能降低产妇死亡率，同行却因观念守旧，抵触他让洗手的提议。——译者注

术 语 表

2001：太空漫游(2001: A Space Odyssey) 1968年由亚瑟·C. 克拉克(Arthur C. Clarke)编剧、斯坦利·库布里克(Stanley Kubrick)执导的一部科幻史诗电影。影片中，宇宙飞船上的智能计算机疯了，杀死了几乎所有船员，当最后一位幸存者关闭计算机时，计算机唱起了"Daisy Bell"[1]。这部电影被后世的科幻电影奉为经典。

ACM(Association of Computing Machinery，美国计算机协会) 成立于1947年，是哈佛大学霍华德·艾肯(Howard Aiken)主办的大规模数字计算机械研讨会的一个意外结果。

ARRA(版本1和版本2)(1952年) 迪杰斯特拉(Dijkstra)在荷兰数学中心工作时所用计算机的两个版本。第一个版本是机电式的，失败了；第二个版本改用真空管，成功了。为了掩饰第一个版本的失败，两者都被称为ARRA。这是一台二进制机器，有两个工作寄存器和1024个字(30位)的磁鼓内存，每秒执行约40条指令。

ARMAC(1956年) FERTA的改进版。它用一小部分磁芯存储作为磁鼓磁道的缓存，每秒执行1000条指令。这台机器有1200个真空管，功耗10千瓦。

ASR 33型电传打字机(Automatic Send/Receive Model 33 Teletype) 20世纪60年代末到70年代中期主要的计算机终端。操作速度为每秒10个字符，通常由面向字节的串行比特流驱动。它有键盘、打印机、纸带阅读器和纸带打孔机。开机时会持续发出低沉的声音，打印和打孔的时候，声音听起来很像气锤的击打声。纸带阅读器/打孔机有8通道宽[2]。纸带是黄色的，还有油腻(可能是为了保持打孔器的润滑)。

ACE(Automatic Computing Engine，自动计算机)(1950年) 由艾伦·图灵(Alan Turing)于1945年设计，这台机器从未被完全制造出来，倒是有许多由此衍生的小的机器造了出来，如DEUCE。原型ACE(Pilot ACE)[3]于1950年在国家物理实验室建成。它有

---

1 "Daisy Bell"(又名"Bicycle Built for Two")是一首著名的歌曲，曾在《2001：太空漫游》的高潮部分由智能计算机HAL 9000演唱。当电影中的航天员之一戴维·鲍曼试图关闭HAL 9000时，计算机系统开始表现出情感和自我意识，唱起了这首歌曲。"Daisy Bell"原本是一首由哈里·达尔顿·波特(Harry Dacre)在1892年创作的歌曲，歌名意为"为两个人而建的自行车"。这首歌因其早期在计算机声音合成领域的应用而承载了历史意义。事实上，它是世界上第一首由计算机合成的歌曲。1956年，IBM的研究人员首次让计算机"演唱"《Daisy Bell》，这在当时是一个划时代的技术突破。在《2001：太空漫游》中，HAL 9000的演唱是电影剧情的一个关键转折点，它标志着计算机从冷漠、呆板的机器转变为具有情感和人性化特征的精灵。HAL的唱歌场景充满了悲剧性，因为它在情感上似乎在哀求自己不要被关闭，这种对人类行为和技术伦理的深刻探讨，成为电影最令人难以忘怀的情节之一。——译者注

2 指的是纸带的宽度，即纸带上共有8个通道。每个通道用于存储一个二进制位(0或1)，因此整个纸带可以存储8位二进制数据。——译者注

3 基于图灵ACE设计理念所构建，并不是图灵设计的机器。——译者注

不到1000个真空管，12条水银延迟线[1]，每条延迟线存储32个字(32位)。

BCPL(Basic Combined Programming Language，基本组合编程语言)(1967年)　BCPL由马丁·理查兹(Martin Richards)和肯·汤普森(Ken Thompson)创建，是CPL(Cambridge Programming Language，剑桥编程语言)的衍生语言。BCPL是为IBM 7094编写的。这门语言编写了世界上第一个"Hello World"程序。

布莱切利园(Bletchley Park)　英国乡间别墅和庄园，英国的政府代码密码学校坐落于此。二战期间，艾伦·图灵和其他许多人在此破解了德国的恩尼格玛密码。这是他们使用Bombe机电计算机进行破解的地方。这也是使用Colossus真空管计算机解码德国"锯鱼"密码的地方。

巨人：福宾计划(Colossus: The Forbin Project)[2]　1970年的科幻电影，讲述了美国和俄罗斯超级计算机联手统治世界并奴役人类的故事。

磁芯存储器(core memory)　20世纪50年代初开始普及，到60年代变得非常普遍。磁芯是非常小的铁氧体(粉末铁和陶瓷的混合物)环，穿在电线网格上。通过电线的电流可以使磁芯在一个方向上磁化。相反的电流会反转磁化，在不同的电线上感应出一个小电流，可以放大和检测。单个比特可以在微秒内写入和读取，因此磁芯存储器在当时非常快。磁芯的数量几乎没有限制，因此可以创建非常大的内存。磁芯存储器使得兆字节的RAM成为可能。在20世纪的整个50年代和60年代，磁芯存储器非常昂贵，因为制造过程涉及相当多的手工劳动。某些电线必须手工穿过小磁芯。但最终，这个过程被自动化了，成本逐渐从每比特一美元降至每比特一美分。如图1所示。

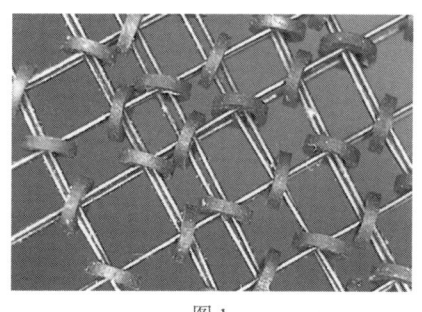

图1

磁芯大战(Core Wars)　由D. G. Jones和A. K. Dewdney创建的计算机游戏。它在1984年3月的《科学美国人》(*Scientific American*)杂志上流行起来(https://corewar.co.uk)。游戏模拟了一台简单的计算机，其中两个程序轮流执行一条指令。目标是使一个程序导致另一个程序崩溃。我在1985年为Macintosh用C语言写了一个版本(见https://corewar.co.uk/cwmartin.htm)。如图2所示。

CP/M(Control Program/Monitor，控制程序/监视器)　由数字研究公司(Digital

1　水银延迟线是早期计算机中使用的一种存储器。背后的思想是：持续运动就等于存储。基本原理是这样，先将电信号转换为声波脉冲，然后通过装满水银的管子传播，到达另一端后转换为电信号，电信号放大后再次发送回入口端。以此往复传播来保持数据。其实现代计算机系统中DRAM等也是同样的理念。——译者注

2　这部电影虽然在当时并未获得巨大的商业成功，但现在被认为是人工智能题材电影的重要作品之一，对后来的许多科幻作品都产生了影响。在当前AI快速发展的时代，影片探讨的主题依然具有现实意义。——译者注

Research)公司于1974年发布，这是第一批商业化的单用户软盘操作系统之一，专为微型计算机设计，特别是Intel 8080处理器。它有着非常简单的命令行界面，允许用户复制文件、列出目录和运行程序。

CVSD(Continuously Variable Slope Delta Modulation，连续可变斜率增量调制) 这是1970年

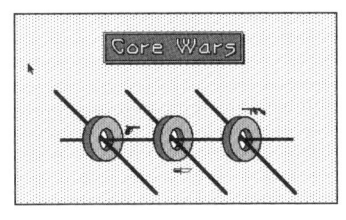

图2

提出的一种在串行比特流中编码语音的策略。需要16～24kb/s的比特率来编码频率限制在~3KHz的语音。这允许每个音频波长有几个比特。每个比特代表波形的增加(1)或减少(0)。相同极性的连续比特增加了增加或减少的量。因此，波形的斜率是连续可变的。

DECnet数字设备公司(Digital Equipment Corporation) 于1975年发布了DECnet。它是一组网络协议和软件，旨在将PDP-11连接在一起形成网络。它在20世纪整个70年代和80年代不断发展，因为PDP-11和VAX变得越来越流行。最终，它被用于互联网的TCP/IP协议所取代。

DECwriter 数字设备公司于1970年发布的DECwriter是一种键盘/打印机，用作许多小型和微型计算机的控制台。打印是点阵式的，每秒可在带孔纸上打印30个字符。典型的纸张宽度为80个字符[1]。打印时发出令人舒适的"嗖嗖"声。

DEUCE(Digital Electronic Universal Computing Engine，数字电子通用计算机)(1955年) DEUCE由英国电气公司(English Electric)建造，DEUCE是图灵ACE设计的简化版本。它包含1450个真空管。它有一个威廉姆斯管内存，包含384个32位字，以及一个8K字的磁鼓内存。访问时间分别为~32μs和15ms。IO主要是打孔卡片。最终共售出33台。

磁盘存储器(disk memory) 磁盘存储器由带有磁性涂层的薄盘片组成，像食堂里的盘子一样叠放在一起。这些盘片会被旋转，磁头则沿着表面径向移动。磁头可以读取和写入存储在盘面同心轨道上的磁性数据。

互联网泡沫(dotcom boom) 20世纪90年代末，互联网开始具备商业可行性，大量初创企业和商业项目如雨后春笋般涌现。投资资金非常容易获得，任何互联网创意都被认为价值1亿美元。然而，泡沫突然破灭，软件市场遭受了严重崩溃。早在2000年年中就有迹象表明问题，但2001年9月11日则彻底敲响了丧钟。那一天，世界发生了巨大变化。

磁鼓存储器(drum memory) 磁鼓存储器是一种早于磁盘的磁性存储设备。磁鼓是一个表面涂有磁性涂层的金属圆柱体，它在可移动的磁头下方旋转。磁头可以在磁鼓表面读取和写入磁性数据，同时可以沿着磁鼓的长轴纵向移动。因此，数据以圆形轨道沿磁鼓长度方向存储。磁头可以纵向和径向定位，磁头越多，访问速度越快。实

---

1 这也是现在许多IDE中每行默认字符数的来源。——译者注

际上，多个磁头可以实现并行读写。磁盘最终取代了磁鼓，因为磁盘占用的物理空间更少，通常也更轻。

EDSAC(Electronic Delay Storage Automatic Calculator，电子延迟存储自动计算器) 受冯·诺伊曼关于EDVAC草案的启发，莫里斯·威尔克斯(Maurice Wilkes)于1949年在剑桥大学数学实验室建造了EDSAC。它很可能是第二台存储程序计算机。这台机器深深启发了艾兹格·迪杰斯特拉(Edsger Dijkstra)，当时他在剑桥上威尔克斯(Wilkes)的课程。该机器有512个字(可用位数是17位[1])存储在水银延迟线中，周期时间为1.5毫秒，乘法需要4个周期时间。

ETS(Educational Testing Service，美国教育考试服务中心) ETS成立于1947年，位于新泽西州普林斯顿，是全球最大的私立教育测试和评估组织。他们在20世纪90年代初聘请我作为C++和面向对象设计的顾问。最终，他们聘请了吉姆·纽科克(Jim Newkirk)和我为NCARB系统编写软件套件。

EDVAC(Electronic Discrete Variable Automatic Computer，电子离散变量自动计算机) EDVAC由宾夕法尼亚大学摩尔电气工程学院建造，由约翰·莫奇利(John Mauchly)和J.普雷斯珀·埃克特(J. Presper Eckert)于1944年提出，初始预算为10万美元。它于1949年交付给弹道研究实验室(Ballistic Research Laboratory)。该计算机有1024个字(可用位数是44位)存储在水银延迟线中，平均加法时间为864微秒，乘法时间为2.9毫秒。它包含5937个真空管，重量接近9吨。正是这台机器，冯·诺伊曼撰写了他的草案报告，该报告的流行使得存储程序概念被称为"冯·诺伊曼架构"。

电子邮件镜像(email mirror) 在20世纪90年代，电子邮件镜像是一个你可以发送到的电子邮件地址，它会将其消息重新发送给镜像列表中的每个人。

极限编程(eXtreme Programming，XP) 极限编程由肯特·贝克(Kent Beck)在20世纪90年代中期发明，并通过他的书《解析极限编程》(*Extreme Programming Explained*)[2]普及。XP是所有敏捷过程中定义最明确的，由一组准则组成，分为三个部分：业务、团队和技术。正是这个过程引入了测试驱动开发、结对编程、持续集成等概念。

费兰特水星(Ferrante Mercury)计算机(1957) 费兰特水星计算机是一种早期的商用计算机，具备浮点数学和磁芯存储器，有1024个字(40位)，由四个磁鼓支持，每个磁鼓有4096个字。磁芯的存取周期为10微秒，浮点加法需要180微秒，乘法需要360微秒。它使用了2000个真空管和相同数量的锗二极管，重量为2500磅。

FERTA(1955) FERTA计算机是ARRA 2的改进版，内存扩展到磁鼓上的4096个字(34位)，速度翻倍至每秒约100条指令。

---

1 该机器每个字有18位，但每个字的最后一位用作两个字之间的间隔符，所以单个字实际可用位数为17位。——译者注

2 原书由Addison-Wesley出版于1999年。最新的中文版《解析极限编程》由机械工业出版社于2011年出版。

软盘(floppy disk)　软盘最初由IBM在20世纪60年代末发明，作为System/370的启动盘，后来广泛用于小型计算机，特别是在20世纪80年代用于微型计算机。最初的软盘是8英寸的聚酯薄膜盘片，涂有磁性氧化物，放置在塑料套中，允许低速旋转并通过读/写头访问。后来的版本缩小到5.25英寸，然后是3.5英寸。如图3所示。

禁忌星球(Forbidden Planet)[1]　《禁忌星球》是一部1956年的科幻电影，也是我一直以来最喜欢的电影。一个主要角色是机器人罗比，具有英国管家的性格。

图3

FTP(File Transfer Protocol，文件传输协议)　FTP由阿布海·布尚(Abhay Bhushan)于1971年发明，用于在互联网上传输文件。在审阅《设计模式》这本书时，我曾用它下载该书的PostScript文件。

GE DATANET-235　GE DATANET-235是通用电气(General Electric，GE)于1964年推出的一台占据整个房间的计算机，具有"20位"字，可以直接寻址8K字。磁芯存储器的周期时间为5微秒，加法时间为12微秒，乘法或除法约为85微秒。这台机器通常作为DATANET-30的后端，主要使用汇编语言编程，同时是达特茅斯分时系统(Dartmouth Time Sharing System)运行BASIC的后端机器。

GE DATANET-30　GE DATANET-30是通用电气(General Electric，GE)于1961年推出的、首批针对电信领域的计算机之一。它是一台占据整个房间的通用计算机，内部硬件支持128个异步串行通信端口，速率高达2400bps。串行数据必须由软件逐位组装，因此机器的大部分功率都用于此目的。幸运的是，当时的大多数数据通信速度不超过300bps(每秒30个字符)，留下了其他处理的时间。磁芯存储器可以是4K、8K或16K的"18位"字，周期时间约为7微秒，主要使用汇编语言编程，同时是达特茅斯分时系统(Dartmouth Time Sharing System)运行BASIC的前端机器。

GE DATANET-635　GE DATANET-635于1963年推出，是一台占据整个房间的36位字计算机，可以寻址256K字。它有8个变址寄存器和一个72位累加器寄存器，磁芯存储器的周期时间为2微秒。算术单元包括定点和浮点数学，可以运行COBOL、FORTRAN和汇编语言。

GIER(Geodætisk Instituts Elektroniske Regnemaskine，测地研究所电子计算机)(1961)　GIER是一种丹麦制造的计算机，也是首批完全晶体管化的计算机之一。磁芯存储器包含约5K个字(可用位数为42位)，磁鼓上有60K个字。它可以运行ALGOL，加

---

[1] 是1956年米高梅电影公司推出的一部具有里程碑意义的科幻电影。这部彩色科幻片的故事背景设定在23世纪，讲述了一艘名为C-57D的太空船抵达遥远的Altair IV星球，寻找20年前失联的科学家的故事。《禁忌星球》为后来的科幻作品奠定了基本模式，包括《星球大战》系列电影和《星际迷航》电视剧。——译者注

法时间为49微秒，重量约为1000磅。

Honeywell H200　Honeywell H200于1963年推出，有整个房间那么大，是一种当时非常流行的计算机，对标IBM 1401。它的二进制程序与1401兼容，但速度快了两倍多，并且具有扩展的指令集。这是一台6位面向字符的机器，使用十进制算术，可以运行COBOL、FORTRAN和RPG，能够寻址512K字符，周期约为1微秒。

IBM 026打孔机(IBM 026 Keypunch)　1949年推出的这款桌面大小的打孔机，是20多年来主要的键盘驱动卡片打孔设备。键盘上有大写字母、数字和一些标点符号。卡片从输入槽中自动拉出，通过键盘驱动的打孔机制进行打孔，然后堆叠在输出槽中。如图4所示。

IBM 2314磁盘存储器(IBM 2314 Disk Memory)　IBM 2314磁盘存储器是为IBM System/360系统设计的，但许多其他计算机制造商也制造了兼容的磁盘驱动器。它在1965—1978年应用。该磁盘存储器有11个盘片，20个记录面，重量约为10磅，通常以2400转/分钟的速度旋转，存储容量约为40MB。

图4

IBM 701　1952年发布的这台机器使用了4000个真空管，拥有最多4K的36位威廉姆斯管存储器(Williams Tube memory)。存储器周期时间大约为12微秒，乘法和除法耗时456微秒。大约生产了20台，每台重量约为25000磅，月租金约为14000美元。参见计算机历史档案项目(Computer History Archives Project，CHAP)："计算机历史：1953年IBM 701系列首款计算机IBM 701，稀有资料，真空管EDPM。"2024年4月6日发布在YouTube上(撰写本书时可访问)[1]。

IBM 704　1954年推出，这台房间大小的真空管机器有4K的36位磁芯存储器。它有三个变址寄存器、一个累加器和一个乘数/商寄存器，能够进行定点和浮点运算。浮点加法时间为83微秒。FORTRAN和Lisp都是为这台机器开发的。由于704安装中可能存在数千个真空管，平均故障间隔时间至少8小时，这使得编译大型FORTRAN程序成为一个问题。总共生产了123台。

IBM 709　1958年交付，这是IBM 704的改进版本，仍然使用真空管。磁芯存储器为32K字(可用位数是36位)，加法时间为24微秒，定点乘法时间为200微秒。它的寿命较短，因为一年后就推出了晶体管化的7090。

IBM 7090/7094　1959年首次安装，这是709的晶体管版本，仍然有房间大小。与709一样，磁芯存储器包含32K字(18位)。磁芯周期时间约为2微秒，处理器比709快六倍。7094的速度再次翻倍。这些是60年代初期的主力机器，这正是电影《隐藏人物》

---

[1]　见"电子脚注"中的网站信息。——译者注

(Hidden Figures)[1]中描绘的机器。总共生产了数千台，每台售价约为200万美元。

IBM Selectric打字机(IBM Selectric typewriter) 1961年推出，随后几十年中Selectric一直是主流的商用打字机，它也被用作大多数IBM System/360/370控制台的核心组件。打印头是一个带有88个凸起字符的半球形球体。与传统打字机移动纸张托架的方式不同，这种打字机是通过移动打印头来实现横向打印的。如图5所示。

图 5

集成电路(integrated circuit) 虽然集成电路在20世纪40年代末就被发明出来，但直到20世纪60年代末，这种设备件才具备商业可行性。集成电路是一个单独的硅"芯片"，通过光刻工艺在其上沉积许多晶体管和其他组件。早期，几平方毫米的空间内可以容纳数十个晶体管。随着时间的推移，摩尔定律推动晶体管密度呈指数级增长。如今，每平方毫米的晶体管数量以亿计。这种密度的提升极大地降低了每个晶体管的价格和功耗。计算机在20世纪60年代中期开始使用集成电路。如今的笔记本电脑、台式机、手机和其他数字设备都严重依赖集成电器。没有这些，我们当前的数字环境将无法实现。

英特尔8080/8085(Intel 8080/8085) 1974年英特尔发布后，8080迅速成为行业内的主流微处理器。8080是一个单片集成电路，集成了约6000个晶体管。它是一个8位处理器，具有16位(64K字节)地址空间，时钟频率可达2MHz，通常连接固态存储器，而不是磁芯存储器。8085在几个月后发布，它的时钟频率可以达到两倍，并具有一些额外的指令、内置的串行I/O和一些额外的中断。销量达到了数百万台。如图6所示。

图 6

英特尔8086/186/286(Intel 8086/186/286) 1978年发布，这是首批16位微处理器之一。芯片上集成了约29000个晶体管。它采用分段式地址空间，可以访问整整1MB[2]内存，时钟频率为5～10MHz。这就是最初IBM PC使用的处理器。80186于1982年推出。它有55 000个晶体管，时钟频率为6～25MHz。它主要用作IO控制器，因此板载了许

---

1 是一部2016年上映的美国剧情传记片，第89届奥斯卡最佳影片。影片讲述了三位非裔美国女性在20世纪60年代美国航天局(NASA)工作的故事。——译者注

2 现在看1MB完全不算什么，但在当时是8080芯片的16倍。——译者注

多IO相关的功能，包括DMA控制器、时钟发生器和中断线路。80286也是在1982年发布。它有约120 000个晶体管，包含内存管理硬件，允许访问16MB内存。因此它非常适合多处理应用。它的时钟频率为4～25MHz。

JOHNNIAC(John von Neumann Numerical Integrator and Automatic Calculator，约翰·冯·诺伊曼数值积分器及自动计算器)(1953) JOHNNIAC是RAND公司建造的非常早期的计算机，它有1024个字(40位)存储在Selectron管——一种类似于威廉姆斯管(Williams tubes)的静电存储形式。这是一台简单的单地址机器，只有一个累加寄存器，没有变址寄存器。整台机器重达5000磅[1]。

侏罗纪公园(Jurassic Park) 迈克尔·克莱顿(Michael Crichton)写的一部优秀小说，1993年被史蒂文·斯皮尔伯格(Steven Spielberg)改编成一部非常优秀的电影。科学家通过从被困在古老琥珀中的蚊子中提取DNA来克隆恐龙。恐龙逃脱并开始攻击人类。两个孩子通过入侵由邪恶程序员丹尼斯·内德利(Dennis Nedry)编写的"UNIX系统"，最终拯救了所有人。

LGP-30 (1956) LGP(Librascope General Purpose，Librascope通用型计算机)是当时一款商用计算机，存储容量4096个字(31位)，存储在磁鼓上。集成了113个真空管和1450个固态二极管，[2]这是一台单地址机器，内置了乘法和除法。时钟频率为120KHz，内存访问时间在2毫秒到17毫秒之间，售价为47 000美元。

迷失太空(Lost in Space) 1965年的一部科幻电视剧，剧情非常松散地基于《瑞士家庭鲁滨逊》(The Swiss Family Robinson)。一个家庭在太空中迷失，拼命想回家。剧中的机器人由制作《禁忌星球》(Forbidden Planet)中罗比机器人的同一批工程师打造，因经常挥舞着褶皱状机械臂说"危险，威尔·罗宾逊"和"无法计算"而成为标志性角色。

M365 由Teradyne公司在60年代末创建，这是一款18位的单地址处理器，类似于PDP-8。60年代末是许多公司决定自己制造计算机而不是购买它们的时期，Teradyne也不例外。这是一台很棒的机器，页面大小为4KB，总内存空间为0.5MB——尽管我们从未使用过接近这个数量的内存。哦，我多么希望能找到一本旧的指令手册，它们是蓝色的，可以放在衬衫口袋里。

曼彻斯特小宝贝计算机(Manchester Baby) 1948年在曼彻斯特大学(University of Manchester)建造的一台小型且非常原始的真空管计算机。它主要是为了测试威廉姆斯管存储器(Williams tube memory)而设计的，是一台具有32个字存储容量的32位机器。尽管存储容量有限，但它很可能是世界上第一台成功运行存储程序的电子计算机。设计最终发展成为Manchester Mark I，然后是Ferranti Mark I，这是世界上第一台商用计算机。

水银延迟线存储器(mercury delay line memory) 水银延迟线存储器是一种早期存储技术，主要在20世纪40年代末至50年代初使用。它由一根装满液态水银的长管组

1　约2268公斤。特斯拉Modeel Y大概是2000～2100公斤。——译者注
2　二极管逻辑是一种耗电且难以处理的制作与门和或门的方法。

成，一端装有扬声器，另一端装有麦克风。数据通过扬声器输入，以声波形式在水银中传播，直到被麦克风接收。接收后，数据会被电子信号循环回扬声器，再次传播。声速和水银的声阻抗都受温度影响，因此管子保持在104℉(40℃)，以确保声阻抗与压电扬声器和麦克风匹配，声速约为1450米/秒。一个重达800磅、长1米的延迟线可以存储约500比特，访问时间不到1毫秒。

蒙特卡罗分析(Monte Carlo analysis) 蒙特卡罗分析的原理非常简单。该技术的发明者之一斯坦尼斯瓦夫·乌拉姆[1]曾用单人纸牌游戏来解释它。他想知道洗牌后成功的概率是多少。与其通过复杂的组合数学计算，不如直接玩100局游戏，统计成功的次数。当然，乌拉姆并不是在研究纸牌游戏，而是在1946年为洛斯阿拉莫斯工作，研究核武器。他和约翰·冯·诺伊曼使用该技术研究了中子在裂变弹头中的扩散。由于这项工作是机密的，他们给它起了一个代号：蒙特卡罗。

MP/M-86 MP/M-86(Multi-Programming Monitor Control Program，多道程序监控控制程序)是由数字研究公司(Digital Research Inc)于1981年发布的，专为英特尔8086微型计算机设计的多用户磁盘操作系统。它能够同时处理多个终端和多个用户，并提供简单的命令行语言，用于文件复制、目录列表和程序运行。

NCARB(National Council of Architects Registry Board，美国建筑师注册委员会) NCARB成立于1919年，负责审查和颁发美国建筑师的执照。其执照在许多国家也得到认可。NCARB与ETS签订合同，开发了一套评估软件，吉姆·纽柯克和我以及其他几位开发者在20世纪90年代中期到后期编写了这套软件。

面向对象数据库(object-oriented database) 1989年，《面向对象数据库系统宣言》[2]发布，提出了在磁盘上存储对象的概念。这一理念催生了90年代众多对象数据库的发展。其核心思想类似于虚拟内存：对象可能存储在磁盘上，但程序可以像访问RAM中的数据一样访问它。为了实现这一目标，许多创新技术被开发出来。然而，随着千禧年的到来，这一概念逐渐淡出人们的视野。

PAL-III汇编器(PAL-III Assembler) PAL-III是埃德·尤尔登在年轻时为PDP-8编写的纸带汇编器，当时他在数字设备公司工作。

PDP-7 PDP-7由数字设备公司于1965年推出，是一款基于晶体管的迷你计算机。它采用单地址指令集，磁芯存储器的周期时间约为2微秒，可存储4K～64K的18位字。内部时钟频率为0.5兆赫。它支持磁盘、DEC磁带、ASR 33电传打字机、矢量图形显示器和高速纸带读取/打孔机。其重量约为1100磅，大小相当于餐厅的冷冻柜。售价为72 000美元，共售出120台。如图7所示。

图7

---

1 约翰·冯·诺伊曼的故友之一。
2 见"电子脚注"中的网站信息。

PDP-8　PDP-8于1965年由数字设备公司推出，成为60年代末和70年代初的主流迷你计算机。它有多种型号，最初的"直8"基于晶体管，磁芯存储器包含4K的12位字，周期时间约为2微秒，内部时钟频率为0.5兆赫。主要使用汇编语言编程，但也支持FORTRAN变体和类似BASIC的解释器FOCAL。在其生命周期中，有多种操作系统，其中OS/8最为流行。基本配置包括ASR 33电传打字机，其他功能还包括DEC磁带、高速纸带读取/打孔机、原始磁盘驱动器、内存扩展至32K，以及硬件乘法和除法。最小系统售价约为18 000美元，共售出超过5万台。如图8所示。

图 8

PDP-11　PDP-11是数字设备公司于1970年发布的第一款机型，最终共售出约60万台。它采用基于集成电路的16位字节寻址架构，早期内存为磁芯，后来逐渐转向固态内存。PDP-11可以直接寻址64K字节，后期型号通过内存块扩展支持更多内存。第一台型号为PDP-11/20，售价11 800美元。其他型号如PDP-11/70支持4MB固态内存，并内置内存保护、浮点运算和高速I/O。这些系统通常配备磁盘存储，并使用磁带进行备份。如图9所示。

图 9

法老游戏(Pharaoh)　在我70年代在Teradyne工作期间，有一款用AL-COM编写的名为Pharaoh的游戏。我对其进行了大量修改，并花了很多时间玩它。1987年，我决定用C语言为我的Mac 128重新编写这款游戏。完成后，我将其上传到CompuServe等平台。它流传了一段时间，有些人喜欢，但大多数人并不感兴趣。你可以从 www.macintoshrepository.org/5230-pharaoh 下载它。截至2018年，有一篇有趣的评论：Tanara Kuranov(Gamer Mouse)在YouTube上发布的"Gamer Mouse - Pharaoh Review - Macintosh"。如图10所示。

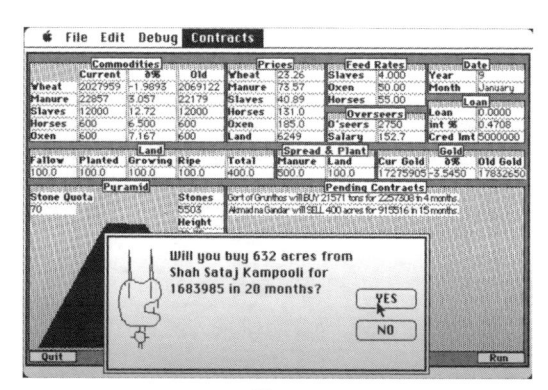

图 10

插接板(plugboard) 许多早期计算机通过将电线插入特定面板中的孔来"编程"，类似于电话交换机。复杂的机器可能有数千个这样的连接。如图11所示。

PostScript PostScript由Adobe于1984年发明，是一种基于Forth的"页面描述语言"。在80年代末和90年代，它是计算机向激光打印机发送打印作业的常用方式。计算机将打印任务转换为PostScript程序并发送给打印机，打印机执行该程序以完成打印。最终，PDF取代了PostScript。

图11

RAM(Random-access memory，随机存取存储器) 随机存取存储器(RAM)是指可以直接寻址和访问的内存，如威廉姆斯管、磁芯和固态内存。延迟线、磁盘和鼓存储器不属于RAM，因为访问时需要等待数据定位到读取器下。如今，所有计算机的内部内存都是RAM。

RUP(Rational Unified Process，统一软件开发过程) 在互联网泡沫的推动下，Rational公司资助Grady Booch、Ivar Jacobson和Jim Rumbaugh(三剑客)合作创建了一个丰富多样的软件开发过程。Rational于1996年开始推广这一理念，即RUP。最终，RUP被敏捷运动(尤其是Scrum和极限编程)超越。

RK07磁盘驱动器(RK07 disk) RK07磁盘驱动器由数字设备公司于1976年推出，是PDP-11的常见外设。它使用14英寸双盘可移动磁盘组，每组可存储约27MB。盘片以2400转/分的速度旋转，访问时间约为42毫秒，其中大部分是36毫秒的平均寻道时间。三个数据表面的磁道间距为每英寸384道。磁盘驱动器本身重达300多磅，大小相当于厨房洗碗机。如图12所示。

图12

ROM(Read-only Memory，只读存储器) 通常指无法更改的随机存取存储器。多年来，ROM有多种类型。如今，ROM几乎都是某种集成电路，其内部连接要么被烧毁，要么通过编程进行改变。这种ROM有时被称为PROM(可编程只读存储器)。某些PROM可以通过暴露在高强度紫外线下进行擦除。如图13所示。

267

图 13

ROSE 1990年，Grady Booch撰写了 *Object-Oriented Design with Applications*。[1] 该书提出了一种面向对象设计的符号。这种符号非常流行，Grady的雇主Rational Inc. 决定开发一款CASE(计算机辅助软件工程)工具，允许程序员在SPARCstation上创建这些设计。该产品的名称是ROSE。我在90年代初作为承包商在ROSE团队工作了一年。如图14所示。

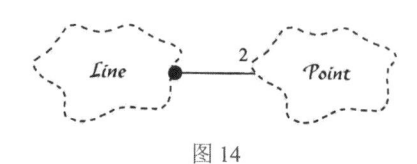

图 14

RS-232 1960年制定的串行通信电气标准。常用于计算机与数据终端之间传输数据，或计算机向打印机发送数据，通常与串行传输字节或字符的数据格式结合使用。

RSX-11M 数字设备公司于1974年发布的PDP-11磁盘操作系统。它可以同时管理多个用户终端和多个用户进程，并提供一种相对简单的命令行语言，称为MCR(监控控制台例程)。

霹雳五号(Short Circuit) 1986年的一部科幻喜剧，由Aly Sheedy、Steve Guttenberg和Fisher Stevens主演。一个军事机器人因电线短路而变得有感知能力，并且极具道德感。

SPARCstation Sun Microsystems于1989年推出的台式工作站，大小如披萨盒。它配备键盘、鼠标，通常还有一个19英寸彩色CRT显示器，运行UNIX系统。时钟频率从20MHz开始，最终达到200MHz，内存通常为20～128MB或更多。处理器采用RISC(精简指令集计算机)架构。这台机器是90年代主要的软件开发工作站。如图15所示。

ST506/ST412 希捷技术公司于1980年推出ST506，次年又推出ST412。这些是小型硬盘驱动器，内部包含一个5.25英寸的盘片，转速为3600rpm，寻道时间为50～100毫秒，传输速率为60～100kb/s。ST506可存储5MB，ST412可存储10MB，价格略高于1000美元，重量约为12磅。它们通常作为微型计算机的外围设备使用。

---

1 Benjamin-Cummings, 2000.

图 15

SWAC (1950)　标准西部自动计算机，由国家标准局建造并使用。SWAC由2300个真空管组成，具有256个37位的字存储在威廉姆斯管中。加法时间为64μs，乘法时间为384μs。

T1网络(T1 network)　传输系统1由贝尔系统于1962年推出。这是一种长途数字串行通信策略，单条T1线路以1.544Mb/s的速度传输比特，用于承载数字化的长途语音。24个64kb/s的语音通道可以复用到单条T1线路上。20世纪80年代末至90年代初，企业通常通过T1线路连接到互联网，租赁费用为每月数千美元，但对于大型组织来说，数据速率是值得的。到2000年，费用降至不到1000美元，随后其他选项逐渐普及。

薄膜存储器(thin film memory)　在某些方面类似于磁芯存储器，不同之处在于磁性材料通过真空沉积在薄玻璃板上形成小点，驱动和传感线通过印刷电路技术叠加。薄膜存储器速度快且可靠，但价格昂贵。

晶体管(transistor)　20世纪40年代末由贝尔实验室发明，晶体管是一种小型固态设备，能够像真空管一样控制电流的流动。输入端的微小变化可以导致输出端的巨大变化，因此可用作放大器和开关。其小尺寸和低功耗在50年代末彻底改变了计算机行业，并使60年代的迷你计算机成为可能。晶体管通常由硅或锗等半导体材料制成。如图16所示。

图 16

UART(universal asynchronous receiver/transmitter，通用异步收发传输器)　一种

269

电子设备，将字节大小的数据转换为可通过RS-232传输的串行流。传入的串行数据被转换为单个字符，传出的字符则被转换回比特的串行流。

UML(Unified Modeling Language，统一建模语言) 由Rational Inc.资助，受互联网泡沫推动，并在90年代中期由Grady Booch、Ivar Jacobson和Jim Rumbaugh(三剑客)共同创建。UML是一种用于描绘软件设计决策的丰富符号，用矩形替代了Booch的云图。如今，我仍不时发现这种符号有用。尽管它在当时非常流行，但现在已不那么常见。

UNIVAC 1103 1953年发布，部分由西摩·克雷(Seymour Cray)设计，UNIVAC 1103是一台重达19吨的庞然大物，配备了1024个字(36位)存储在威廉姆斯管存储器(Williams tube memory)中。此外，它拥有一个磁鼓存储器，可存储16K个字。两种存储器均为直接可寻址。这是一台采用1的补码算术的二进制计算机，主要通过汇编语言编程，并配备了几个浮点解释器。

UNIVAC 1107 1962年推出的UNIVAC 1107是一台基于晶体管的巨型计算机，占据了整个房间。它拥有128个内部寄存器，使用薄膜存储器，速度比4微秒的磁芯存储器快六倍。磁芯存储器容量为65K个字(36位)，磁鼓存储器则可存储300K个字。该机器通过FORTRAN IV和汇编语言编程，重量略低于3吨，共售出36台。

UNIVAC 1108 1964年推出的UNIVAC 1108同样是一台基于晶体管的巨型计算机，使用了集成电路作为其内部寄存器。内部寄存器支持程序的动态重定位，内存保护硬件则确保了安全的多道程序设计。磁芯存储器的周期时间为1.2微秒，并被组织成多达四个机柜大小的64K 36位字存储体。总共生产了296台。

Usenet/Netnews 1979年，汤姆·特鲁斯科特(Tom Truscott)和吉姆·埃利斯(Jim Ellis)发明了基于文本的社交网络Usenet。Usenet通过网络新闻传输协议(NNTP)在互联网上传输，并通过UUCP协议进入卫星(拨号)计算机。主题被划分为数百个新闻组，用户可以订阅感兴趣的新闻组，阅读文章并进行回复或撰写新文章。Emacs中的新闻阅读器软件尤其出色，能够按主题线程排列文章和回复。正是在Usenet时期，Godwin定律被提出。我经常参与comp.object和comp.lang.c++新闻组的讨论。

UUCP(UNIX to UNIX Copy Protocol, UNIX到UNIX复制协议) UUCP是一组允许通过电话连接在UNIX系统(及其他系统)之间传输文件的程序和协议。在20世纪80年代末到90年代初，UUCP是拨号卫星计算机访问电子邮件和Usenet的基础。这些卫星计算机中的计划任务会定期拨入一台能够访问互联网的机器，使用UUCP将所有待处理的电子邮件和新闻传输到该机器，并下载所有传入的新闻和电子邮件。使用UUCP的长链式机器很常见，每台机器都会将数据传输到下一台，直至到达互联网主干上的机器。许多拨号连接是在朋友和同事之间非正式协商建立的。

真空管(vacuum tube) 1904年，约翰·安布罗斯·弗莱明(John Ambrose Flemming)发明了真空管，这是一种简单的电流控制设备。输入端的微小变化可以导致输出端的巨大变化，因此真空管可用作放大器或开关。管内的小灯丝需要加热至红热状态才能工作，这使得真空管脆弱、不可靠且耗电量大，严重限制了它们在计算机中的应用。一台拥有数千个真空管的计算机，平均无故障时间只有个把小时。如图17所示。

VAX 750/780/μ　1977年，DEC推出了VAX/780，这是一台基于集成电路的巨型计算机系统。处理器为32位，凭借200纳秒的周期时间，每秒可执行50万条指令。指令集非常丰富，内存具备硬件映射，支持虚拟内存分页和交换。该机器设计用于多用户和多处理操作，是IBM System/360的直接竞争对手。操作系统为VMS，一个具备虚拟内存管理和广泛I/O选项的复杂磁盘操作系统。1980年推出的VAX 750是780的较慢且较小版本，运行速度仅为780的一半多一点。1984年推出的μVAX速度比750慢一半，但这个小巧的机器可以轻松放在桌子下面(不带外设)，并可加载16MB的RAM。

图 17

VT100　1978年，数字设备公司推出了VT100终端，这是一个80x24单色阴极射线管显示器和键盘，成为小型和微型计算机的主要终端，持续了近十年。它重20磅，售价不到1000美元，售出了数百万台。如图18所示。

图 18

战争游戏(War Games)　1983年的科幻电影《战争游戏》中，马修·布罗德里克(Matthew Broderick)饰演的年轻男孩和艾莉·希迪(Ally Sheedy)饰演的女友设计了一台名为WOPR的政府计算机，意外引发了一场美国和苏联之间的热核战争。为了阻止战争，他们必须找到原始程序员(WOPR的密码是他死去儿子的名字"Joshua")，说服WOPR(或Joshua)停止战争。电影以一场井字棋游戏结束。

Wator　1984年12月，A. K. Dewdney在《科学美国人》杂志上设计并推广了Wator游戏，这是一个简单的捕食者/猎物模拟游戏，发生在环形2D海洋中的鲨鱼和鱼之间。我为Macintosh编写了一个C语言版本的Wator游戏，并于1984年左右上传到一个公告板或CompuServe。此后，我编写了许多其他版本，最新版本收录在《函数式设计》

271

(*Functional Design*)一书中。源代码可在GitHub获取。你可以在Macintosh Repository获取Mac 128的原始版本。如图19所示。

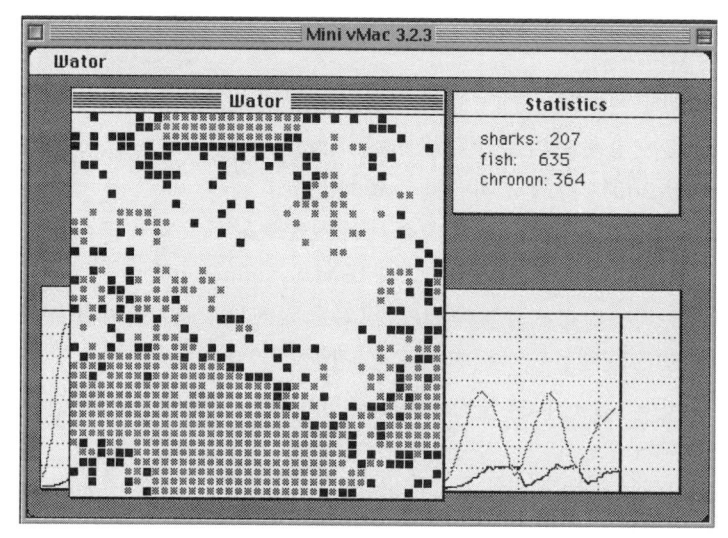

图 19

旋风计算机(Whirlwind) 1951年，麻省理工学院开发了旋风计算机，这是最早的实时计算机之一。它被设计用于控制飞行模拟器，并采用了并行架构。磁芯存储器是为这台机器发明的，它拥有5000个真空管和1K的磁芯存储器，宽度为16位。旋风计算机重达10吨，消耗100千瓦的电力。

威廉姆斯管(CRT)存储器(Williams tube memory) 你们中的一些人可能还记得20世纪50年代和60年代的老式黑白电视机。显示器是一个阴极射线管(CRT)，这是一种背面有电子枪、前面有磷光屏的真空管。电子束通过改变枪附近的磁场或电场在屏幕上移动，当电子束击中屏幕时，磷光体会发光。因此，通过改变电子束的强度，可以在屏幕上光栅化图像。电子束在屏幕上留下带电区域，该电荷可以通过测量下一次电子束扫过该区域时的电流来感知。因此，屏幕可以用来"记住"信息位。由于电子束可以立即指向屏幕的任何部分，这种存储器是随机存取的，比水银延迟线快得多。然而，随着时间的推移，管子会退化，只能存储大约2000位。一些威廉姆斯管有可见的屏幕，可以直接看到内存的内容。艾伦·图灵经常通过观察这些屏幕直接读取程序结果。威廉姆斯管存储器在20世纪40年代末和50年代初的机器中很常见，包括IBM 701和UNIVAC 1103等。

X1(1959年) X1计算机是ARMAC的后继者，完全采用晶体管化设计，最多可存储32K字(27位)。地址空间的前8K是只读存储器，包含引导程序和原始汇编器。该机器还有一个变址寄存器，内存周期时间为32微秒，加法时间为64微秒，因此每秒可执行超过10 000条指令。

其他重要人物名录

威廉·阿克曼(Wilhelm Ackermann，1896—1962)：德国数学家和逻辑学家，在哥廷根大学获得博士学位。他曾协助大卫·希尔伯特编写《数理逻辑原理》。在一些计算机科学家中，他最为人知的是阿克曼函数，这个函数有时被用作速度基准。他在战争期间留在德国，最终成为一名中学教师。

霍华德·哈瑟韦·艾肯(Howard Hathaway Aiken，1900—1973)：美国物理学家，毕业于威斯康星大学麦迪逊分校。在哈佛大学获得博士学位，是哈佛Mark I自动顺序控制计算机的概念设计者。作为海军预备役指挥官，他说服海军出资，并让IBM制造了这台庞然大物。之后他像指挥军舰一样管理这台机器，仿佛自己是舰长。这也是格蕾丝·霍珀学习编程的那台机器。

乔治·比德尔·艾里爵士(Sir George Biddell Airy，1801—1892)：英国数学家和天文学家。1826年至1828年间担任卢卡斯数学讲席教授，并成为第7任皇家天文学家。他是巴贝奇的对手之一。

吉恩·阿姆达尔(Gene Amdahl，1922—2015)：美国理论物理学家、计算机科学家和企业家，拥有瑞典血统。研究生期间参与了威斯康星大学麦迪逊分校WISC计算机的建造。加入IBM后，参与了704和709的开发，并成为System/360的首席架构师。后来创办了Amdahl公司，成为IBM的竞争对手，到1979年销售额超过10亿美元。之后又创办了多家成功企业。他提出了著名的阿姆达尔定律，定义了并行处理优势的极限。

肯特·贝克(Kent Beck，1961—)：极限编程(XP)的发明者，著有《解析极限编程》[1]。他还发明了测试驱动开发(TDD)和TCR(test & commit revert，测试、提交、回滚)等方法论。他在软件行业影响深远，著书、演讲无数，推动了许多有益的理念。他是希尔赛德小组(The Hillside Group)的创始成员之一，并在90年代大力支持设计模式运动。

亚历山大·格雷厄姆·贝尔(Alexander Graham Bell，1847—1922)：英国公民，后移居波士顿，发明了第一部实用电话(除非你相信《星际迷航》中的契科夫少尉)。他将产品商业化，最终创办了贝尔电话公司。

罗伯特·威廉·贝默(Robert William Bemer，1920—2004)：美国空气动力学家和计算机科学家，曾在道格拉斯飞机公司工作。在IBM期间，他发明了COMTRAN语言，后被COBOL吸收。他在FORTRAN时期为约翰·巴克斯工作，在COBOL时期与格蕾丝·霍珀共事。他有时被称为ASCII之父，因提出分时概念差点被IBM解雇。在兰

---

[1] First edition, Addison-Wesley, 2000.

德公司时，他被克里斯腾·尼加德说服，用一台UNIVAC 1107换取了分发SIMULA的权利。

埃德蒙·卡利斯·伯克利(Edmund Callis Berkely，1909—1988)：美国计算机科学家，美国计算机协会联合创始人；《计算机与自动化》杂志(第一本计算机杂志)创办人；著有《巨脑，或会思考的机器》[1]；Geniac和Brainiac计算机玩具的发明者。作为保诚保险公司的精算师，他促成了早期UNIVAC计算机的采购。他是格蕾丝·霍珀的朋友，还曾写信帮助她戒酒。

格里特·安妮·布劳(Gerrit Anne Blaauw，1924—2018)：荷兰计算机科学家，虔诚的基督徒，迪杰斯特拉、艾肯和阿姆达尔的同事。他曾在荷兰数学中心协助迪杰斯特拉开发ARRA和FERTA，后来成为IBM System/360的关键设计师之一。他提出并成功推动了8位字节的概念。

理查德·米尔顿·布洛赫(Richard Milton Bloch，1921—2000)：美国计算机程序员，曾与格蕾丝·霍珀一起在哈佛Mark I计算机上工作。他后来成为雷神(Raytheon)公司的计算机部门的经理、霍尼韦尔(Honeywell)公司的技术运营副总裁、奥尔巴赫(Auerbach)公司的企业发展副总裁、通用电气(GE)公司的先进系统部门的副总裁，以及人工智能公司(Artificial Intelligence Corporation)和美科科学公司(Meiko Scientific Corporation)的董事长兼首席执行官。

科拉多·博姆(Corrado Böhm，1923—2017)：意大利数学家和计算机科学家。他与朱塞佩·亚科皮尼(Giuseppe Jacopini)合著了《流程图、图灵机以及仅含两条构成规则的语言》[2]。这篇论文帮助迪杰斯特拉制定了结构化编程的规则。

格雷迪·布奇(Grady Booch，1955—)：著有多本书，最著名的是《面向对象设计与应用》[3]。他与伊瓦尔·雅各布森和詹姆斯·兰博(合称"三剑客")合作，创建了统一建模语言(UML)和Rational统一过程(RUP)。他曾担任Rational公司的首席科学家，1995年成为ACM Fellow，2003年成为IBM Fellow，2010年成为IEEE Fellow。

乔治·布尔(George Boole，1815—1864)：自学成才的英国数学家、哲学家和逻辑学家，布尔代数的发明者。

安吉拉·布鲁克斯(Angela Brooks，1975—)：我的长女，在过去十五年里，她一直是我的忠实助手。

小弗雷德里克·菲利普斯·布鲁克斯(Frederick Phillips Brooks Jr.，1931—2022)：美国物理学家和数学家。在哈佛大学师从霍华德·艾肯获得博士学位。1956年加入IBM，成为System/360及OS/360软件开发经理。他创造了"计算机体系结构"

1　John Wiley and Sons, 1949.
2　Böhm C, Jacopini G. Flow Diagrams, Turing Machines And Languages With Only Two Formation Rules[J]. Communications of the ACM, 1966, 9(5): 366-371.
3　Benjamin Cummings, 1990.

这一术语。此外，他是《人月神话》[1]等多本著作的作者。他还提出了布鲁克斯定律——"向已经延误的项目增加人手只会让它更晚完成"，以及"画蛇添足(The Second-System Effect)"一词，指的是用臃肿复杂系统取代小而简单系统的尝试通常会失败。

乔治·戈登·拜伦勋爵(Lord George Gordon Byron，1788—1824)：阿达·金，洛芙莱斯伯爵夫人的父亲。被认为是英国最伟大的浪漫主义诗人和讽刺作家之一。作品极为丰富，最著名的是《唐璜》和《希伯来旋律》。他也是个十足的混蛋，欺骗了所有人：妻子、女儿、情人、银行家和债主。真是个无赖。他曾与玛丽·雪莱共度过时光，还激发她创作了《弗兰肯斯坦》，这或许能说明点什么。

罗伯特·V. D. 坎贝尔(Robert V. D. Campbell，1916—？)：二战期间美国海军中校，被招募为哈佛Mark I的首位程序员。他与格蕾丝·霍珀共事，后在雷神公司任职，之后成为宝来公司研究部主任。1966年至1984年，他在MITRE为美国空军做长期规划。我无法确定他的去世日期。

格奥尔格·康托尔(Georg Cantor，1845—1918)：俄国数学家，集合论的重要贡献者。超限数的发明者，生前被视为科学骗子和毒害青年的人。大卫·希尔伯特坚定地支持他。英国皇家学会最终授予他数学领域的最高奖——西尔维斯特奖章。

阿隆佐·丘奇(Alonzo Church，1903—1995)：美国数学家和计算机科学家。以λ演算著称，他用它证明了希尔伯特提出的第三个挑战性问题——证明数学是可判定的——是不可能的。他比图灵早几周得出这个结论。之后成为图灵的论文导师。两人共同提出了丘奇-图灵论题，证明了λ演算和图灵机在数学上等价，任何可计算函数都可以用这两种方式计算。

詹姆斯·O. 科普林(James O. Coplien，1955—)：著有《高级C++编程风格与惯用法》[2]等多本书。20世纪90年代初，他是希尔赛德小组的创始成员，致力于推动设计模式社区的发展。

沃德·坎宁安(Ward Cunningham，1949—)：被誉为软件咨询之父。他是肯特·贝克的导师，也是敏捷和极限编程(XP)、结对编程、测试驱动开发(TDD)的早期倡导者。他发明了维基(wiki)，并创建了第一个在线维基(c2.com)。他有无数奇思妙想，还乐于无私分享，许多人因此受益良多。

查尔斯·达尔文(Charles Darwin，1809—1882)：英国科学家和博物学家。1859年，他在一篇论文中提出了通过自然选择实现进化的理论。同年晚些时候，他出版了《物种起源》。这本书震撼了世界——直到今天，在某些圈子里它仍然具有震撼力。

查尔斯·R.德卡罗(Charles R. DeCarlo，1921—2004)：美国数学家和工程师，意大利裔。二战期间服役于美国海军。后来成为IBM高管，参与了FORTRAN团队。最终成为莎拉劳伦斯学院(Sara Lawrence College)备受爱戴的校长。

---

[1] Addison-Wesley, 1975, 1995.

[2] Addison-Wesley, 1992.

奥古斯塔斯·德摩根(Augustus De Morgan，1806—1871)：英国数学家和逻辑学家。他引入了"数学归纳法"一词，提出了德摩根定律，并对概率论做出了贡献。

查尔斯·狄更斯(Charles Dickens，1812—1870)：英国小说家，著有《雾都孤儿》《尼古拉斯·尼克尔贝》《大卫·科波菲尔》《双城记》和《远大前程》等。但他塑造的最著名的角色或许是《圣诞颂歌》中的埃比尼泽·斯克鲁奇(Ebenezer Scrooge)，既是英雄也是反派。

保罗·阿德里安·莫里斯·狄拉克(Paul Adrien Maurice Dirac，1902—1984)：英国理论物理学家，诺贝尔奖得主(当时物理学领域最年轻的获奖者)。曾任剑桥卢卡斯数学讲席教授。应爱因斯坦推荐，1931年受邀加入普林斯顿高等研究院。他预言了反物质的存在，并提出了描述费米子的方程。该方程刻在他在威斯敏斯特教堂的纪念碑上，被称为"世界上最美的方程"。他对量子力学影响深远，并创造了"量子电动力学(QED)"这一术语。有人说他在物理学界的影响堪比牛顿或爱因斯坦。1970年移居佛罗里达，在佛罗里达州立大学任教。

小约翰·亚当·普雷斯特·埃克特(John Adam Presper Eckert Jr.，1919—1995)：美国电气工程师。他与约翰·莫奇利共同设计了ENIAC和UNIVAC I，与别人共同创办了EMCC(EMCC，Eckert-Mauchly Computer Corporation)，公司后被雷明顿兰德(Remington Rand)收购，后又与斯佩里(Sperry)公司合并，再后来与宝来公司合并，最终成为优利系统(Unisys)公司。他于1989年从优利公司退休，一直担任顾问直到去世。他一生都坚持认为，冯·诺伊曼架构应被称为埃克特架构。

阿尔伯特·爱因斯坦(Albert Einstein，1879—1955)：德国出生的诺贝尔奖理论物理学家。他以两大相对论和公式(其实是，不过不用在意)最为著名。1905年(他的"奇迹年")发表了五篇重要论文，其中一篇提出了狭义相对论，另一篇证明了原子的存在，还有一篇证明了光子的存在和能量量子化。1930年开始，他对美国进行长期访问。1933年，作为犹太人，他意识到无法返回德国，于是留在美国，最终在普林斯顿任职。作为坚定的和平主义者，正是他签署了致罗斯福的信，推动了原子弹的研制。事情的发展真是颇具讽刺意味。

欧几里得(Euclid，约公元前300年)：古希腊数学家，被誉为几何学之父。著有《几何原本》，用五条基本公设推导出一系列定理，为几何学奠定了基础。

迈克尔·法拉第(Michael Faraday，1791—1867)：自学成才的英国科学家，涉猎化学、电学和磁学等领域。他有许多成就，其中包括发现了电磁感应效应，并发明了一种原始的电动机。据说他曾向首相展示过这样一台电动机，首相问他这有什么用。他回答说不知道，"但终有一天你可以对它征税。"

理查德·费曼(Richard Feynman，1918—1988)：美国理论物理学家，对量子力学做出了重大贡献。以其讲座和书籍而闻名，曾在洛斯阿拉莫斯的曼哈顿计划中担任汉斯·贝特(Hans Bethe)理论部门的小组长。他和贝特一起开发了用于计算裂变产额的贝特-费曼公式。协助建立了使用IBM打孔卡片机的计算系统(约翰·凯梅尼曾在这个小组工作)。他还帮助查明了1986年挑战者号航天飞机灾难的原因。

肯·芬德(Ken Finder，约1950—)：1976年在泰瑞达公司(Teradyne)雇用我的人。之后十年时间里，他一直是我的老板和导师。他教了我很多数学、工程和为人之道。他发明了8085 COLT中ROM芯片的矢量组织方案。他还管理着E.R.产品。

杰里·菲茨帕特里克(Jerry Fitzpatrick，约1960—)：我在泰瑞达公司的好朋友和同事。他为E.R.设计了"Deep Voice"卡，还写了《软件开发的永恒法则》[1]。如今，他是一名软件顾问。

马丁·福勒(Martin Fowler，1963—)：朋友、同事、成就卓著的计算机科学家和作家。他是极限编程(XP)和敏捷运动的关键人物之一。著有多本极具影响力的书，包括《重构》[2]，但我最喜欢的是《分析模式》[3]。

艾伦·富尔默(Allen Fulmer，1930—)：美国教育家。在俄勒冈州立大学获得电子工程硕士和物理学学士。他是ECP-18和SPEDTAC教学计算机的发明者。作为俄勒冈州立大学的教授，他帮助朱迪思·艾伦学习计算机编程，并邀请她参与ECP-18项目的合作。

库尔特·弗里德里希·哥德尔(Kurt Friedrich Gödel，1906—1978)：德国数学家和逻辑学家。他推翻了希尔伯特关于数学的完备性和一致性的观点。1932年他搬到了维也纳，但被怀疑是犹太人的同情者。1938年，奥地利并入德国，他被认定适合在德国军队服役。于是他和妻子一路向东，穿越俄罗斯、日本、太平洋和北美洲，最终抵达普林斯顿。这是一条漫长的路线，但那时欧洲已经陷入战争。在普林斯顿，他和爱因斯坦成了亲密的朋友，还经常一起长时间散步。

克里斯蒂安·哥德巴赫(Christian Goldbach，1690—1764)：普鲁士数学家、数论学家和律师。他曾与欧拉、莱布尼茨以及伯努利通信频繁，做出了许多贡献。如今，他以著名且尚未被证明的哥德巴赫猜想闻名：每个大于2的偶自然数都可以表示为两个素数之和。

理查德·戈德堡(Richard Goldberg，1924—2008)：美国数学家。他在IBM公司与约翰·巴克斯一起开发FORTRAN语言。

赫尔曼·海因·戈德斯坦(Herman Heine Goldstine，1913—2004)：美国计算机科学家。他与约翰·莫奇利合作提出并建造了ENIAC。1944年，在火车站偶遇冯·诺伊曼，向其透露了ENIAC的消息。他参与了EDVAC和IAS计算机的开发，20世纪50年代末加入IBM，1969年成为IBM研究员。

小莱斯利·理查德·格罗夫斯(Leslie Richard Groves Jr.，1896—1970)：美国陆

1　Fitzpatrick J. Timeless Laws of Software Development [M]. Software Renovation Corporation, 2017.
2　Addison-Wesley, 1999.
3　Addison-Wesley, 1997.

军名誉中将，负责建造五角大楼和曼哈顿计划。因"粗鲁、冷漠、傲慢、蔑视规则、争取越级晋升"而失宠于艾森豪威尔。离开军队后成为雷明顿兰德公司副总裁，负责处理EMCC和UNIVAC的收购事宜。

洛伊斯·B.米切尔·海布特(Lois B. Mitchell Haibt，1934—)：毕业于瓦萨学院(Vassar)，曾是贝尔实验室(Bell Labs)的暑期实习生。加入IBM后学会了704编程。她与约翰·巴克斯一起开发FORTRAN语言，是IBM第一位成家后兼职在家办公的员工。从那以后，她断断续续地为IBM公司工作，也担任承包商和顾问。她目前居住在芝加哥。

理查德·卫斯理·汉明(Richard Wesley Hamming，1915—1998)：美国数学家，图灵奖得主。在贝尔实验室与丹尼斯·里奇、肯·汤普森和布莱恩·柯林汉共事。他曾在洛斯阿拉莫斯参与曼哈顿计划，协助为IBM打孔卡计算机编程。后来在贝尔实验室发明了数字流自校正纠错码(即汉明码)。

维尔纳·卡尔·海森堡(Werner Karl Heisenberg，1901—1976)：德国理论物理学家，诺贝尔奖得主，量子力学先驱。在哥廷根与希尔伯特和冯·诺伊曼共事。"不确定性原理"就是以他的名字命名的。尽管曾被指责为"白犹太人"(即行为像犹太人的雅利安人)，他仍是纳粹核武器计划的主要科学家。1939年，他告诉希特勒制造原子弹是可能的，但需要数年时间，因此该计划未被积极推进。

哈兰·洛厄尔·赫里克(Harlan Lowell Herrick，1923?—1997)：美国数学家，在IBM工作30年。他与约翰·巴克斯一起参与了第一个FORTRAN编译器的开发工作。

约翰·赫歇尔(John Herschel，1792—1871)：英国博学家，巴贝奇的好友。曾任皇家天文学会会长。编目了数千对双星和许多星云，倡导科学应基于观察和归纳。他在摄影领域有重要进展，为土星和天王星的许多卫星命名，并首次在天文学中使用儒略日。

里奇·希基(Rich Hickey，1971—)：Clojure语言的创造者。多次在大会上发表有影响力的演讲。我最喜欢他的一次演讲是"吊床驱动的开发"。我最初是在comp.lang.c++新闻组里认识的他。后来他成为Cognitect的CTO，之后在Nubank(2020年收购了Cognitect)担任杰出工程师。此后他就退休了，但我敢说，肯定还会听到他的消息——这一天不会太遥远。

文森特·福斯特·霍珀(Vincent Foster Hopper，1906—1976)：格蕾丝·霍珀的丈夫。他是纽约大学英语研究教授，二战期间在陆军航空队服役。他曾是《巴伦周刊》(Barron's)的顾问，还撰写了几部学术著作。

罗伯特·A.休斯(Robert A. Hughes，1925?—2007)：美国数学家，曾帮助美国劳伦斯利弗莫尔国家实验室(Lawrence Livermore National Laboratory)在UNIVAC I和IBM 701计算机上设置物理问题。他也与约翰·巴克斯一起从事FORTRAN语言的相关工作。

亚历山大·冯·洪堡(Alexander von Humboldt，1769—1859)：德国博学家和科学倡导者。著有《宇宙：对宇宙物理描述的素描》(德文：Kosmos - Entwurf einer physischen Weltbeschreibung），试图统一科学与文化。他的工作最终促成了生态学、环境保护，甚至气候变化研究的发展。

克里斯·伊耶(Kris Iyer，1951—)：我在泰瑞达公司的好朋友和同事，后来在克利尔通信公司成为了我的老板。1977年加入泰瑞达公司，我们俩在SAC和COLT项目上密切合作了几年。他和我一起将M365 COLT移植到8085平台。

朱塞佩·亚科皮尼(Giuseppe Jacopini，1936—2001)：与科拉多·博姆合著了《流程图、图灵机以及仅含两条构成规则的语言》。这篇论文帮助迪杰斯特拉制定了结构化编程的规则。

伊瓦尔·雅各布森(Ivar Jacobson，1939—)：《面向对象软件工程》[1]的首席作者。他与格雷迪·布奇和詹姆斯·兰博(合称"三剑客")合作，创建了统一建模语言(UML)和Rational统一过程(RUP)。他还曾在爱立信公司从事电话相关的工作。

斯蒂芬·C. 约翰逊(Stephen C. Johnson，1944—)：美国计算机科学家，在贝尔实验室工作了20多年。他是yacc(基于高德纳的LR解析)、lint和spell的作者。小时候他父亲带他参观美国国家标准局的计算机(有房子那么大，可能是SWAC)，从此对计算机着了迷。后来他为多家初创公司工作，并为MATLAB前端的创建做出了重要贡献。

艾伦·柯蒂斯·凯(Alan Curtis Kay，1940—)：美国计算机科学家、爵士吉他手和戏剧设计师。他曾在施乐帕洛阿尔托研究中心(Xerox PARC)工作，是Smalltalk语言的创造者。他提出了"面向对象编程"这一术语。他构思了Dynabook的概念(如今称为iPad)，并且在创建窗口-图标-鼠标-指针(Windows-Icon-Mouse-Pointer，WIMP)用户界面方面发挥了重要作用。

威廉·金，洛芙莱斯伯爵(William King, Earl of Lovelace，1805—1893)：阿达·金·洛芙莱斯(Ada King Lovelace)的丈夫。他鼓励阿达参与巴贝奇的工作，但对她严重的赌瘾感到沮丧。据报道，在听到她临终忏悔有外遇后离开了她。

菲利克斯·克里斯蒂安·克莱因(Felix Christian Klein，1849—1925)：德国数学家，以其在非欧几里得几何和群论方面的工作而闻名。他"发明"了克莱因瓶——莫比乌斯带的三维类似物。他在哥廷根建立了数学研究机构，并招募了大卫·希尔伯特，后者最终成为该机构的领导者。

安东尼·W. 纳普(Anthony W. Knapp，1941—)：美国获奖数学家。在达特茅斯为凯梅尼工作期间，曾与托马斯·库尔茨一起游说GE捐赠计算机系统，用于开发BASIC和达特茅斯分时系统。1965年在普林斯顿获得数学博士学位。后来成为康奈尔大学和纽约州立大学石溪分校的教授，是数学理论的多产作者。他的一篇论文涉及椭圆曲线，许多加密技术(包括比特币和Nostr)都基于此。

唐纳德·克努特(Donald Knuth，高德纳，1938—)：美国计算机科学家，著有著名

---

1 Jacobson I. Object-Oriented Software Engineering: A Use Case Driven Approach [M]. Reading: Addison-Wesley, 1992.

的《计算机程序设计艺术》系列书籍[1],这是每一位程序员都应该拥有并阅读的书籍。

鲍勃·科斯(Bob Koss,1956—):20世纪90年代中期C++和面向对象设计的资深讲师。Object Mentor Inc.的第三位员工。我们经常在各地飞来飞去讲课,第一次见面是在芝加哥奥黑尔机场,边喝啤酒边面试。他为我早期的多本书做出贡献,我们一起经历了许多美好和艰难的时光。

小J.哈尔科姆·拉宁(J. Halcombe Laning Jr.,1920—2012):美国计算机科学家。与齐勒共同为MIT的旋风计算机(Whirlwind)编写了代数编译器(名为George)。该语言启发了巴克斯开发FORTRAN。后来参与了阿波罗计划的太空导航系统开发。为登月舱制导计算机设计了Executive和Waitlist操作系统。正是他的设计拯救了阿波罗11号免于1201和1202错误[2]的影响。之后成为MIT仪器实验室副主任。

伊曼纽尔·拉斯克(Emanuel Lasker,1868—1941):世界著名的德国国际象棋棋手和数学家。他在哥廷根大学获得数学博士学位,导师是希尔伯特。他担任世界国际象棋冠军长达27年。1933年希特勒上台后,他和他的妻子(都是犹太人)接受邀请,离开德国,前往苏联生活。1937年,他们离开苏联移居美国。事情的发展真是颇具戏剧性。

奥古斯塔·玛丽·利(Augusta Maria Leigh,1783—1851):乔治·戈登·拜伦勋爵的同父异母妹妹兼偶尔的情人。有证据表明她的女儿伊丽莎白是这段乱伦的产物。

洛厄尔·林德斯特伦(Lowell Lindstrom,1963—):我在泰瑞达公司和Object Mentor Inc.公司的好朋友和同事。1999年至2007年,他是Object Mentor Inc.公司的业务经理。

斯坦利·李普曼(Stan Lippman,1950—2022):曾任*C++ Report*编辑,那时我开始阅读该杂志。在C++语言发展的早期,他与比雅尼·斯特劳斯特鲁普密切合作。他是多本书籍的作者,其中包括担任*C++ Primer*[3]的第一作者,该书于20世纪80年代末出版,如今已出到第6版。后来他在迪士尼公司、皮克斯动画工作室和NASA工作。

查尔斯·莱尔(Charles Lyell,1797—1875):苏格兰地质学家,著有《地质学原理》。他是渐变论的拥护者,认为地球的变化是由持续缓慢的物理过程造成的。

鲁道夫·马丁(Ludolph Martin,1923—1973):我的父亲。他出生于美国钢铁公司富裕的高管家庭,二战期间在太平洋服役,担任海军医务兵,曾在关岛和瓜达尔卡纳尔参战。他向上帝发誓,一旦平安归来,他将致力于为他人服务。他继承的遗产是钢铁公司的股票,靠丰厚分红过上中产生活,后来他成为一名初中科学教师。20世纪60年代,钢铁公司倒闭了,他只能靠教师的工资勉强维持生计。这导致他开始酗酒,后来他加入了戒酒互助会(AA),成功戒酒。50岁时去世,几乎没有留下什么财产。

---

1 Addison-Wesley, 1968。

2 1201和1202错误是阿波罗11号登月舱制导计算机在着陆时因任务超载发出的警报。得益于拉宁的系统设计,计算机会自动丢弃低优先级任务,确保关键导航和控制功能继续运行,因此未影响着陆安全。——译者注

3 Addison-Wesley, 1989。

他的故事是一个从富有到不那么贫穷的故事,也是一个勇敢面对苦难并最终战胜的故事。我每天都能从镜子里看到他的影子。

米卡·马丁(Micah Martin,1976—):我的二儿子。他是8th Light Inc.公司的联合创始人,也是cleancoders.com和Clean Coders Studio的联合创始人。20世纪90年代末,我在Object Mentor Inc.公司聘请他作为实习程序员,后来成为高级程序员和颇有成就的教师。

约翰·威廉·莫奇利(John William Mauchly,1907—1980):美国物理学家。他与J.普雷斯特·埃克特共同设计了ENIAC和UNIVAC I计算机。他也是美国计算机协会(ACM)的创始成员和主席,还创办了莫奇利联合公司(Mauchly Associates),将关键路径法引入了行业。

约翰·麦卡锡(John McCarthy,1927—2011):美国数学家和计算机科学家,立陶宛和爱尔兰血统,图灵奖得主。天才儿童,跳过加州理工前两年课程,因不参加体育课被开除。服役后重返加州理工获得数学学士。他在加州理工学院听了冯·诺伊曼的讲座后人生轨迹发生了改变。他无意中发明了Lisp语言。

罗伯特·M. 麦克卢尔(Robert M. McClure,生卒年份不详):曾在贝尔实验室工作,发明了TransMoGrifier(TMG),这是一种早期的编译器,类似于yacc。TMG的一个版本被用于构建B语言,最终演变为C语言。

马尔科姆·道格拉斯·麦克罗伊(Malcom Douglas McIlroy,1932—):美国数学家、工程师和程序员。在贝尔实验室与丹尼斯·里奇、肯·汤普森和布莱恩·柯林汉一起工作。是最早在PDP-7计算机上使用UNIX系统的用户之一。他发明了管道的概念,肯·汤普森将其构建到UNIX系统中,后来还参与了Snobol、PL/1和C++等语言的设计工作。

约翰·C. 麦克弗森(John C. McPherson,1911—1999):美国电气工程师,二战期间协助在阿伯丁弹道研究实验室建立穿孔卡计算设施。后任IBM工程总监和副总裁,参与SSE C的规划,并参与了约翰·巴克斯的FORTRAN项目。

路易吉·弗雷德里科·梅纳布雷亚(Luigi Frederico Menabrea,1809—1896):意大利政治家、军事将领和数学家。年轻时在都灵听了巴贝奇关于分析机的讲座。后来受乔瓦尼·普拉纳委托整理讲座笔记,这些笔记被阿达翻译成英文,并添加了她自己的著名笔记。

阿尔伯特·罗纳德·达席尔瓦·迈耶(Albert Ronald da Silva Meyer,1941—):与丹尼斯·里奇同为哈佛博士生。现为MIT日立美国名誉计算机科学教授。

伯特兰·迈耶博士(Bertrand Dr. Meyer,1950—):Eiffel语言和契约式设计的发明者。著有《面向对象软件构造》[1],开闭原则的提出者。他的著作在面向对象编程早期影响深远。法国学者,曾在多所欧洲大学任教。

---

[1] Prentice Hall, 1988.

安·伊莎贝拉·米尔班克(Ann Isabella Millbanke，1792—1860)：拜伦勋爵的妻子(虽然很短暂)。教育改革家和慈善家，但对女儿阿达来说是个糟糕的母亲。数学天赋出众，被丈夫称为"平行四边形公主"。

赫尔曼·闵可夫斯基(Hermann Minkowski，1864—1909)：德国数学家和教授，爱因斯坦的老师之一。希尔伯特称他为"最可靠的朋友"。对广义相对论有重要的贡献，提出了四维时空的概念。

戈登·摩尔(Gordon Moore，1929—2023)：英特尔公司联合创始人及名誉董事长。以摩尔定律著称，1965年提出，在接下来的十年里，集成电路密度每年翻一番。

老罗伯特·H.莫里斯(Robert H. Morris Sr.，1932—2011)：美国密码学家和计算机科学家，在贝尔实验室与道格拉斯·麦克罗伊共事。PDP-7上UNIX的早期用户，编写了UNIX的原始加密工具，并与道格拉斯·麦克罗伊用TMG为Multics项目开发了早期PL/1(名为ELT)。

彼得·诺尔(Peter Naur，1928—2016)：丹麦天文学家和计算机科学家。2005年图灵奖得主。参与ALGOL 60开发，改进了约翰·巴克斯表示法并被ALGOL委员会采纳。该表示法最初称为巴克斯范式，后被唐纳德·克努特改名为巴克斯-诺尔范式(BNF)。

克拉拉·丹·冯·诺伊曼(Klára Dán von Neumann，1911—1963)：匈牙利裔美国数学家，冯·诺伊曼的妻子。最早的计算机程序员之一。曾在洛斯阿拉莫斯工作，使用MANIAC I进行核计算，也用升级版ENIAC进行核和气象蒙特卡罗模拟。

彼得·加布里埃尔·诺伊曼(Peter Gabriel Neumann，1932—)：美国数学家和计算机科学家。曾在贝尔实验室工作，帮助发明了"UNIX"这个名字(UNiplexed Information and Computing Service，多路信息计算服务)。

詹姆斯(吉姆)·纽柯克(James (Jim) Newkirk，约1962—)：我的好朋友，20世纪90年代时的商业伙伴。NCARB项目的主要推动者。我们共同创办了Object Mentor Inc.，此前在泰瑞达公司和克利通信公司一起共事。

埃米·诺特(Amalie Emmy Noether，1882—1935)：德国犹太裔数学家，被爱因斯坦等人称为历史上最重要的女性数学家。最著名的工作是诺特定理，证明了自然界所有对称性都对应守恒定律。曾是哥廷根数学系的核心成员，与希尔伯特和克莱因共事。1933年纳粹上台后前往宾夕法尼亚州布林莫尔学院。

罗伊·纳特(Roy Nutt，1930—1990)：与约翰·巴克斯一起开发FORTRAN的程序员。计算机科学公司(CSC)联合创始人。

朱利叶斯·罗伯特·奥本海默(Julius Robert Oppenheimer，1904—1967)：美国理论物理学家，被称为原子弹之父。曼哈顿计划洛斯阿拉莫斯科学主任，1947年成为普林斯顿高等研究院院长。

小约瑟夫·弗兰克·奥桑纳(Joseph Frank Ossanna Jr.，1928—1977)：美国电气

工程师和计算机科学家。提出了购买PDP-11用于UNIX的文字处理方案。编写了nroff和troff，是UNIX的早期布道者。

沃尔夫冈·恩斯特·泡利(Wolfgang Ernst Pauli，1900—1958)：奥地利理论物理学家，诺贝尔奖得主，量子力学早期贡献者。提出了泡利不相容原理，也以"泡利效应"著称——只要他在场，实验设备就会坏。他提出了中微子的存在，但未命名。曾是荣格的病人，后成为合作者。1940年加入普林斯顿高等研究院。

罗伯特·皮尔爵士(Sir Robert Peel，1788—1850)：英国首相两任(1834—1835，1841—1846)，曾任财政大臣和内政大臣。创立了大都会警察局，因此被认为是英国现代警察之父。关于巴贝奇，他曾在1842年说过："我们该怎么摆脱巴贝奇和他的计算机器？"

查尔斯·A. 菲利普斯(Charles A. Phillips，1906—1985)：美国空军上校，国防部数据系统研究主任。是数据系统语言会议(CODASYL)的首任主席，该组织制定了COBOL。他创造了"请勿折叠、刺穿或损坏！"[1]这句名言。

乔瓦尼·普拉纳(Giovani Plana，1781—1864)：意大利天文学家和数学家。都灵大学天文系主任。邀请巴贝奇到都灵介绍分析机思想。承诺发表讲座笔记，但因故未能完成，最终将任务交给了路易吉·梅纳布雷亚。

菲利普·詹姆斯(比尔)·普劳格(Philip James (Bill) Plauger，1944—)：美国物理学家、计算机程序员、企业家和科幻作家。Whitesmith's Ltd.创始人，据说他"发明"了结对编程。与布莱恩·柯林汉合著《编程风格要素》[2]。

马丁·理查兹(Martin Richards，1940—)：英国剑桥大学计算机科学家，与肯·汤普森合作创建了BCPL语言。

彼得·马克·罗热(Peter Mark Roget，1779—1869)：英国医生、神学家，《罗杰词典》的出版者。

詹姆斯·伦波(James Rumbaugh，1947—)：《面向对象建模与设计》[3]的首席作者。书中介绍了对象建模技术(OMT)。他与格雷迪·布奇和伊瓦尔·雅各布森(合称"三剑客")合作创建了统一建模语言(UML)和Rational统一过程(RUP)。

伯特兰·亚瑟·威廉·罗素(罗素伯爵3世)(Bertrand Arthur William (3rd Earl Russel) Russell，1872—1970)：英国数学家和哲学家。以罗素悖论著称，这对用纯逻辑将全部数学归结为少数公设和定理的尝试提出了重大挑战。与阿尔弗雷德·诺思·怀特海合著《数学原理》，该书采用类型论取得了一定成功。曾获诺贝尔文学奖。大部分时间是和平主义者，最初对纳粹的态度是绥靖，但到1943年，希特勒的所作所为让他相

---

[1] 20世纪中期的美国，打孔卡片被广泛用于数据输入、存储和处理。每张卡片上都印有类似的警告语："Do not fold, spindle, or mutilate"，意思是"请勿折叠、穿刺或损坏"。最初是为了保护打孔卡片的数据完整性，后来逐渐演变为对现代社会中机械化、非人性化管理的讽刺和象征。——译者注

[2] McGraw Hill, 1974.

[3] Prentice Hall, 1991.

信，战争有时是两害相权取其轻的选择。事情的发展真是令人感慨。

大卫·塞尔(David Sayre，1924—2012)：开创性的晶体学家和衍射成像领域领袖。与约翰·巴克斯一起开发FORTRAN，巴克斯称他为二把手。在IBM工作34年，是虚拟内存操作系统和X射线衍射与显微技术的先驱。(这人可不简单。)

道格·施密特(Doug Schmidt，约1953—)：曾任*C++ Report*编辑，后将职位交给了我。活跃于设计模式社区，是软件大会的常客。ACE框架的初始作者。后来在学术界取得了卓越成就(见https://www.cs.wm.edu/~dcschmidt/)。

埃尔温·鲁道夫·约瑟夫·亚历山大·薛定谔(Erwin Rudolf Josef Alexander Schrödinger，1887—1961)：奥地利物理学家，对早期量子力学做出重要贡献，获诺贝尔奖。以提出薛定谔的猫这一悖论而闻名。1933年因反感反犹主义离开德国，但因与妻子和情妇同住，难以在欧洲找到长期职位。后迁居奥地利，但被迫收回对纳粹的否定声明，后在爱因斯坦质问下又收回了收回声明。最终与妻子逃往意大利。

小罗伯特·雷克斯·西贝尔(Robert Rex Seeber Jr.，1910—1969)：美国发明家。曾为霍华德·艾肯的哈佛Mark I工作，后在IBM任计算机架构师。发明了SSEC，并雇用了约翰·巴克斯，后者觉得这很酷。

玛丽·雪莱(Mary Wollstonecraft Shelley，1797—1851)：《科学怪人》的作者，拜伦勋爵的朋友。

彼得·B.谢里丹(Peter B. Sheridan，? —1992)：IBM研究科学家，与约翰·巴克斯一起开发FORTRAN。

伊丽莎白·霍尔伯顿(贝蒂)·斯奈德(Elizabeth Holberton (Betty) Snyder，1917—2001)：美国计算机科学家。ENIAC最初的程序员之一，后在EMCC工作，参与UNIVAC I的开发。发明了SORT/MERGE编译器，后成为海军应用数学实验室高级编程主管。参与了COBOL的定义，之后在国家标准局参与了F77和F90 FORTRAN规范的制定。

玛丽·萨默维尔(Mary Somerville，1780—1872)：苏格兰科学家、作家和博学家；安·伊莎贝拉·拜伦的朋友，偶尔会指导一下阿达。正是她将阿达介绍给巴贝奇。她研究了光与磁的关系以及行星运动。参与了通过天王星轨道扰动预测海王星存在的工作。曾在《皇家学会会刊》发表论文。也是迈克尔·法拉第的朋友，曾与其合作实验。

克里斯托弗·S. 斯特雷奇(Christopher S. Strachey，1916—1975)：英国计算机科学家，二战期间在标准电话与电缆公司(STC)使用微分分析仪。后对计算机产生兴趣，为Pilot ACE(ACE的简化版)编写了跳棋游戏，但未能在该环境下运行。1951年在图灵帮助下在曼彻斯特Mark I上实现。后来让费兰特Mark I演奏了"天佑女王"和"黑绵羊"等曲子。1959年发表了关于分时系统的开创性论文。

比雅尼·斯特劳斯特鲁普(Bjarne Stroustrup，1950—)：丹麦数学家和计算机科学家，C++的发明者。在奥胡斯和剑桥学习期间受SIMULA 67启发。

利奥·西拉德(Leo Szilard，1898—1964)：匈牙利物理学家和发明家。1933年提出并申请了核裂变链式反应专利，与恩里科·费米合作实现受控核裂变。他起草了与爱因斯坦联名致罗斯福的信，推动了原子弹的研制。他认为只要展示这种武器的存在，德国和日本就会投降。

爱德华·泰勒(Edward Teller，1908—2003)：匈牙利裔美国犹太核物理学家。在莱比锡师从海森堡获得博士学位。氢弹之父，1933年纳粹上台后离开德国，在英格兰和哥本哈根辗转两年后移居美国。奥本海默招募他加入洛斯阿拉莫斯曼哈顿计划。他从来都不是和平主义者，始终倡导核能用于和平与防御。他是最早指出燃烧化石燃料导致气候变化风险的人之一。他开玩笑说，简·方达在三里岛事故后抗议核能导致了他1979年的心脏病发作。真是个有趣的家伙。

斯坦尼斯瓦夫·马辛·乌拉姆(Stanislaw Marcin Ulam，1909—1984)：波兰犹太裔数学家、核物理学家和计算机科学家。与约翰·冯·诺伊曼共同发明了蒙特卡罗分析。参与了曼哈顿计划，是泰勒-乌拉姆氢弹的共同设计者。纳粹入侵波兰前11天，他和17岁的弟弟亚当登船前往美国，家人其余成员均在大屠杀中遇难。

奥斯瓦尔德·维布伦(Oswald Veblen，1880—1960)：美国数学家，普林斯顿大学教授。协助组织了高等研究院(IAS)，并为从欧洲招募顶尖科学家筹集资金。在这方面非常成功，希特勒也"帮了大忙"。他支持建造ENIAC的提案。

老托马斯·约翰·沃森(Thomas John Watson Sr.，1875—1956)：美国商界巨擘，1914年在经历多次"冒险"后成为计算-制表-记录公司(CTR)某部门总裁，1924年将其更名为国际商业机器公司(IBM)。如果你想读一个有趣的故事，可以研究一下这位无赖和顶级商人。

赫尔曼·克劳斯·雨果·外尔(Hermann Klaus Hugo Weyl，1885—1955)：德国数学家和理论物理学家。在哥廷根师从大卫·希尔伯特获得博士学位。曾在苏黎世与爱因斯坦和薛定谔共事。1930年接替希尔伯特在哥廷根的职位，1933年纳粹上台后前往普林斯顿。对数学和粒子物理做出许多重要贡献。

查尔斯·惠斯通爵士(Sir Charles Wheatstone，1802—1875)：英国科学家和发明家，研究电学，是第一个测量电流速度的人。对电报、光学和电学理论等多个领域做出重大贡献。

阿尔弗雷德·诺思·怀特海(Alfred North Whitehead，1861—1947)：英国数学家和哲学家。与伯特兰·罗素合著《数学原理》。晚年转向形而上学，主张现实不是基于物质存在，而是一系列相互依赖的事件。

尤金·保罗·维格纳(Eugene Paul Wigner，1902—1995)：匈牙利裔美国诺贝尔奖理论物理学家和数学家。曾在哥廷根担任希尔伯特的助手。他与赫尔曼·外尔将群论引入物理学。参与了促成爱因斯坦致罗斯福信的会议，后参与曼哈顿计划。1930年与约翰·冯·诺伊曼一同接受普林斯顿的职位。

尼克劳斯·埃米尔·威尔斯(Nicklaus Emil Wirth，1934—2024)：瑞士电子工程师和计算机科学家。创建了Pascal编程语言，著有多本优秀著作，我最喜欢的是《算法+数据结构=程序》[1]。1968年，他将迪杰斯特拉关于GOTO的文章改名并以"Goto语句有害"为题发表在$CACM$[2]。

阿德里安·范·威宁加登(Adriaan van Wijngaarden，1916—1987)：荷兰机械工程师和数学家，在早期计算机(ARRA、FERTA、ARMAC和X1)开发期间领导数学中心。曾在剑桥EDSAC课程上结识迪杰斯特拉并将其招入麾下。参与了ALGOL的定义，但未参与编写迪杰斯特拉和宗内维尔德的编译器。

爱德华·纳什·尤登(Edward Nash Yourdon，1944—2016)：美国数学家、计算机科学家、软件方法学家，计算机科学名人堂成员。创办了Yourdon Inc.，在20世纪70年代和80年代推广结构化编程、设计和分析技术的咨询公司。

尼尔·齐勒(Neil Zierler，？—　)：美国计算机科学家。与小J.哈尔科姆·拉宁共同为MIT的旋风计算机编写了代数编译器(名为George)。该语言启发了巴克斯开发FORTRAN。参与了MIT Lisp的创建。现于普林斯顿通信研究中心从事应用数学研究。

雅各布·安东(雅普)·宗内维尔德(Jacob Anton (Jaap) Zonneveld，1924—2016)：荷兰数学家和物理学家。曾任荷兰数学中心科学助理，与迪杰斯特拉合作开发了首个成功的ALGOL 60编译器。后来在飞利浦NatLab领导软件研究组。

1　Prentice Hall, 1976.

2　Dijkstra E W. Go To Statement Considered Harmful[J]. Communications of the ACM, 1968, 11(3): 147-148.